离散数学及其应用

刘 芳 著

科学出版社

北京

内 容 简 介

　　离散数学是研究各种离散量的结构及关系的一门学科,是计算机科学中基础理论的核心课程.本书针对培养计算机应用型人才的教学要求,着重选取能够突出基本知识、基本理论、基本方法及其基本应用方面的内容,并配合大量生动的实例.本书主要包括数理逻辑、集合论、代数系统和图论四部分的内容.各部分的内容相对独立又相互联系,书中的证明力求严格完整,例题、习题具有一定的典型性.全书内容深入浅出,便于自学,各章配有习题和拓展练习便于读者总结和提高.

　　本书可以作为普通高等学校计算机及相关专业离散数学课程教材,也可以供科技人员阅读参考.

图书在版编目(CIP)数据

离散数学及其应用/刘芳著. —北京:科学出版社,2018.1(2019.1重印)

ISBN 978-7-03-055788-9

Ⅰ. ①离… Ⅱ. ①刘… Ⅲ. ①离散数学–教材 Ⅳ. ①O158

中国版本图书馆 CIP 数据核字(2017)第 298686 号

责任编辑:张　展　朱小刚 / 责任校对:彭珍珍
责任印制:罗　科 / 封面设计:陈　敬

科 学 出 版 社 出版

北京东黄城根北街 16 号
邮政编码:100717
http://www.sciencep.com

成都锦瑞印刷有限责任公司 印刷

科学出版社发行　各地新华书店经销

*

2018 年 1 月第 一 版　　开本:787×1092　1/16
2019 年 1 月第二次印刷　　印张:13 1/2
字数:320 000

定价:45.00 元
(如有印装质量问题,我社负责调换)

前　　言

离散数学被 IEEE&ACM(Institute of Electrical and Electronics Engineers & Association for Computing Machinery)确定为计算机专业核心课程之一, 也是《中国计算机科学与技术学科教程 2002》中界定的计算机科学与技术专业的核心基础课程之一.

1. 什么是离散数学

离散数学(Discrete Mathematics)是研究各种各样离散量的结构及离散量之间的关系的一门学科, 是计算机科学中基础理论的核心课程, 也是现代数学的一个重要分支, 是计算机科学、信息科学和数字化科学等的数学基础.

随着信息时代的到来, 工业革命时代以微积分为代表的连续数学占主流的地位已经发生了变化, 离散数学的重要性逐渐被人们认识. 离散数学课程所传授的思想和方法, 广泛地体现在计算机科学技术及相关专业的诸领域, 从科学计算到信息处理, 从理论计算机科学到计算机应用技术, 从计算机软件到计算机硬件, 从人工智能到认知系统, 无不与离散数学密切相关.

由于数字电子计算机是一个离散结构, 它只能处理离散的或离散化了的数量关系, 因此, 无论计算机科学本身, 还是与计算机科学及其应用密切相关的现代科学研究领域, 都面临着如何对离散结构建立相应的数学模型; 又如何将已用连续数量关系建立起来的数学模型离散化, 从而可由计算机加以处理. 可以这么说离散数学作为一门学科, 是计算机推动的结果, 反过来又促进计算机科学的发展.

离散数学在各学科领域, 特别在计算机科学与技术领域有着广泛的应用. 也是计算机相关专业课程, 如数字电路、程序设计语言、数据结构、操作系统、编译技术、人工智能、数据库、算法设计与分析、理论计算机科学基础等必不可少的先行课程. 通过离散数学的学习, 不但可以掌握处理离散结构的描述工具和方法, 为后续课程的学习创造条件, 而且可以提高抽象思维和严格的逻辑推理能力, 为将来参与创新性的研究和开发工作打下坚实的基础.

离散数学课程主要介绍离散数学的各个分支的基本概念、基本理论和基本方法. 这些基本概念、基本理论以及基本方法大量地应用在数字电路、编译理论、数据结构、操作系统、数据库系统、算法的分析与设计、人工智能、计算机网络等专业课程中. 同时, 该课程所提供的训练十分有益于学生概括抽象能力、逻辑思维能力、归纳构造能力的提高, 十分有益于学生严谨、完整、规范的科学态度的培养.

2. 编写目的

本书的编写目的是向读者展示离散数学的理论性和实用性, 为计算机专业学生提供必要的数学基础, 介绍离散数学在计算机学科发展中的作用与关系, 明确离散数学是掌握与研究计算机学科的基础理论与工具. 本书是编者根据多年讲授离散数学的经验和兴趣, 同时征求开设离散数学的部分院校教师的意见和建议, 并参考国内外相关教材, 结合自身教学科研实践编写而成的. 本书力求做到体系完整、通俗易懂、简明扼要. 本书围绕着离散数学的特点、理论及应用进行展开, 目的是培养学生对离散数学的掌握, 培养数学的逻辑抽象和思维能力, 以进一步培养学生分析问题和解决问题的能力.

离散数学作为计算机科学与技术及相关专业的理论基础和核心主干课, 为后续课程 (如数据结构、操作系统、编译理论、数字逻辑理论、密码学基础、逻辑程序设计、人工智能等) 的学习提供了必需的理论支持. 更重要的是通过离散数学知识的学习, 掌握证明问题的方法, 培养抽象思维的能力、缜密概括的能力和严密逻辑推理的能力, 加强数学推理, 离散结构、算法构思与设计, 构建模型等方面专门与反复的研究、训练及应用, 培养提高学生的数学思维能力和对实际问题的求解能力.

3. 本书的结构

本书分为数理逻辑、集合论、代数系统和图论四个部分, 共 10 章.

第一部分: 数理逻辑, 包括两章 (第 1 章命题逻辑、第 2 章谓词逻辑).

第二部分: 集合论, 包括三章 (第 3 章集合论基础、第 4 章关系、第 5 章函数与集合的势).

第三部分: 代数系统, 包括两章 (第 6 章代数系统的基本概念、第 7 章几个典型的代数系统).

第四部分: 图论, 包括三章 (第 8 章图论基础、第 9 章树和第 10 章几种特殊的图).

每部分的开始都有一段 "开场白", 对本部分历史渊源、研究内容、与计算机科学的联系等加以阐述, 有助于培养学生的计算机科学素养和计算机思维, 同时也有助于学生把握本部分内容的应用领域.

每章都把相关的知识背景、发展历史的简介作为导入, 在介绍离散数学基本知识的基础上, 注重理论联系实际, 融入启发式教学理念, 突出知识的逻辑结构, 注重学生数学思维的培养. 在每章章末配有习题和一定数量的拓展练习 (包括上机实验、拓展阅读和思考等), 使学生在加强理论知识学习的同时, 提高解决实际问题的能力.

4. 本书的价值

本书主要面向计算机及其相关专业, 教师可以根据自己的教学计划对相关内容进行取舍, 完成全部内容的教学需要一个学期, 48～80 学时. 本书可以作为普通高等学校计算机及相关专业离散数学课程教材, 也可以作为研究生入学考试及计算机研究与开发的工程技术人员的参考书.

在写作本书的过程中, 李均利教授给予了宝贵意见; 周香君、李画、潘俊池和陈悦同学为书中习题集的准备做了部分整理工作; 另外, 本书的出版得到了科学出版社的大力支持, 在此一并表示衷心的感谢.

由于作者的水平有限, 书中如有不妥之处在所难免, 敬请读者不吝指正.

刘 芳

2017 年 10 月于四川师范大学

目　　录

第一部分　数　理　逻　辑

第四部分　图　　论

第一部分 数理逻辑

逻辑学是研究人的思维(推理)形式的学科,其中核心内容是推理的有效性. 根据所研究的对象和方法的不同,可将逻辑学分为形式逻辑和数理逻辑.

形式逻辑是用自然语言研究人的思维(推理)形式,又称语言逻辑,由古希腊思想家、哲学家亚里士多德在 2300 多年前创立,至今仍在不断发展和完善中.

数理逻辑是以推理为研究对象,用数学方法研究推理中前提和结论之间的形式关系的科学. 它是由 17 世纪德国哲学家和数学家莱布尼茨(G. W. Leibniz, 1646~1716)创立的. 由于数学具有符号化、一义性两大特征,所以人们常常把数理逻辑称为符号逻辑. 计算机是数理逻辑和电子学相结合的产物,数理逻辑是计算机科学的基础. 可以说计算机的理论基础就是建立在数理逻辑上的,所有的计算机问题,或者计算机代码,都有一个等价的逻辑表达式. 数理逻辑就是计算机理论的基石.

数理逻辑是基于一般逻辑事实建立起来的学科,从数学的角度来看,数理逻辑就是方法论,也可以看成把现实生活中事件逻辑标准化、形式化的方法. 可以说计算机的理论基础就是建立在数理逻辑上的. 在计算机科学的许多领域,如逻辑设计、人工智能、语言理论、程序正确性证明等方面都有重要的应用.

本部分介绍计算机科学所必需的数理逻辑基础知识——命题逻辑和谓词逻辑,包括:

(1)第 1 章命题逻辑. 包括命题的基本概念、命题的符号化、命题公式、命题公式等值演算、公式的范式命题逻辑推理理论等.

(2)第 2 章谓词逻辑. 包括谓词逻辑的基本概念,命题的符号化(个体词、谓词、量词),谓词公式的定义、解释及类型,谓词逻辑的等值演算、前束范式,谓词逻辑的推理理论等.

学习数理逻辑的知识和分析方法,不仅有助于建立计算机思维,而且对训练和培养分析和解决问题的能力也是非常重要的.

第1章 命题逻辑

先看著名物理学家爱因斯坦出过的一道题:

一个土耳其商人想找一个聪明的助手协助他经商, 有两人前来应聘, 这个商人为了试试哪个更聪明些, 就把两个人带进一间漆黑的屋子里, 他打开灯后说:"这张桌子上有五顶帽子, 两顶是红色的, 三顶是黑色的, 现在, 我把灯关掉, 而且把帽子摆的位置弄乱, 然后我们三个人每人摸一顶帽子戴在自己头上, 在我开灯后, 请你们尽快说出自己头上戴的帽子是什么颜色的."说完后, 商人将电灯关掉, 然后三人都摸了一顶帽子戴在头上, 同时商人将余下的两顶帽子藏了起来, 接着把灯打开. 这时, 那两个应试者看到商人头上戴的是一顶红帽子, 其中一个人便喊道:"我戴的是黑帽子."

请问这个人说的对吗? 他是怎么推导出来的呢?

要回答这样的问题, 实际上就是看由一些诸如"商人戴的是红帽子"这样的前提能否推出"猜出答案的应试者戴的是黑帽子"这样的结论. 这又需要经历如下过程:

(1)什么是前提, 有哪些前提?

(2)结论是什么?

(3)根据什么进行推理?

(4)怎么进行推理?

命题逻辑也称为命题演算或语句演算. 它研究以命题为基本单位构成的前提和结论之间的可推导关系. 那么究竟什么是命题? 如何表示命题? 如何由一组前提推导出结论?

本章将详细讨论这些问题.

1.1 命题及联结词

1.1.1 命题的概念

命题是逻辑的基本成分. 所谓命题就是指具有真假意义的陈述句, 即一个陈述事实的陈述句, 但不能既真又假. 作为命题的陈述句所表达的判定结果称为命题的真值. 命题的真值只有"真"和"假"两种, 常用 1 表示真, 0 表示假. 真值为真的命题称为真命题, 真值为假的命题称为假命题. 任何命题的真值都是唯一的.

判断给定句子是否为命题, 应该分两步: 首先判断它是否为陈述句, 其次判断它是否有唯一的真值.

例 1.1 判断下列句子是否为命题.

(1)4 是素数.

(2)π 是无理数.

(3)$x > y$.

(4) 火星上有水.

(5) 大于 2 的偶数均可分解为两个素数的和.

(6) 成都是一个旅游城市.

(7) 中国是世界上人口最多的国家.

(8) 您去学校吗?

(9) 请不要吸烟!

(10) 这朵花真美丽啊!

解　本题的 10 个句子中, (8) 是疑问句, (9) 是祈使句, (10) 是感叹句, 因而这 3 个句子都不是命题. 剩下的 7 个句子都是陈述句, 但 (3) 无确定的真值, 根据 x 和 y 的不同取值情况它可真可假, 即无唯一的真值, 因而不是命题. 本例中, 只有 (1), (2), (4), (5), (6), (7) 是命题. (1) 为假命题, (2), (6), (7) 为真命题. 虽然今天我们还不知道 (4), (5) 的真值, 但它们的真值客观存在, 而且是唯一的.

本例中的命题都不能被分解成更简单的命题, 我们称这样的命题是简单命题 (或原子命题、本原命题).

例 1.2　判断下列句子是否为命题.

我正在说假话.

解　该句子为陈述句, 若真值为真, 即 "我正在说假话" 为真, 也就是 "我正在说真话", 则又推出该句子真值应为假; 反之, 若真值为假, 即 "我正在说假话" 为假, 也就是 "我正在说真话", 则又推出句子的真值应为真. 于是 "我正在说假话" 既不为真又不为假, 因此它不是命题. 像这样由真推出假, 又由假推出真的陈述句称为悖论. 凡是悖论都不是命题.

注意　(1) 一切没有判断内容的句子都不能作为命题, 如命令句、感叹句、疑问句、祈使句、二义性的陈述句等.

(2) 约定在数理逻辑中像 "x" "y" "z" 等字母总是表示变量.

(3) 命题一定是陈述句, 但并非一切陈述句都是命题. 命题的真值有时可明确给出, 有时还需要依靠环境、条件、实际情况等才能确定其真值.

【趣味阅读】

1. 聪明的囚徒

古希腊有个国王, 对处死囚徒的方法作了两种规定: 一种是砍头, 另一种是绞刑. 他自恃聪明地做出一种规定: 囚徒可以说一句话. 如果囚徒说的是真话, 那么处以绞刑; 如果囚徒说的是假话, 那么处以砍头.

许多囚徒或者是因为说了假话而被砍头, 或者因为说了真话而被处以绞刑.

有一位极其聪明的囚徒, 当轮到他来选择处死方法时, 他说出一句巧妙的话, 结果使这个国王无论按照哪种方法处死他, 都违背自己的决定, 只得将他放了.

试问: 这囚徒说了句什么话?

2. 理发师问题

在一个小镇上, 有一个理发师公开宣布: 他只给小镇上所有不给自己理发的人理发.

请问: 这位理发师的头发由谁来理?

例 1.3 判断下列句子是否为命题.

(1) 2 不是无理数.

(2) 3 既是素数, 又是奇数.

(3) 2 或 4 是素数.

(4) 如果周末天气晴朗, 则我们去郊游.

(5) $\triangle ABC$ 是等腰三角形当且仅当 $\triangle ABC$ 中有两个角相等.

以上的句子都是命题. 它们通过诸如"……不是……""……且……""……或……""如果……则……""……当且仅当……"等连词联结而成, 这样的命题, 称为复合命题.

一般来说, 命题可分两种类型:

(1) 原子命题(简单命题、本原命题): 不能被分解为更为简单命题的命题.

(2) 复合命题: 可以分解为更为简单的命题, 而且这些简单命题之间是通过如"……不……""……并且……""……或者……""如果……则……""……当且仅当……"等这样的关联词和标点符号复合而构成的命题, 称为复合命题.

本书中, 用小写英文字母或小写英文字母带下标来表示一个简单命题, 称为命题标识符. 命题真值用 0 或 1 进行表示, 其中: 0 表示假, 1 表示真.

例如, 可将例 1.1 中的简单命题进行符号化. 如 p: 4 是素数; q: π 是无理数; r: 火星上有水; s: 大于 2 的偶数均可分解为两个素数的和等.

而对于如例 1.3 所示的复合命题的符号化, 还需要将联结复合命题中各简单命题的联结词进行符号化. 数理逻辑中, 通常通过下列"命题联结词"来构成复合命题. 这里的联结词是句子间的联结, 而非单纯的名词、形容词、数词等的联结.

1.1.2 命题联结词

定义 1.1 设 p 为命题, 复合命题"非 p"(或"p 的否定")称为 p 的否定式, 记作 $\neg p$, 符号 $\neg$ 称作否定联结词.

由定义知: $\neg p$ 的逻辑关系为 p 不成立, 因而当 p 为真时, $\neg p$ 为假; 反之当 p 为假时, $\neg p$ 为真. 它的真值由表 1.1 决定.

表 1.1 $\neg p$ 的真值表

p	$\neg p$
0	1
1	0

例如, 令 p: 2 是无理数(真值为 0), 则"2 不是无理数"符号化为 $\neg p$, 真值为 1.

定义 1.2 设 p, q 为两个命题, 复合命题"p 并且 q"(或"p 与 q")称为 p 与 q 的合取式, 记作 $p \wedge q$, 读作"p 与 q"或"p 合取 q". 符号 $\wedge$ 称作合取联结词.

规定 $p \wedge q$ 为 1 当且仅当 p 与 q 同时为 1. 它的真值由表 1.2 决定.

例如, 令 p: 3 是素数(真值为 1), q: 3 是奇数(真值为 1), 则复合命题"3 既是素数, 又是奇数"符号化为 $p \wedge q$, 真值为 1.

使用∧联结词需要注意自然语言中"既……, 又……""不但……, 而且……""虽然……, 但是……""一面……, 一面……"等联结而成的复合命题都可以用∧联结词进行联结.

表 1.2 $p \wedge q$ 的真值表

p	q	$p \wedge q$
0	0	0
0	1	0
1	0	0
1	1	1

例 1.4 将下列命题符号化.

(1)小莉既聪明, 又刻苦.

(2)小莉不仅聪明, 而且刻苦.

(3)小莉虽然聪明, 但不刻苦.

(4)张东与王红都是三好生.

(5)张东与王红是同学.

解 (1), (2), (3)都是复合命题, 将其中的简单命题分别符号化, 设 p: 小莉聪明, q: 小莉刻苦, 则(1), (2), (3)分别符号化为 $p \wedge q, p \wedge q, p \wedge \neg q$.

(4)和(5)表面看起来有点相似, 都用了"与", 但(4)是复合命题, 表示张东是三好生, 并且王红是三好生. 设 r: 张东是三好生, s: 王红是三好生, 则(4)符号化为 $r \wedge s$. 但(5)中张东与王红是句子的主语, 这句话是一个简单命题, (5)可以符号化为 u.

定义 1.3 设 p, q 为两个命题, 复合命题 "p 或 q" 称为 p 与 q 的析取式, 记作 $p \vee q$, 读作 "p 或 q" 或 "p 析取 q". 符号 $\vee$ 称作析取联结词.

规定 $p \vee q$ 为 0 当且仅当 p 与 q 同时为 0. 它的真值由表 1.3 决定.

表 1.3 $p \vee q$ 的真值表

p	q	$p \vee q$
0	0	0
0	1	1
1	0	1
1	1	1

例如, 令 p: 2 是素数(真值为 1), q: 4 是素数(真值为 0), 则复合命题"2 或 4 是素数". 符号化为 $p \vee q$, 真值为 1.

自然语言中的"或"具有二义性, 它有时具有相容性(即它联结的两个命题可以同时为真), 有时具有排斥性(即只有当一个为真, 另一个为假时才为真), 对应的或分别称为相容或和排斥或. 自然语言中的或还可以表示近似数的意思, 比如 "去教室需要 7 或 8 分钟", 这里的 "或" 不是联结词.

在数理逻辑中, 析取联结词∨表示的是 "相容或".

使用∨联结词需要注意自然语言中 "或" 的具体意义, 要正确表达原命题的意义, 不能有二义性.

例 1.5 将下列命题符号化.

(1) 小莉爱唱歌或爱跳舞.

(2) 小莉只能从筐里拿一个苹果或一个梨子.

(3) 小莉在教室或者在图书馆.

解 先给出简单命题, 将其符号化, 然后再将复合命题符号化.

(1) 设 p: 小莉爱唱歌, q: 小莉爱跳舞.

显然这个 "或" 为 "相容或", 即当 p 与 q 中有一个为真, 包括两个都为真时, 这个命题为真, 所以 (1) 符号化为 $p \lor q$.

(2) 设 p: 小莉从筐里拿一个苹果, q: 小莉从筐里拿一个梨子.

由题意可知, 这个 "或" 为排斥或. p, q 的取值组合有 4 种, 该复合命题为真当且仅当 p 和 q 其中一个为真, 另一个为假. 可以使用¬, ∧, ∨这 3 个联结词将命题符号化为 $(\lnot p \land q) \lor (p \land \lnot q)$, 不难验证, 它准确地表达了 (2) 的原意. 它的真值由表 1.4 决定.

表 1.4 $(\lnot p \land q) \lor (p \land \lnot q)$ 的真值表

p	q	$(\lnot p \land q) \lor (p \land \lnot q)$
0	0	0
0	1	1
1	0	1
1	1	0

(3) 设 p: 小莉在教室, q: 小莉在图书馆.

由题意可知, 这个 "或" 为排斥或. 可以符号化为 $(\lnot p \land q) \lor (p \land \lnot q)$. 但由于小莉不可能同时在教室, 又在图书馆, 即 p 与 q 不能同时为真, p 与 q 的取值组合只有 3 种, 所以可以将命题符号化为 $p \lor q$.

定义 1.4 设 p, q 为两个命题, 复合命题 "如果 p, 则 q" 称为 p 与 q 的蕴涵式, 记作 $p \rightarrow q$, 读作 "p 蕴涵 q", 符号→称作蕴涵联结词, 并称 p 为蕴涵式的前件, q 为蕴涵式的后件.

规定 $p \rightarrow q$ 为假当且仅当 p 为真, q 为假. 它的真值由表 1.5 决定.

表 1.5 $p \rightarrow q$ 的真值表

p	q	$p \rightarrow q$
0	0	1
0	1	1
1	0	0
1	1	1

例如, 若令 p: 8 能被 4 整除(真值为 1), q: 8 能被 2 整除(真值为 1), 则复合命题 "如果 8 能被 4 整除, 则 8 能被 2 整除" 符号化为 $p \rightarrow q$, 真值为 1.

关于如何理解 $p \rightarrow q$ 的真值, 我们可以举一个例子来说明.

例 1.6　一个父亲对儿子说: "如果我去书店, 就给你买画报. " 问: 什么情况父亲食言?

解　设 p: 父亲去书店, q: 父亲给儿子买画报, 则原命题符号化为 $p \rightarrow q$, 该复合命题的真值取决于 p 和 q 的真值, 有如下 4 种情形:

父亲没去书店, 也没给儿子买画报, 即 p 为 0, q 为 0 时, 命题 $p \rightarrow q$ 为真, 即父亲没有食言.

父亲没去书店, 但给儿子买了画报, 即 p 为 0, q 为 1 时, 命题 $p \rightarrow q$ 为真, 即父亲没有食言.

父亲去了书店, 但没给儿子买画报, 即 p 为 1, q 为 0 时, 命题 $p \rightarrow q$ 为假, 即父亲食言.

父亲去了书店, 并给儿子买了画报, 即 p 为 1, q 为 1 时, 命题 $p \rightarrow q$ 为真, 即父亲没有食言.

所以, 只有在第三种情况下, 父亲的话为假命题, 即父亲食言.

使用联结词 $\rightarrow$ 需要注意以下几点:

(1)在自然语言中, "如果 p, 则 q" 中的前件 p 与后件 q 往往具有某种内在联系. 而在数理逻辑中, p 与 q 可以无任何内在联系.

(2)在数学或其他自然科学中, "如果 p, 则 q" 往往表达的是前件 p 为真, 后件 q 也为真的推理关系.

(3)在数理逻辑中, 作为一种规定, 当 p 为假时, 无论 q 是真是假, $p \rightarrow q$ 均为真, 也就是说, 只有 p 为真 q 为假这一种情况使得复合命题 $p \rightarrow q$ 为假.

(4)$p \rightarrow q$ 的逻辑关系是 q 为 p 的必要条件, p 为 q 的充分条件. "如果 p, 则 q" 有多种表述方式, 如 "若 p, 就 q" "只要 p, 就 q" "因为 p, 所以 q" "只有 q, 才 p" "p 仅当 q" "除非 q, 才 p" 等.

定义 1.5　设 p, q 为两个命题, 复合命题 "p 当且仅当 q" 称为 p 与 q 的等价式, 记作 $p \leftrightarrow q$, 读作 "p 等价 q", 符号 $\leftrightarrow$ 称作等价联结词.

规定 $p \leftrightarrow q$ 为真当且仅当 p 与 q 同时为假, 或 p 与 q 同时为真. 它的真值由表 1.6 决定.

表 1.6　$p \leftrightarrow q$ 的真值表

p	q	$p \leftrightarrow q$
0	0	1
0	1	0
1	0	0
1	1	1

例如, 若 p: $\triangle ABC$ 是等腰三角形, q: $\triangle ABC$ 中有两个角相等, 则复合命题 "$\triangle ABC$ 是等腰三角形当且仅当 $\triangle ABC$ 中有两个角相等" 符号化为 $p \leftrightarrow q$.

以上定义了 5 个最基本、最常用, 也是最重要的联结词, 它们组成了一个联结词集

$\{\neg, \wedge, \vee, \rightarrow, \leftrightarrow\}$, 其中$\neg$是一元联结词, $\wedge$, $\vee$, $\rightarrow$, $\leftrightarrow$为二元联结词.

1.1.3 命题的符号化

如前所述, 对于简单命题的符号化, 可以用小写英文字母或小写英文字母带下标来表示, 而对于复合命题的符号化, 可以按如下步骤进行:

第 1 步: 找出复合命题中包含的各简单命题, 分别进行符号化, 即用小写英文字母或小写英文字母加下标表示每个简单命题.

第 2 步: 找出联结各简单命题的联结词.

第 3 步: 将简单命题、命题联结词和圆括号恰当地联结起来.

复合命题的真值只取决于各简单命题的真值, 而与它们的内容、含义无关, 与简单命题之间是否有关系无关. 使用多个联结词可以组成更复杂的复合命题, 此外还可以使用圆括号来表示命题联结词的使用顺序.

在求复杂的复合命题的真值时, 需要依据各命题联结词的基本定义, 还要遵循各联结词的优先顺序. 将圆括号包含在内, 规定优先顺序从高到低为( )、$\neg$、$\wedge$、$\vee$、$\rightarrow$、$\leftrightarrow$, 并约定对同一优先级, 按照从左到右的顺序进行. 各联结词的优先级如表 1.7 所示.

表 1.7　联结词的优先顺序

联结词	优先级
( )	1
$\neg$	2
$\wedge$	3
$\vee$	4
$\rightarrow$	5
$\leftrightarrow$	6

例1.7 令p: $2+3=6$, q: 雪是黑的, r: 太阳从东方升起, s: 大熊猫产在中国. 求下列复合命题的真值.

(1) $(\neg p \wedge \neg q \wedge r) \vee \neg s$.

(2) $(\neg p \vee q \vee r) \leftrightarrow (p \wedge \neg s)$.

(3) $(p \leftrightarrow r) \wedge (\neg q \vee s)$.

解　p, q, r, s 的真值分别为 0, 0, 1, 1, 容易算出(1),(2),(3)的真值分别为 1, 0, 0.

1.2 命 题 公 式

1.2.1 命题公式的定义

1.1 节说明了命题可以表示为符号串, 那么符号串是否都代表命题呢? 显然不是,如"$pq \land$""$p \rightarrow$". 那么哪些符号串可以代表命题呢?

简单命题是命题逻辑中最基本的研究单位. 由于简单命题的真值唯一确定, 所以也称简单命题为命题常项或命题常元. 从本节开始对命题进一步抽象, 用 $p, q, r, \cdots$ 符号表示一个抽象的命题, 而不是一个具体的命题时, 就称它为命题变项或命题变元. 当 $p, q, r, \cdots$ 表示命题变项时, 它们就成了取值 0 或 1 的变项, 因而命题变项已不是命题. 当一个命题变项用一个特定的命题代替时, 才能确定其真值.

这样一来 $p, q, r, \cdots$ 既可以表示命题常项, 也可以表示命题变项. 在使用中, 需要由上下文确定它们表示的是命题常项还是命题变项.

将命题常项或命题变项用联结词和圆括号按一定的逻辑关系联结起来的符号串称为命题公式. 命题公式的定义如下.

定义 1.6　命题公式.

(1) 单个命题常项或命题变项是命题公式, 称为原子命题公式.

(2) 若 A 是命题公式, 则 $(\lnot A)$ 也是命题公式.

(3) 若 A, B 是命题公式, 则 $(A \land B), (A \lor B), (A \rightarrow B), (A \leftrightarrow B)$ 也是命题公式.

(4) 只有有限次地应用 (1)~(3) 形式的符号串才是命题公式.

例 1.8　判定下列各式中哪些是命题公式.

(1) $(\lnot p$.

(2) $(pq \land)$.

(3) $((\lnot p) \lor q) \rightarrow r) \leftrightarrow s))$.

(4) $(\lnot p)$.

(5) $(p \land q)$.

(6) $((((\lnot p) \lor q) \rightarrow r) \leftrightarrow s)$.

解　根据公式的定义容易知道 (1)~(3) 都不是命题公式, (4)~(6) 是命题公式.

需要说明的是: 定义 1.6 给出的命题公式的定义方式称为归纳定义或递归定义, 本书中还将多次出现这种定义方式. 定义中的 A 和 B 等符号表示任意的命题公式, 可以把它们替代为任意的具体公式. 在不混淆的情况下, 可以将命题公式简称为公式.

为方便和简洁起见, 可以将命题公式中的一些括号省略. 省略原则如下:

(1) 最外层括号可以去掉.

(2) 符合联结词运算优先级别的, 括号可以去掉 (联结词的优先级别见表 1.7).

(3) 同级的运算符, 按从左到右次序计算时, 括号可去掉.

(4) 括号不是省略得越多越好, 重要的是保持公式清晰性和可理解性.

如例 1.8 中命题公式 (4)~(6) 可以分别简化为 $\lnot p, p \land q$ 和 $\lnot p \lor q \rightarrow r \leftrightarrow s$. 但 (6) 的简化表达式 $((\lnot p \lor q) \rightarrow r) \leftrightarrow s$ 比 $\lnot p \lor q \rightarrow r \leftrightarrow s$ 形式更清晰.

下面给出命题公式层次的定义.

定义 1.7　命题公式的层次.

(1) 若公式 A 是单个的命题变项或常项, 则称 A 为 0 层合式.

(2) 称 A 是 $n+1 (n \geq 0)$ 层公式是指下面情况之一:

(i) $A = \lnot B, B$ 是 n 层公式.

(ii) $A = B \wedge C$, 其中 B, C 分别为 i 层和 j 层公式, 且 $n = \max(i, j)$.

(iii) $A = B \vee C$, 其中 B, C 的层次及 n 同 (ii).

(iv) $A = B \rightarrow C$, 其中 B, C 的层次及 n 同 (ii).

(v) $A = B \leftrightarrow C$, 其中 B, C 的层次及 n 同 (ii).

(3) 若公式 A 的层次为 k, 则称 A 是 k 层公式.

易知 $p, \neg p, \neg p \rightarrow q, (\neg p \wedge q) \rightarrow r, (\neg(p \rightarrow \neg q)) \wedge ((r \vee s) \leftrightarrow \neg p)$ 分别为 0, 1, 2, 3, 4 层公式.

1.2.2 命题公式的赋值与真值表

在命题公式中如果有命题变项的出现, 则其真值是不确定的. 若将公式中出现的全部命题变项都解释成具体的命题之后, 则命题公式就成了真值确定的命题了. 例如, 在公式 $(p \vee q) \rightarrow r$ 中, 若将 p 解释成: 2 是素数; q 解释成: 3 是偶数; r 解释成: π 是无理数, 则 p 与 r 被解释成真命题, q 被解释成假命题了, 此时公式 $(p \vee q) \rightarrow r$ 被解释成: 若 2 是素数或 3 是偶数, 则 π 是无理数. 这是一个真命题. 若 p, q 的解释不变, r 被解释: π 是有理数, 则 $(p \vee q) \rightarrow r$ 被解释成: 若 2 是素数或 3 是偶数, 则 π 是有理数. 这是个假命题. 其实, 将命题符号 p 解释成真命题, 相当于指定 p 的真值为 1, 解释成假命题, 相当于指定 p 的真值为 0. 下面的问题是, 指定 p, q, r 的真值为何值时, $(p \vee q) \rightarrow r$ 的真值为 1; 指定 p, q, r 的真值为何值时, $(p \vee q) \rightarrow r$ 的真值为 0.

定义 1.8 命题公式的赋值.

设 $p_1, p_2, \cdots, p_n$ 是出现在公式 A 中所有的命题变项, 给 $p_1, p_2, \cdots, p_n$ 各指定一个真值, 称为对 A 的一个赋值 (或解释). 若指定的一组值使 A 的真值为 1, 则称这组值为 A 的成真赋值; 若使 A 的真值为 0, 则称这组值为 A 的成假赋值.

不难看出, 含 $n(n \geq 1)$ 个命题变项的公式共有 2^n 个不同的赋值. 为看清公式在所有赋值下的取值, 通常构造下面的 "真值表"

定义 1.9 将命题公式 A 在所有赋值下的取值情况列成表, 称作 A 的真值表.

构造真值表的具体步骤如下:

(1) 找出公式 A 中所含的所有命题变项 $p_1, p_2, \cdots, p_n$ (若无下标就按字典顺序排列), 列出 2^n 个赋值. 本书规定, 赋值从 $00\cdots0$ 开始, 然后按二进制加法每次加 1, 依次写出每个赋值, 直到 $11\cdots1$ 为止.

(2) 按从低到高的顺序写出公式的各个层次.

(3) 对应各个赋值计算出各层次公式的真值, 直到最后计算出公式的真值.

注意 关于 n 个命题变元 $p_1, p_2, \cdots, p_n$ 可以构造多少个真值表呢? 由于 n 个命题变元共产生 2^n 个不同赋值, 在每个赋值下, 公式的值只有 0 和 1 两个值, 于是 n 个命题变元的真值表共有 2^{2^n} 种不同情况.

例 1.9 构造下列公式的真值表.

(1) $(\neg p \wedge q) \rightarrow \neg r$.

(2) $(p \wedge \neg p) \leftrightarrow (q \wedge \neg q)$.

(3) $\lnot\,(p\to q)\land q\land r.$

解 (1) $(\lnot\,p\land q)\to\lnot\,r$ 的真值表如表 1.8 所示.

表 1.8 $(\lnot\,p\land q)\to\lnot\,r$ 的真值表

p	q	r	$\lnot\,p$	$\lnot\,r$	$\lnot\,p\land q$	$(\lnot\,p\land q)\to\lnot\,r$
0	0	0	1	1	0	1
0	0	1	1	0	0	1
0	1	0	1	1	1	1
0	1	1	1	0	1	0
1	0	0	0	1	0	1
1	0	1	0	0	0	1
1	1	0	0	1	0	1
1	1	1	0	0	0	1

(2) $(p\land\lnot\,p)\leftrightarrow(q\land\lnot\,q)$ 的真值表如表 1.9 所示.

表 1.9 $(p\land\lnot\,p)\leftrightarrow(q\land\lnot\,q)$ 的真值表

p	q	$\lnot\,p$	$\lnot\,q$	$(p\land\lnot\,p)$	$(q\land\lnot\,q)$	$(p\land\lnot\,p)\leftrightarrow(q\land\lnot\,q)$
0	0	1	1	0	0	1
0	1	1	0	0	0	1
1	0	0	1	0	0	1
1	1	0	0	0	0	1

(3) $\lnot\,(p\to q)\land q\land r$ 的真值表如表 1.10 所示.

表 1.10 $\lnot\,(p\to q)\land q\land r$ 的真值表

p	q	r	$p\to q$	$\lnot\,(p\to q)$	$\lnot\,(p\to q)\land q$	$\lnot\,(p\to q)\land q\land r$
0	0	0	1	0	0	0
0	0	1	1	0	0	0
0	1	0	1	0	0	0
0	1	1	1	0	0	0
1	0	0	0	1	0	0
1	0	1	0	1	0	0
1	1	0	1	0	0	0
1	1	1	1	0	0	0

1.2.3 命题公式的类型

可根据公式在各种不同赋值情况下的取值情况, 将命题公式进行分类.

定义 1.10 设 A 为任一命题公式.

(1)若 A 在它的所有赋值下取值均为真, 则称 A 是重言式或永真式.

(2)若 A 在它的所有赋值下取值均为假, 则称 A 是矛盾式或永假式.

(3)若 A 不是矛盾式, 则称 A 是可满足式.

从定义不难看出以下几点:

(1) A 是可满足式的等价定义是 A 至少存在一个成真赋值.

(2)重言式一定是可满足式, 但反之不一定成立. 若公式 A 是可满足式, 且它至少存在一个成假赋值, 则称 A 为非重言式的可满足式.

(3)可以根据真值表来判断公式的类型:

(i)若真值表最后一列全为 1, 则公式为重言式.

(ii)若真值表最后一列全为 0, 则公式为矛盾式.

(iii)若真值表最后一列中至少有一个 1, 则公式为可满足式.

从表 1.8～表 1.10 可知, 例 1.8 中(1)为非重言式的可满足式; (2)为重言式; (3)为矛盾式.

1.3 命题公式等值演算

1.3.1 等值式与等值演算

两个公式在什么情况下代表了同一个命题呢? 抽象地看, 它们的真值完全相同时即代表了相同的命题.

定义 1.11 设 A 和 B 为两个命题公式, 若 A, B 构成的等价式 $A \leftrightarrow B$ 为重言式, 则称 A 与 B 是等值的, 记作 $A \Leftrightarrow B$.

设 A, B, C 为任意的公式, 公式之间的等值关系具有如下性质:

(1)自反性: $A \Leftrightarrow A$.

(2)对称性: 若 $A \Leftrightarrow B$, 则 $B \Leftrightarrow A$.

(3)传递性: 若 $A \Leftrightarrow B, B \Leftrightarrow C$, 则 $A \Leftrightarrow C$.

设公式 A, B 共含有 n 个命题变项, 可能 A 或 B 有哑元, 若 A 与 B 有相同的真值表, 则说明在 2^n 个赋值的每个赋值下, A 与 B 的真值都相同, 于是等价式 $A \leftrightarrow B$ 应为重言式.

例如: $(p \rightarrow q) \Leftrightarrow ((\neg p \vee q) \vee (\neg r \wedge r))$, r 为左边公式的哑元.

注意 定义中给出的符号 $\Leftrightarrow$ 不是联结词符, 它是用来说明 A 与 B 等值($A \leftrightarrow B$ 是重言式)的一种记法. 读者不要将 $\Leftrightarrow$ 与 $\leftrightarrow$ 混为一谈, 同时也要注意它与一般等号($=$)的区别.

可以用真值表的方法判别两个公式是否等值, 即列出 $A \leftrightarrow B$ 的真值表, 判断 $A \leftrightarrow B$ 是否为重言式. 若 $A \leftrightarrow B$ 为重言式, 则 $A \Leftrightarrow B$, 否则 $A \not\Leftrightarrow B$.

例 1.10 判断下列各组公式是否等值.

(1) $\neg (p \vee q)$ 与 $\neg p \wedge \neg q$.

(2) $p \rightarrow (q \rightarrow r)$ 与 $(p \rightarrow q) \rightarrow r$.

(3) $p \rightarrow (q \rightarrow r)$ 与 $(p \wedge q) \rightarrow r$.

解 (1)列出 $\neg (p \vee q) \leftrightarrow (\neg p \wedge \neg q)$ 的真值表如表 1.11 所示.

根据真值表 1.11 可知 $\lnot\,(p\lor q)\leftrightarrow(\lnot\,p\land\lnot\,q)$ 为重言式, 故 $\lnot\,(p\lor q)\Leftrightarrow\lnot\,p\land\lnot\,q$. 其实在用真值表法判断 $A\leftrightarrow B$ 是否为重言式时, 真值表的最后一列 (即 $A\leftrightarrow B$ 的真值表的最后结果) 可以省略. 若 A 与 B 的真值表相同, 则 $A\Leftrightarrow B$, 否则 $A\not\Leftrightarrow B$.

表 1.11　$\lnot\,(p\lor q)\leftrightarrow(\lnot\,p\land\lnot\,q)$ 的真值表

p	q	$\lnot\,p$	$\lnot\,q$	$p\lor q$	$\lnot\,(p\lor q)$	$(\lnot\,p\land\lnot\,q)$	$\lnot\,(p\lor q)\leftrightarrow(\lnot\,p\land\lnot\,q)$
0	0	1	1	0	1	1	1
0	1	1	0	1	0	0	1
1	0	0	1	1	0	0	1
1	1	0	0	1	0	0	1

(2) 列出 $p\to(q\to r)$ 与 $(p\to q)\to r$ 的真值表如表 1.12 所示.

表 1.12　$p\to(q\to r)$ 与 $(p\to q)\to r$ 的真值表

p	q	r	$q\to r$	$p\to q$	$p\to(q\to r)$	$(p\to q)\to r$
0	0	0	1	1	1	0
0	0	1	1	1	1	1
0	1	0	0	1	1	0
0	1	1	1	1	1	1
1	0	0	1	0	1	1
1	0	1	1	0	1	1
1	1	0	0	1	0	0
1	1	1	1	1	1	1

由于 $p\to(q\to r)$ 与 $(p\to q)\to r$ 的真值表不相同, 所以 $p\to(q\to r)\not\Leftrightarrow(p\to q)\to r$.

(3) 列出 $p\to(q\to r)$ 与 $(p\land q)\to r$ 的真值表如表 1.13 所示.

表 1.13　$p\to(q\to r)$ 与 $(p\land q)\to r$ 的真值表

p	q	r	$q\to r$	$p\land q$	$p\to(q\to r)$	$(p\land q)\to r$
0	0	0	1	0	1	1
0	0	1	1	0	1	1
0	1	0	0	0	1	1
0	1	1	1	0	1	1
1	0	0	1	0	1	1
1	0	1	1	0	1	1
1	1	0	0	1	0	0
1	1	1	1	1	1	1

由于 $p \rightarrow (q \rightarrow r)$ 与 $(p \wedge q) \rightarrow r$ 的真值表相同, 所以 $p \rightarrow (q \rightarrow r) \Leftrightarrow (p \wedge q) \rightarrow r$.

虽然用真值法可以判断任何两个命题公式是否等值, 但是当命题变项较多或公式的层次比较复杂时, 工作量是很大的. 我们可以先利用真值表验证一组基本的、重要的重言式, 然后以它们为基础进行公式之间的演算, 从而判断公式之间是否等值.

表 1.14 给出一些基本的等值式, 也称为命题定律.

表 1.14 基本等值式

等值式	名称
$\neg \neg A \Leftrightarrow A$	双重否定律
$A \vee A \Leftrightarrow A$	幂等律
$A \wedge A \Leftrightarrow A$	
$A \vee B \Leftrightarrow B \vee A$	交换律
$A \wedge B \Leftrightarrow B \wedge A$	
$(A \vee B) \vee C \Leftrightarrow A \vee (B \vee C)$	结合律
$(A \wedge B) \wedge C \Leftrightarrow A \wedge (B \wedge C)$	
$A \vee (B \wedge C) \Leftrightarrow (A \vee B) \wedge (A \vee C)$	分配律
$A \wedge (B \vee C) \Leftrightarrow (A \wedge B) \vee (A \wedge C)$	
$\neg (A \vee B) \Leftrightarrow \neg A \wedge \neg B$	德·摩根律
$\neg (A \wedge B) \Leftrightarrow \neg A \vee \neg B$	
$A \vee (A \wedge B) \Leftrightarrow A$	吸收律
$A \wedge (A \vee B) \Leftrightarrow A$	
$A \vee 1 \Leftrightarrow 1$	零律
$A \wedge 0 \Leftrightarrow 0$	
$A \vee 0 \Leftrightarrow A$	同一律
$A \wedge 1 \Leftrightarrow A$	
$A \vee \neg A \Leftrightarrow 1$	排中律
$A \wedge \neg A \Leftrightarrow 0$	矛盾律
$A \rightarrow B \Leftrightarrow \neg A \vee B$	蕴涵等值式
$(A \leftrightarrow B) \Leftrightarrow (A \rightarrow B) \wedge (B \rightarrow A)$	等价等值式
$A \rightarrow B \Leftrightarrow \neg B \rightarrow \neg A$	假言易位

读者可以利用真值表验证以上等值式, 并牢牢记住它们. 需要注意的是以上等值式中出现的 A, B, C 可以代表任意的命题公式, 我们把这些等值式称为等值式模式, 以它们为基础进行演算, 可以证明公式等值.

由已知的等值式推演出新的等值式的过程称为等值演算. 在等值演算中, 需要使用如下的重要规则.

置换规则   设 $\tau(A)$ 是含公式 A 的命题公式, $\tau(B)$ 是用公式 B 置换 $\tau(A)$ 中的 A 后得到

的命题公式, 若 $A \Leftrightarrow B$, 则 $\tau(A) \Leftrightarrow \tau(B)$.

例 1.11　用等值演算法证明 $p \rightarrow (q \rightarrow r) \Leftrightarrow (p \wedge q) \rightarrow r$.

证明

$$
\begin{aligned}
p \rightarrow (q \rightarrow r) &\Leftrightarrow \neg p \vee (q \rightarrow r) && \text{(蕴涵等值式, 置换规则)}\\
&\Leftrightarrow \neg p \vee (\neg q \vee r) && \text{(蕴涵等值式, 置换规则)}\\
&\Leftrightarrow (\neg p \vee \neg q) \vee r && \text{(结合律, 置换规则)}\\
&\Leftrightarrow \neg (p \wedge q) \vee r && \text{(德·摩根律, 置换规则)}\\
&\Leftrightarrow (p \wedge q) \rightarrow r && \text{(蕴涵等值式, 置换规则)}
\end{aligned}
$$

所以 $p \rightarrow (q \rightarrow r) \Leftrightarrow (p \wedge q) \rightarrow r$ 成立.

公式之间的等值关系具有自反性、对称性和传递性, 所以上述演算中得到的 5 个公式彼此之间都是等值的. 由于在演算的每一步都用到了置换规则, 因而在以后的等值演算中, 置换规则均不必写出. 另外用等值演算不能直接证明两个公式不等值. 要证明两个公式不等值, 可以列出真值表来检查这两个公式的真值是否完全相同, 也可以看是否能找到一个真值赋值, 使得两个公式的真值不相同来证明.

除此以外, 等值演算法还可以判断公式类型. 设 A 为命题公式, A 为矛盾式当且仅当 $A \Leftrightarrow 0$; A 为重言式当且仅当 $A \Leftrightarrow 1$. A 为可满足式当且仅当 $A \Leftrightarrow A'$, 而 A' 是一个可满足式.

例 1.12　用等值演算法判断下列公式的类型.

(1) $q \wedge \neg (p \rightarrow q)$.

(2) $(p \rightarrow (p \vee q)) \vee r$.

(3) $((p \wedge q) \vee (p \wedge \neg q)) \wedge r$.

解　(1)
$$
\begin{aligned}
q \wedge \neg (p \rightarrow q) &\Leftrightarrow q \wedge \neg (\neg p \vee q) && \text{(蕴涵等值式)}\\
&\Leftrightarrow q \wedge (\neg \neg p \wedge \neg q) && \text{(德·摩根律)}\\
&\Leftrightarrow q \wedge (p \wedge \neg q) && \text{(双重否定律)}\\
&\Leftrightarrow (q \wedge \neg q) \wedge p && \text{(交换律、结合律)}\\
&\Leftrightarrow 0 \wedge p && \text{(矛盾律)}\\
&\Leftrightarrow 0 && \text{(零律)}
\end{aligned}
$$

所以 $q \wedge \neg (p \rightarrow q)$ 为矛盾式.

(2)
$$
\begin{aligned}
(p \rightarrow (p \vee q)) \vee r &\Leftrightarrow (\neg p \vee (p \vee q)) \vee r && \text{(蕴涵等值式)}\\
&\Leftrightarrow ((\neg p \vee p) \vee q) \vee r && \text{(结合律)}\\
&\Leftrightarrow 1 \vee q \vee r && \text{(排中律)}\\
&\Leftrightarrow 1 \vee (q \vee r) && \text{(结合律)}\\
&\Leftrightarrow 1 && \text{(零律)}
\end{aligned}
$$

所以 $(p \rightarrow (p \vee q)) \vee r$ 为重言式.

(3)
$$
\begin{aligned}
((p \wedge q) \vee (p \wedge \neg q)) \wedge r &\Leftrightarrow p \wedge (q \vee \neg q) \wedge r && \text{(分配律)}\\
&\Leftrightarrow p \wedge 1 \wedge r && \text{(排中律)}\\
&\Leftrightarrow p \wedge r && \text{(同一律)}
\end{aligned}
$$

从上述的等值演算结果可以知道, $(p \wedge q) \vee (p \wedge \neg q) \wedge r$ 为可满足式, 101 和 111 是公式的成真赋值, 000、001、010、011、100、110 是公式的成假赋值.

1.3.2　范式

每种数字标准形都能提供很多信息, 如代数式的因式分解可判断代数式根的情况. 命题公式在等值演算下也有标准的形式, 称为范式. 范式有两种: 析取范式和合取范式. 公式的范式能表达真值表所能提供的一切信息, 并能解决一些实际应用问题.

定义 1.12　(1)命题变项及其否定统称作文字.

(2)仅由有限个文字构成的析取式称作简单析取式.

(3)仅由有限个文字构成的合取式称作简单合取式.

例如 p, $\neg q$ 等为 1 个文字构成简单析取式; $p \vee \neg p$, $\neg p \vee q$ 等为 2 个文字构成的简单析取式; $\neg p \vee \neg q \vee r$, $p \vee \neg q \vee r$ 等为 3 个文字构成的简单析取式. $\neg p$, q 等为 1 个文字构成的简单合取式; $\neg p \wedge p$, $p \wedge \neg q$ 等为 2 个文字构成的简单合取式; $p \wedge q \wedge \neg r$, $\neg p \wedge p \wedge q$ 等为 3 个文字构成的简单合取式. 应该注意: 1 个文字既是简单析取式, 又是简单合取式.

定理 1.1　(1)一个简单析取式是重言式当且仅当它同时含有某个命题变项及其否定式.

(2)一个简单合取式是矛盾式当且仅当它同时含有某个命题变项及其否定式.

例如 $p \vee \neg p$, $p \vee \neg p \vee r$ 都是重言式. $\neg p \vee q$, $\neg p \vee \neg q \vee r$ 都不是重言式. $p \wedge \neg p$, $p \wedge \neg p \wedge r$ 都是矛盾式. $\neg p \wedge q$, $\neg p \wedge \neg q \wedge r$ 都不是矛盾式.

证明　留给读者思考完成.

定义 1.13　(1)由有限个简单合取式构成的析取式称为析取范式.

(2)由有限个简单析取式构成的合取式称为合取范式.

(3)析取范式与合取范式统称为范式.

设 $A_i (i = 1, 2, \cdots, s)$ 为简单合取式, 则 $A \Leftrightarrow A_1 \vee A_2 \vee \cdots \vee A_s$ 为析取范式. 例如, $A_1 \Leftrightarrow p \wedge \neg q$, $A_2 \Leftrightarrow \neg q \wedge \neg r$, $A_3 \Leftrightarrow p$, 则由 A_1, A_2, A_3 构成的析取范式为 $A \Leftrightarrow A_1 \vee A_2 \vee A_3 \Leftrightarrow (p \wedge \neg q) \vee (\neg q \wedge \neg r) \vee p$.

类似地, 设 $A_i' (i = 1, 2, \cdots, t)$ 为简单析取式, 则 $A \Leftrightarrow A_1' \wedge A_2' \wedge \cdots \wedge A_t'$ 为合取范式. 例如, 取 $A_1' \Leftrightarrow p \vee q \vee r$, $A_2' \Leftrightarrow \neg p \vee \neg q$, $A_3' \Leftrightarrow r$, 则由 A_1', A_2', A_3' 构成的合取范式为 $A \Leftrightarrow A_1' \wedge A_2' \wedge A_3' \Leftrightarrow (p \vee q \vee r) \wedge (\neg p \vee \neg q) \wedge r$.

注意　形如 $\neg p \wedge q \wedge r$ 的公式既是由 1 个简单合取式构成的析取范式, 又是由 3 个简单析取式构成的合取范式. 类似地, 形如 $p \vee \neg q \vee r$ 的公式既是含 3 个简单合取式的析取范式, 又是由 1 个简单析取式构成的合取范式.

范式有如下结论.

定理 1.2　(1)一个析取范式是矛盾式当且仅当它的每个简单合取式都是矛盾式.

(2)一个合取范式是重言式当且仅当它的每个简单析取式都是重言式.

(3)范式中只出现三种联结词 $\{\neg, \wedge, \vee\}$.

定理 1.3(范式存在定理)　任一命题公式都存在着与之等值的析取范式与合取范式.

证明　首先, 公式中若出现 $\{\neg, \wedge, \vee\}$ 以外的联结词→与↔, 则由蕴涵等值式与等价等值式, 在等值的条件下, 可以消去公式中的联结词→与↔.

$$A \to B \Leftrightarrow \neg A \vee B$$

$$(A \leftrightarrow B) \Leftrightarrow (\neg A \vee B) \wedge (A \vee \neg B) \Leftrightarrow (\neg A \wedge \neg B) \vee (A \wedge B)$$

其次, 在范式中不出现如下形式的公式 $\neg\neg A$, $\neg (A \wedge B)$, $\neg (A \vee B)$. 若出现的话, 对其利用双重否定律和德·摩根律, 从而消去多余的 $\neg$, 或将 $\neg$ 内移.

$$\neg\neg A \Leftrightarrow A$$

$$\neg (A \wedge B) \Leftrightarrow \neg A \vee \neg B$$

$$\neg (A \vee B) \Leftrightarrow \neg A \wedge \neg B$$

最后, 在析取范式中不出现如下形式的公式: $A \wedge (B \vee C)$, 在合取范式中不出现如下形式的公式: $A \vee (B \wedge C)$, 利用分配律, 可得

$$A \wedge (B \vee C) \Leftrightarrow (A \wedge B) \vee (A \wedge C)$$

$$A \vee (B \wedge C) \Leftrightarrow (A \vee B) \wedge (A \vee C)$$

由以上三步, 可将任一公式化成与之等值的析取范式与合取范式.

据此定理, 求公式的范式可采用如下步骤:

(1) 消去联结词 $\rightarrow$, $\leftrightarrow$.

(2) 否定词的消去(利用双重否定律)或内移(利用德·摩根律).

(3) 利用分配律: 利用 $\wedge$ 对 $\vee$ 的分配律求析取范式, $\vee$ 对 $\wedge$ 的分配律求合取范式.

例 1.13　求下列公式的析取范式与合取范式.

(1) $(p \rightarrow \neg q) \vee \neg r$.

(2) $(p \rightarrow q) \leftrightarrow r$.

解　(1) $(p \rightarrow \neg q) \vee \neg r \Leftrightarrow (\neg p \vee \neg q) \vee \neg r$　　　(蕴涵等值式, 消去 $\rightarrow$)

$$\Leftrightarrow \neg p \vee \neg q \vee \neg r \qquad\qquad\text{(结合律)}$$

$\neg p \vee \neg q \vee \neg r$ 既是析取范式(由 3 个简单合取式构成的析取式), 又是合取范式(由 1 个简单析取式构成的合取式).

(2) 对公式 $(p \rightarrow q) \leftrightarrow r$.

先求合取范式

$$(p \rightarrow q) \leftrightarrow r \Leftrightarrow (\neg (p \rightarrow q) \vee r) \wedge ((p \rightarrow q) \vee \neg r) \qquad \text{(等价等值式, 消去 $\leftrightarrow$)}$$

$$\Leftrightarrow (\neg (\neg p \vee q) \vee r) \wedge ((\neg p \vee q) \vee \neg r) \qquad \text{(蕴涵等值式, 消去 $\rightarrow$)}$$

$$\Leftrightarrow ((p \wedge \neg q) \vee r) \wedge (\neg p \vee q \vee \neg r) \qquad \text{(德·摩根律, $\neg$ 内移)}$$

$$\Leftrightarrow (p \vee r) \wedge (\neg q \vee r) \wedge (\neg p \vee q \vee \neg r) \qquad \text{($\vee$ 对 $\wedge$ 的分配律)}$$

再求析取范式

$$(p \rightarrow q) \leftrightarrow r \Leftrightarrow (\neg (p \rightarrow q) \wedge \neg r) \vee ((p \rightarrow q) \wedge r) \qquad \text{(等价等值式, 消去 $\leftrightarrow$)}$$

$$\Leftrightarrow (\neg (\neg p \vee q) \wedge \neg r) \vee ((\neg p \vee q) \wedge r) \qquad \text{(蕴涵等值式, 消去 $\rightarrow$)}$$

$$\Leftrightarrow (p \wedge \neg q \wedge \neg r) \vee (\neg p \wedge r) \vee (q \wedge r) \qquad \text{(德·摩根律, $\neg$ 内移)}$$

一般地, 命题公式的析取范式是不唯一的, 同样合取范式也是不唯一的. 为了使命题公式的范式唯一, 可以进一步将其规范化, 这就是下面要讲到的主范式, 包括主析取范式和主合取范式.

1.3.3　主范式

1. 极小项和主析取范式

定义 1.14　在含有 n 个命题变项的简单合取式中, 若每个命题变项和它的否定式不同时出现, 而二者之一必出现且仅出现一次, 且第 i 个命题变项或它的否定式出现在从左算起的第 i 位上(若命题变项无脚标, 就按字典顺序排列), 称这样的简单合取式为极小项.

由于每个命题变项在极小项中以原形或否定式出现且仅出现一次, 所以 n 个命题变项共可产生 2^n 个不同的极小项. 其中每个极小项都有且仅有 1 个成真赋值. 若将成真赋值所对应的二进制数转换为十进制数 i, 可将所对应极小项简记作 m_i.

由两个命题变项 p, q 形成的所有极小项如表 1.15 所示.

表 1.15　含 p, q 的极小项

极小项	成真赋值	名称
$\neg p \wedge \neg q$	00	m_0
$\neg p \wedge q$	01	m_1
$p \wedge \neg q$	10	m_2
$p \wedge q$	11	m_3

由三个命题变项 p, q, r 形成的所有极小项如表 1.16 所示.

表 1.16　含 p, q, r 的极小项

极小项	成真赋值	名称
$\neg p \wedge \neg q \wedge \neg r$	000	m_0
$\neg p \wedge \neg q \wedge r$	001	m_1
$\neg p \wedge q \wedge \neg r$	010	m_2
$\neg p \wedge q \wedge r$	011	m_3
$p \wedge \neg q \wedge \neg r$	100	m_4
$p \wedge \neg q \wedge r$	101	m_5
$p \wedge q \wedge \neg r$	110	m_6
$p \wedge q \wedge r$	111	m_7

定义 1.15　若由 n 个命题变项构成的析取范式中所有的简单合取式都是极小项, 则称该析取范式为主析取范式.

定理 1.4　任何命题公式都存在与之等值的主析取范式, 并且是唯一的.

证明　首先, 证明存在性.

设 A 为任一命题公式, 该公式中含有 n 个命题变项 $p_1, p_2, \cdots, p_n$.

根据定理 1.3 求出与公式等值的析取范式 $A \Leftrightarrow A_1 \vee A_2 \vee \cdots \vee A_s$ (A_i 为简单合取式, $1 \leqslant i \leqslant s$).

若某个 A_i 中既不包含命题变项 p_j, 也不包含它的否定式 $\neg p_j$, 则将 A_i 展成如下等值的形式: $A_i \Leftrightarrow A_i \wedge 1 \Leftrightarrow A_i \wedge (p_j \vee \neg p_j) \Leftrightarrow (A_i \wedge p_j) \vee (A_i \wedge \neg p_j)$, 继续这个过程, 直到所有的简单合取式都含有所有的命题变项或它们的否定式.

若在演算过程中有重复出现的命题变项以及极小项和矛盾式, 就应该消去化简. 如: 用 p 代替 $p \wedge p$, 用 m_j 代替 $m_j \vee m_j$, 用 0 代替矛盾式等. 将公式化成与之等值的主析取范式.

为了醒目和便于记忆, 求出公式 A 的主析取范式后, 将极小项都用名称写出, 并且按照极小项名称的下标从小到大排列, 还可以把 $\vee$ 当成二进制加法, 用 Σ 符号将所有的十进制下标从小到大列出, 进一步简化表达.

其次, 证明唯一性.

假设命题公式 A 等值于两个不同的主析取范式 B 和 C, 那么必有 $B \Leftrightarrow C$. 但由于 B 和 C 是两个不同的主析取范式, 不妨设极小项 m_i 只在出现在 B 中, 而不出现在 C 中, 于是下标 i 的二进制表示为 B 的一个成真赋值, 而为 C 的成假赋值, 于是 $B \not\Leftrightarrow C$, 这与 $B \Leftrightarrow C$ 矛盾. 因此任何公式都存在唯一与之等值的主析取范式.

定理 1.4 揭示了主析取范式的存在性和唯一性, 下面我们讨论求解公式的主析取范式的两种方法.

方法 1　等值演算法

例 1.14　用等值演算法求公式 $(p \to q) \leftrightarrow r$ 的主析取范式.

解　首先利用等值演算法求出公式的析取范式, 见例 1.13(2) 的结论, 然后将其演算成主析取范式.

$$(p \to q) \leftrightarrow r \Leftrightarrow (p \wedge \neg q \wedge \neg r) \vee (\neg p \wedge r) \vee (q \wedge r)$$
$$\Leftrightarrow (p \wedge \neg q \wedge \neg r) \vee (\neg p \wedge (\neg q \vee q) \wedge r) \vee ((\neg p \vee p) \wedge q \wedge r)$$
$$\Leftrightarrow (p \wedge \neg q \wedge \neg r) \vee (\neg p \wedge \neg q \wedge r) \vee (\neg p \wedge q \wedge r)$$
$$\qquad \vee (\neg p \wedge q \wedge r) \vee (p \wedge q \wedge r)$$
$$\Leftrightarrow m_4 \vee m_1 \vee m_3 \vee m_3 \vee m_7$$
$$\Leftrightarrow m_1 \vee m_3 \vee m_4 \vee m_7$$
$$\Leftrightarrow \Sigma(1, 3, 4, 7)$$

方法 2　真值表法

在一个命题公式的真值表中, 将所有成真赋值对应的极小项构成析取范式, 就是该公式的主析取范式.

例 1.15　用真值表法求公式 $(p \to q) \leftrightarrow r$ 的主析取范式.

解　列出公式 $(p \to q) \leftrightarrow r$ 的真值表如表 1.17 所示.

$$(p \to q) \leftrightarrow r \Leftrightarrow m_1 \vee m_3 \vee m_4 \vee m_7 \Leftrightarrow \Sigma(1, 3, 4, 7)$$

表 1.17　$(p \to q) \leftrightarrow r$ 的真值表

p	q	r	$p \to q$	$(p \to q) \leftrightarrow r$
0	0	0	1	0
0	0	1	1	1
0	1	0	1	0

p	q	r	$p \to q$	$(p \to q) \leftrightarrow r$
0	1	1	1	1
1	0	0	0	1
1	0	1	0	0
1	1	0	1	0
1	1	1	1	1

2. 极大项和主合取范式

定义 1.16　在含有 n 个命题变项的简单析取式中, 若每个命题变项和它的否定式不同时出现, 而二者之一必出现且仅出现一次, 且第 i 个命题变项或它的否定式出现在从左算起的第 i 位上(若命题变项无下标, 就按字典顺序排列), 称这样的简单析取式为极大项.

由于每个命题变项在极大项中以原形或否定式出现且仅出现一次, 因而 n 个命题变项共可产生 2^n 个不同的极大项. 其中每个极大项都有且仅有一个成假赋值. 若成假赋值所对应的二进制数转换为十进制数 i, 就将所对应极大项简记作 M_i.

由两个命题变项 p, q 形成的所有极大项如表 1.18 所示.

表 1.18　含 p, q 的极大项

极大项	成假赋值	名称
$p \lor q$	00	M_0
$p \lor \neg q$	01	M_1
$\neg p \lor q$	10	M_2
$\neg p \lor \neg q$	11	M_3

由三个命题变项 p, q, r 形成的所有极大项如表 1.19 所示.

表 1.19　含 p, q, r 的极大项

极大项	成假赋值	名称
$p \lor q \lor r$	000	M_0
$p \lor q \lor \neg r$	001	M_1
$p \lor \neg q \lor r$	010	M_2
$p \lor \neg q \lor \neg r$	011	M_3
$\neg p \lor q \lor r$	100	M_4
$\neg p \lor q \lor \neg r$	101	M_5
$\neg p \lor \neg q \lor r$	110	M_6
$\neg p \lor \neg q \lor \neg r$	111	M_7

定义 1.17　若由 n 个命题变项构成的合取范式中所有的简单析取式都是极大项, 则称该合取范式为主合取范式.

定理 1.5　任何命题公式都存在与之等值的主合取范式, 并且是唯一的.

证明　首先, 证明存在性.

设 A 为任一命题公式, 该公式中含有 n 个命题变项 $p_1, p_2, \cdots, p_n$.

根据定理 1.3 求出与之等值的合取范式 $A \Leftrightarrow A'_1 \wedge A'_2 \wedge \cdots \wedge A'_t$ (A'_i 为简单析取式, $1 \leqslant i \leqslant t$).

若某个 A'_i 中既不包含命题变项 p_j, 也不包含它的否定式 $\neg p_j$, 则将 A'_i 展成如下等值的形式: $A'_i \Leftrightarrow A'_i \vee 0 \Leftrightarrow A'_i \vee (p_j \wedge \neg p_j) \Leftrightarrow (A'_i \vee p_j) \wedge (A'_i \vee \neg p_j)$, 继续这个过程, 直到所有的简单析取式都含有所有的命题变项或它们的否定式.

若在演算过程中有重复出现的命题变项以及极大项和重言式, 就应该消去化简: 如用 p 代替 $p \vee p$, 用 M_j 代替 $M_j \wedge M_j$, 用 1 代替重言式等, 最后将公式化成与之等值的主合取范式.

为了醒目和便于记忆, 求出公式 A 的主合取范式后, 将其中的极大项都用名称写出, 并且按照极大项名称的下标从小到大排列, 还可以把 $\wedge$ 当成二进制乘法, 用 $\prod$ 符号将所有的极大项的十进制下标从小到大列出, 进一步简化表达.

其次, 证明唯一性.

假设命题公式 A 等值于两个不同的主合取范式 B 和 C, 那么必有 $B \Leftrightarrow C$. 但由于 B 和 C 是两个不同的主合取范式, 不妨设极大项 M_i 只出现在 B 中, 而不出现在 C 中, 于是下标 i 的二进制表示为 B 的一个成假赋值, 而为 C 的成真赋值, $B \not\Leftrightarrow C$, 与 $B \Leftrightarrow C$ 矛盾. 因此任何公式都存在唯一与之等值的主合取范式.

定理 1.5 揭示了主合取范式的存在性和唯一性, 下面我们讨论求主合取范式的 3 种方法.

方法 1　等值演算法

例 1.16　用等值演算法求公式 $(p \to q) \leftrightarrow r$ 的主合取范式.

解　首先利用等值演算法求出公式的合取范式, 见例 1.13 (2) 的结论, 然后将其演算成主合取范式.

$$
\begin{aligned}
(p \to q) \leftrightarrow r &\Leftrightarrow (p \vee r) \wedge (\neg q \vee r) \wedge (\neg p \vee q \vee \neg r) \\
&\Leftrightarrow (p \vee (q \wedge \neg q) \vee r) \wedge ((p \wedge \neg p) \vee \neg q \vee r) \wedge (\neg p \vee q \vee \neg r) \\
&\Leftrightarrow (p \vee q \vee r) \wedge (p \vee \neg q \vee r) \wedge (p \vee \neg q \vee r) \wedge (\neg p \vee \neg q \vee r) \wedge (\neg p \vee q \vee \neg r) \\
&\Leftrightarrow M_0 \wedge M_2 \wedge M_2 \wedge M_6 \wedge M_5 \\
&\Leftrightarrow \prod(0, 2, 5, 6)
\end{aligned}
$$

方法 2　真值表法

在一个命题公式的真值表中, 将所有成假赋值对应的极大项的求合取范式就是该公式的主合取范式.

例 1.17　用真值表法求 $(p \to q) \leftrightarrow r$ 的主合取范式.

解　根据表 1.17 所示 $(p \to q) \leftrightarrow r$ 的真值表, 找出成假赋值所对应的极大项的合取就可以求出公式的主合取范式.

$$(p \to q) \leftrightarrow r \Leftrightarrow M_0 \wedge M_2 \wedge M_5 \wedge M_6 \Leftrightarrow \prod(0, 2, 5, 6)$$

方法 3　根据公式的主析取范式求主合取范式

从上面的例子不难看出, 公式的主析取范式和主合取范式具有互补性(即它们的编码恰好构成公式的所有赋值情况), 由主析取范式可以得到主合取范式, 也可以由主合取范式得到主析取范式.

例 1.18 根据 $(p \rightarrow q) \leftrightarrow r$ 的主析取范式求主合取范式.

解 $(p \rightarrow q) \leftrightarrow r \Leftrightarrow m_1 \vee m_3 \vee m_4 \vee m_7$ (主析取范式)

$\Leftrightarrow M_0 \wedge M_2 \wedge M_5 \wedge M_6 \Leftrightarrow \prod(0, 2, 5, 6)$ (主合取范式)

下面讨论主范式的用途. 主析取范式、主合取范式和真值表一样, 可以表示出公式与公式之间关系的一切信息. 为了简单起见, 我们着重讨论主析取范式的用途(主合取范式可类似讨论, 请读者根据主析取范式和主合取范式的关系进行探讨).

3. 主范式的用途

用途 1 求公式的成真赋值和成假赋值.

若公式 A 含有 n 个命题变项, A 的主析取范式含 $s (0 \leqslant s \leqslant 2^n)$ 个极小项, 则 A 有 s 个成真赋值, 它们是所含的极小项下标的二进制表示, 其余 $2^n - s$ 个赋值都是成假赋值.

例如, $(p \rightarrow q) \leftrightarrow r \Leftrightarrow \sum(1, 3, 4, 7)$, 公式有 3 个命题变项, 将主析取范式中各极小项的下标 1, 3, 4, 7 写成 3 位二进制表示分别为 001, 011, 100, 111. 这 4 个赋值即为该公式的成真赋值, 而主析取范式中没有出现的极小项 m_0, m_2, m_5, m_6 的下标的二进制表示 000, 010, 101, 110 为该公式的成假赋值.

用途 2 判断公式的类型.

若公式 A 含有 n 个命题变项, 容易看出:

(1) A 为重言式当且仅当 A 的主析取范式中含有 2^n 个极小项.

(2) A 为矛盾式当且仅当 A 的主析取范式中不含任何极小项, A 的主析取范式记为 0.

(3) A 为可满足式当且仅当 A 的主析取范式中至少含有 1 个极小项.

例 1.19 利用主析取范式判断下列公式的类型.

(1) $(p \rightarrow q) \rightarrow (\neg q \rightarrow \neg p)$.

(2) $\neg (p \rightarrow q) \wedge r \wedge q$.

(3) $(p \rightarrow q) \wedge \neg p$.

解 (1) $(p \rightarrow q) \rightarrow (\neg q \rightarrow \neg p)$

$\Leftrightarrow \neg (\neg p \vee q) \vee (q \vee \neg p)$

$\Leftrightarrow (p \wedge \neg q) \vee \neg p \vee q$

$\Leftrightarrow (p \wedge \neg q) \vee (\neg p \wedge (\neg q \vee q)) \vee ((\neg p \vee p) \wedge q)$

$\Leftrightarrow (p \wedge \neg q) \vee (\neg p \wedge \neg q) \vee (\neg p \wedge q) \vee (\neg p \wedge q) \vee (p \wedge q)$

$\Leftrightarrow m_2 \vee m_0 \vee m_1 \vee m_1 \vee m_3$

$\Leftrightarrow \sum(0, 1, 2, 3)$

该公式中含 2 个命题变项, 它的主析取范式中含了 $2^2 = 4$ 个极小项, 故它为重言式, 00, 01, 10, 11 为公式的成真赋值, 无成假赋值.

(2)
$$\neg (p \rightarrow q) \wedge r \wedge q$$
$$\Leftrightarrow \neg (\neg p \vee q) \wedge q \wedge r$$
$$\Leftrightarrow p \wedge \neg q \wedge q \wedge r$$
$$\Leftrightarrow p \wedge 0 \wedge r$$
$$\Leftrightarrow 0$$

该公式的主析取范式为 0, 故它为矛盾式, 000, 001, 010, 011, 100, 101, 110, 111 为成假赋值, 无成真赋值.

(3)
$$(p \rightarrow q) \wedge \neg p$$
$$\Leftrightarrow (\neg p \vee q) \wedge \neg p$$
$$\Leftrightarrow \neg p$$
$$\Leftrightarrow \neg p \wedge (\neg q \vee q)$$
$$\Leftrightarrow (\neg p \wedge \neg q) \vee (\neg p \wedge q)$$
$$\Leftrightarrow m_0 \vee m_1$$

该公式为非重言式的可满足式, 其中 00 和 01 为公式的成真赋值, 10 和 11 为成假赋值.

用途 3　判断两个公式是否等值.

设公式 A 和 B 共含有 n 个命题变项, A 和 B 等值当且仅当 A 和 B 有相同的主析取范式.

例 1.20　利用主析取范式判断下列各组公式是否等值.

(1) $(p \rightarrow q) \rightarrow r$ 与 $q \rightarrow (p \rightarrow r)$.

(2) $p \rightarrow (q \rightarrow r)$ 与 $\neg (p \wedge q) \vee r$.

解　(1) 经演算得到两个公式的主析取范式
$$(p \rightarrow q) \rightarrow r \Leftrightarrow m_1 \vee m_3 \vee m_4 \vee m_5 \vee m_7$$
$$q \rightarrow (p \rightarrow r) \Leftrightarrow m_0 \vee m_1 \vee m_2 \vee m_3 \vee m_4 \vee m_5 \vee m_7$$

所以 $(p \rightarrow q) \rightarrow r) \Leftrightarrow q \rightarrow (p \rightarrow r)$.

(2) 经演算得到两个公式的主析取范式
$$p \rightarrow (q \rightarrow r) \Leftrightarrow m_0 \vee m_1 \vee m_2 \vee m_3 \vee m_4 \vee m_5 \vee m_7$$
$$\neg (p \wedge q) \vee r \Leftrightarrow m_0 \vee m_1 \vee m_2 \vee m_3 \vee m_4 \vee m_5 \vee m_7$$

所以 $p \rightarrow (q \rightarrow r) \Leftrightarrow \neg (p \wedge q) \vee r$.

以上的演算过程请读者自行补充.

用途 4　解决一些实际问题.

例 1.21　某单位要从 A, B, C 三人中选派人员出国考察, 选派时需满足下述条件:

(1) 若 A 去, 则 C 也要去.

(2) 若 B 去, 则 C 不能去.

(3) A 和 B 必须去一人且只能去一人.

问有几种可能的选派方案?

解　设 p: 派 A 去; q: 派 B 去; r: 派 C 去, 则派遣条件的公式为: $(p \rightarrow r) \wedge (q \rightarrow \neg r) \wedge ((\neg p \wedge q) \vee (p \wedge \neg q))$, 该公式的成真赋值即为可行的选派方案.

为了得到公式的成真赋值, 经等值演算法得到公式的主析取范式:
$$(p \rightarrow r) \wedge (q \rightarrow \neg r) \wedge ((\neg p \wedge q) \vee (p \wedge \neg q))$$

$$\Leftrightarrow (\neg p \vee r) \wedge (\neg q \vee \neg r) \wedge ((\neg p \wedge q) \vee (p \wedge \neg q))$$
$$\Leftrightarrow (\neg p \wedge q \wedge \neg r) \vee (p \wedge \neg q \wedge r)$$
$$\Leftrightarrow m_2 \vee m_5$$

根据公式的主析取范式得到公式有 2 个成真赋值, 分别为 010 和 101, 故有两种选派方案:

方案 1 派 B 去.

方案 2 派 A 与 C 去.

例 1.22 在某次研讨会的中间休息时间, 3 名与会者根据王教授的口音对他是哪个省市的人进行了如下判断:

甲说: 王教授不是苏州人, 是上海人.

乙说: 王教授不是上海人, 是苏州人.

丙说: 王教授既不是上海人, 也不是杭州人.

听完以上 3 人的判断后, 王教授笑着说, 他们 3 人中有一人说的全对, 有一人说对了一半, 另一人说的全不对.

试分析王教授到底是哪里人?

解 设 p: 王教授是苏州人; q: 王教授是上海人; r: 王教授是杭州人, 则甲的判断为 $\neg p \wedge q$, 乙的判断为 $p \wedge \neg q$, 丙的判断为 $\neg q \wedge \neg r$.

于是:

甲的判断全对 $\quad A_1 \Leftrightarrow \neg p \wedge q$

甲的判断对一半 $\quad A_2 \Leftrightarrow ((\neg p \wedge \neg q) \vee (p \wedge q))$

甲的判断全错 $\quad A_3 \Leftrightarrow p \wedge \neg q$

乙的判断全对 $\quad B_1 \Leftrightarrow p \wedge \neg q$

乙的判断对一半 $\quad B_2 \Leftrightarrow ((p \wedge q) \vee (\neg p \wedge \neg q))$

乙的判断全错 $\quad B_3 \Leftrightarrow \neg p \wedge q$

丙的判断全对 $\quad C_1 \Leftrightarrow \neg q \wedge \neg r$

丙的判断对一半 $\quad C_2 \Leftrightarrow (q \wedge \neg r) \vee (\neg q \wedge r)$

丙的判断全错 $\quad C_3 \Leftrightarrow q \wedge r$

于是王教授所说为
$$E \Leftrightarrow (A_1 \wedge B_2 \wedge C_3) \vee (A_1 \wedge B_3 \wedge C_2) \vee (A_2 \wedge B_1 \wedge C_3) \vee (A_2 \wedge B_3 \wedge C_1)$$
$$\vee (A_3 \wedge B_1 \wedge C_2) \vee (A_3 \wedge B_2 \wedge C_1)$$

为真命题.

而
$$(A_1 \wedge B_2 \wedge C_3) \Leftrightarrow 0$$
$$(A_1 \wedge B_3 \wedge C_2) \Leftrightarrow \neg p \wedge q \wedge \neg r$$
$$(A_2 \wedge B_1 \wedge C_3) \Leftrightarrow 0$$
$$(A_2 \wedge B_3 \wedge C_1) \Leftrightarrow 0$$
$$(A_3 \wedge B_1 \wedge C_2) \Leftrightarrow p \wedge \neg q \wedge r$$
$$(A_3 \wedge B_2 \wedge C_1) \Leftrightarrow 0$$

于是, 由同一律可知

$$E \Leftrightarrow (\neg p \wedge q \wedge \neg r) \vee (p \wedge \neg q \wedge r)$$

但因为王教授不能既是上海人, 又是杭州人, 所以 p, r 必有一个假命题, 即 $p \wedge \neg q \wedge r \Leftrightarrow 0$, 于是 $E \Leftrightarrow \neg p \wedge q \wedge \neg r$ 为真命题, 因而必有 p, r 为假命题, q 为真命题, 即王教授是上海人. 其中甲说的全对, 乙全说错了, 丙说对了一半.

1.4　命题逻辑的推理理论

数理逻辑的主要任务是用数学的方法来研究推理. 所谓推理是指从前提出发推出结论的思维过程, 而前提是已知命题公式的集合, 结论是从前提出发应用推理规则推出的命题公式. 在数理逻辑中, 集中注意力于推理规则的研究, 即先给出一些推理规则, 从一些前提出发, 根据所提供的推理规则, 推出结论, 这种推导出来的结论称为有效结论, 这种论证过程称为有效论证. 在确定论证的有效性时, 并不关心前提的实际真值. 也就是说, 在数理逻辑中, 研究的是论证的有效性, 而不是通常所说的正确性. 只有在给定的前提都为真命题时, 由此而推导出的有效结论才是真命题. 由于通常作为前提的命题并非全是永真式, 所以它的有效结论并不一定都是真命题. 因为当前提为假时, 不论结论是否为真, 前提都是蕴涵结论的. 这一点和通常实际中的应用的推理是不同的. 下面将讨论数理逻辑中的推理的形式结构和推理规则, 推理有效性的定义及证明.

1.4.1　推理的形式结构及推理规则

1. 推理的形式结构

设 $A_1, A_2, \cdots, A_k$ 和 B 都是命题公式, 由前提 $A_1, A_2, \cdots, A_k$ 推出结论 B 的推理形式可以表示为如下三种形式结构:

形式结构 1: $\{A_1, A_2, \cdots, A_k\} \vdash B$.

形式结构 2: $A_1 \wedge A_2 \wedge \cdots \wedge A_k \rightarrow B$.

形式结构 3: 前提: $A_1, A_2, \cdots, A_k$.

　　　　　　　结论: B.

2. 有效推理

定义 1.18　设 $A_1, A_2, \cdots, A_k$ 和 B 都是命题公式, 若对于 $A_1, A_2, \cdots, A_k$ 和 B 中出现的命题变项的任意一组赋值, 或者 $A_1 \wedge A_2 \wedge \cdots \wedge A_k$ 为假, 或者当 $A_1 \wedge A_2 \wedge \cdots \wedge A_k$ 为真时, B 也为真, 则称由前提 $A_1, A_2, \cdots, A_k$ 推出结论 B 的推理是有效的, 或称 B 是 $A_1, A_2, \cdots, A_k$ 的有效结论.

关于定义 1.18 做以下几点说明:

(1) 由前提 $A_1, A_2, \cdots, A_k$ 推出结论 B 的推理是否正确与前提的排列次序无关. 因而前提的公式不一定是序列, 而是一个有限的公式集合. 由前提 $A_1, A_2, \cdots, A_k$ 推出 B 的推理是有效的, 记为: $\{A_1, A_2, \cdots, A_k\} \vDash B$.

(2)设 $A_1, A_2, \cdots, A_k, B$ 中共出现 n 个命题变项, 对于任何一组赋值 $\alpha_1, \alpha_2, \cdots, \alpha_n (\alpha_i = 0$ 或者 $1, i = 1, 2, \cdots, n)$, 前提和结论的取值情况有以下 4 种:

(i) $A_1 \wedge A_2 \wedge \cdots \wedge A_k$ 为 0, B 为 0.

(ii) $A_1 \wedge A_2 \wedge \cdots \wedge A_k$ 为 0, B 为 1.

(iii) $A_1 \wedge A_2 \wedge \cdots \wedge A_k$ 为 1, B 为 0.

(iv) $A_1 \wedge A_2 \wedge \cdots \wedge A_k$ 为 1, B 为 1.

由定义 1.18 可知, 只要不出现 (iii) 中的情况, 推理就是正确的, 即 $A_1 \wedge A_2 \wedge \cdots \wedge A_k \rightarrow B$ 为重言式, 则称由前提 $A_1, A_2, \cdots, A_k$ 推出 B 的推理是有效的, 记为: $A_1 \wedge A_2 \wedge \cdots \wedge A_k \Rightarrow B$.

(3)由以上的讨论可知, 推理正确并不能保证结论 B 一定为真. 因为前提可能就不成立, 这与人们对推理通常的理解是不一样的. 这里的推理是指形式推理, 只有在推理正确并且前提成立的条件下, 结论才一定成立. 这与数学中的推理是不同的.

3. 有效推理的证明方法

根据有效推理的定义, 不难得到要证明 $A_1 \wedge A_2 \wedge \cdots \wedge A_k \Rightarrow B$, 只需证明 $A_1 \wedge A_2 \wedge \cdots \wedge A_k \rightarrow B$ 为重言式. 因此有如下有效推理的证明方法.

1)真值表法

2)等值演算法

3)主范式法

这三种方法在前面的学习中已经详细介绍, 目的就是证明 $A_1 \wedge A_2 \wedge \cdots \wedge A_k \rightarrow B$ 为重言式, 在此不再赘述.

4)直接验证法(或直接证明法)

对命题公式 $A_1 \wedge A_2 \wedge \cdots \wedge A_k \rightarrow B$ 的任何一组赋值 $\alpha_1, \alpha_2, \cdots, \alpha_n (\alpha_i = 0$ 或者 $1, i = 1, 2, \cdots, n)$, 前提和结论的取值有以下 4 种情况:

(i) $A_1 \wedge A_2 \wedge \cdots \wedge A_k$ 为 0, B 为 0.

(ii) $A_1 \wedge A_2 \wedge \cdots \wedge A_k$ 为 0, B 为 1.

(iii) $A_1 \wedge A_2 \wedge \cdots \wedge A_k$ 为 1, B 为 0.

(iv) $A_1 \wedge A_2 \wedge \cdots \wedge A_k$ 为 1, B 为 1.

只要不出现情况 (iii), 推理就是正确的, 即 $A_1 \wedge A_2 \wedge \cdots \wedge A_k \rightarrow B$ 为重言式, 推理有效, 因此可以采用如下两种验证方法.

方法 1 假设 $A_1 \wedge A_2 \wedge \cdots \wedge A_k$ 为 1, 若能推出 B 为 1, 则 $A_1 \wedge A_2 \wedge \cdots \wedge A_k \rightarrow B$ 为重言式.

方法 2 假设 B 为 0, 若能推出 $A_1 \wedge A_2 \wedge \cdots \wedge A_k$ 为 0, 则 $A_1 \wedge A_2 \wedge \cdots \wedge A_k \rightarrow B$ 为重言式.

例 1.23 证明如下推理的有效性.

(1)若 a 能被 4 整除, 则 a 能被 2 整除. a 能被 4 整除. 所以, a 能被 2 整除.

(2)他或者在教室, 或者在图书馆. 他没在教室. 所以, 他在图书馆.

(3)如果我上街, 我就去新华书店. 我没去新华书店. 所以, 我没上街.

(4)如果我考好了, 则我心情好. 如果我心情好, 我就请客. 所以, 如果我考好了, 我就请客.

证明　(1) 设 p: a 能被 4 整除; q: a 能被 2 整除. 则命题符号化为: $(p \rightarrow q) \wedge p \rightarrow q$.

假设 $(p \rightarrow q) \wedge p$ 为 1, 显然 p 为 1, q 为 1. 因此 $(p \rightarrow q) \wedge p \rightarrow q$ 为重言式.

故 (1) 是有效的推理, 即　$(p \rightarrow q) \wedge p \Rightarrow q$.

(2) 设 p: 他在教室; q: 他在图书馆　则命题符号化为: $(p \vee q) \wedge \neg p \rightarrow q$.

假设 $(p \vee q) \wedge \neg p$ 为 1, 显然 p 为 0, q 为 1. 因此 $(p \vee q) \wedge \neg p \rightarrow q$ 为重言式.

故 (2) 是有效的推理, 即　$(p \vee q) \wedge \neg p \Rightarrow q$.

(3) 设 p: 我上街; q: 我去新华书店. 则命题符号化为: $(p \rightarrow q) \wedge \neg q \rightarrow \neg p$.

假设 $(p \rightarrow q) \wedge \neg q$ 为 1, 显然 q 为 0, p 为 0. 因此 $(p \rightarrow q) \wedge \neg q \rightarrow \neg p$ 为重言式.

故 (3) 是有效的推理, 即　$(p \rightarrow q) \wedge \neg q \Rightarrow \neg p$.

(4) 设 p: 我考好了. q: 我心情好. r: 我请客. 则命题符号化为: $(p \rightarrow q) \wedge (q \rightarrow r) \rightarrow (p \rightarrow r)$.

假设 $(p \rightarrow r)$ 为 0, 则 p 为 1, r 为 0. 而 q 可以为 0 或者为 1.

当 q 取 0 时, $(p \rightarrow q)$ 为 0, $(p \rightarrow q) \wedge (q \rightarrow r)$ 为 0.

当 q 取 1 时, $(q \rightarrow r)$ 为 0, $(p \rightarrow q) \wedge (q \rightarrow r)$ 为 0.

因此 $(p \rightarrow q) \wedge (q \rightarrow r) \rightarrow (p \rightarrow r)$ 为重言式.

故 (4) 是有效的推理, 即　$(p \rightarrow q) \wedge (q \rightarrow r) \Rightarrow (p \rightarrow r)$.

以上 4 个例子都是有效的推理, 这里的 p, q, r 等可以是任何命题或命题公式, 可以将它们当作推理的规则. 除了以上 4 个基本的推理规则, 我们还可以采用真值表法、等值演算法、直接证明法等证明更多的基本推理规则. 表 1.20 列出了 7 条基本的推理规则 (也称为推理定律). 请读者自行选择方法证明它们的有效性, 并熟记.

表 1.20　推理规则 (推理定律)

规则	名称
$A \Rightarrow A \vee B$	附加规则
$A \wedge B \Rightarrow A$	化简规则
$A, B \Rightarrow A \wedge B$	合取引入规则
$(A \rightarrow B) \wedge A \Rightarrow B$	假言推理规则
$(A \rightarrow B) \wedge \neg B \Rightarrow \neg A$	拒取式规则
$(A \vee B) \wedge \neg A \Rightarrow B$	析取三段论规则
$(A \rightarrow B) \wedge (B \rightarrow C) \Rightarrow (A \rightarrow C)$	假言三段论规则

对于还有更多命题变项或更复杂的推理, 我们可以用这些基本的推理规则, 构造更复杂的推理的证明过程, 称为构造证明法.

5) 构造证明法

一般采用如下推理的形式结构:

前提: $A_1, A_2, \cdots, A_k$. 结论: B.

要证明推理的有效性, 需要从给定的前提出发, 应用推理规则进行推理演算, 构造一个证明序列, 最后得到的命题公式是推理的结论(有时称为有效的结论, 它可能是重言式, 也可能不是). 构造证明法需要用到如下的推理规则:

(i)前提引入规则: 在证明的任何步骤上都可以引入前提.

(ii)结论引入规则: 在证明的任何步骤上所得到的结论都可以作为后继证明的前提.

(iii)置换规则: 在证明的任何步骤上, 命题公式中的子公式都可以用与之等值的公式置换, 得到公式序列中的又一个公式. 基本的等值式如表 1.14 所示.

(iv)几条基本的推理规则. 如表 1.20 所示.

例 1.24 证明如下推理的有效性.

(1)前提: $p \vee q, q \rightarrow r, p \rightarrow s, \neg s$. 结论: $r \wedge (p \vee q)$.

(2)前提: $\neg p \vee q, r \vee \neg q, r \rightarrow s$. 结论: $p \rightarrow s$.

证明 由题意可得如下证明过程.

(1)
    ① $p \rightarrow s$ 前提引入

    ② $\neg s$ 前提引入

    ③ $\neg p$ ①②拒取式

    ④ $p \vee q$ 前提引入

    ⑤ q ③④析取三段论

    ⑥ $q \rightarrow r$ 前提引入

    ⑦ r ⑤⑥假言推理

    ⑧ $r \wedge (p \vee q)$ ④⑦合取引入

此证明的序列长为 8, 最后一步为推理的结论, 所以推理正确, $r \wedge (p \vee q)$ 是有效结论.

(2)
    ① $r \vee \neg q$ 前提引入

    ② $q \rightarrow r$ ①置换(蕴涵等值式)

    ③ $r \rightarrow s$ 前提引入

    ④ $q \rightarrow s$ ②③假言三段论

    ⑤ $\neg p \vee q$ 前提引入

    ⑥ $p \rightarrow q$ ⑤置换(蕴涵等值式)

    ⑦ $p \rightarrow s$ ④⑥假言三段论

此证明的序列长为 7, 最后一步为推理的结论, 所以推理正确, $p \rightarrow s$ 是有效结论.

例 1.25 证明如下推理的有效性.

若 a 是实数, 则它不是有理数就是无理数. 若 a 不能表示成分数, 则它不是有理数. a 是实数且它不能表示成分数. 所以, a 是无理数.

证明 首先将简单命题符号化:

设 p: a 是实数; q: a 是有理数; r: a 是无理数; s: a 能表示成分数. 则符号化:

前提: $p \rightarrow (q \vee r), \neg s \rightarrow \neg q, p \wedge \neg s$. 结论: r.

    ① $p \wedge \neg s$ 前提引入

    ② p ①化简

    ③ $\neg s$ ①化简

④ $p \rightarrow (q \vee r)$　　　　前提引入

⑤ $q \vee r$　　　　　　　②④假言推理

⑥ $\neg s \rightarrow \neg q$　　　　前提引入

⑦ $\neg q$　　　　　　　③⑥假言推理

⑧ r　　　　　　　　⑤⑦析取三段论

【断案高手】 公安人员正在审查一件盗窃案, 前期已经通过摸排取证, 得到如下线索:

(1) 甲或乙偷了摄像机.

(2) 如果甲偷了摄像机, 则作案时间不在午夜前.

(3) 如果乙证词正确, 则午夜时屋内灯光未灭.

(4) 如果乙证词不正确, 则作案时间发生在午夜前.

(5) 午夜时屋内灯光灭了.

试判断谁是盗窃犯? 写出推理过程. 请读者思考, 看能否做个断案高手.

1.4.2　证明方法和策略

1. 附加前提证明法 (CP 规则)

如果要证明的结论是一个蕴涵式, 形如 $A_1 \wedge A_2 \wedge \cdots \wedge A_k \Rightarrow (A \rightarrow B)$, 即要证明 $A_1 \wedge A_2 \wedge \cdots \wedge A_k \rightarrow (A \rightarrow B)$ 为重言式.

因为

$$A_1 \wedge A_2 \wedge \cdots \wedge A_k \rightarrow (A \rightarrow B)$$
$$\Leftrightarrow \neg (A_1 \wedge A_2 \wedge \cdots \wedge A_k) \vee \neg A \vee B$$
$$\Leftrightarrow \neg (A_1 \wedge A_2 \wedge \cdots \wedge A_k \wedge A) \vee B$$
$$\Leftrightarrow A_1 \wedge A_2 \wedge \cdots \wedge A_k \wedge A \rightarrow B$$

所以 $A_1 \wedge A_2 \wedge \cdots \wedge A_k \rightarrow (A \rightarrow B)$ 为重言式, 等同于证明 $A_1 \wedge A_2 \wedge \cdots \wedge A_k \wedge A \rightarrow B$ 为重言式.

换言之: 要证明 $A_1 \wedge A_2 \wedge \cdots \wedge A_k \Rightarrow (A \rightarrow B)$, 等同于将结论的前件 A 作为一个附加前提, 和已有的前提 $A_1, A_2, \cdots, A_k$ 一起证明结论的后件 B, 这种方法称为附加前提证明法, 并将 A 称为附加前提.

如对例 1.24 的 (2) 采用附加前提证明法证明, 可以得到如下的证明序列.

① p　　　　　　　附加前提引入

② $\neg p \vee q$　　　　　前提引入

③ q　　　　　　　①②析取三段论

④ $r \vee \neg q$　　　　　前提引入

⑤ r　　　　　　　③④析取三段论

⑥ $r \rightarrow s$　　　　　前提引入

⑦ s　　　　　　　⑤⑥假言三段论

⑧ $p \rightarrow s$　　　　　①⑦CP 规则

2. 反证法(归谬法)

要证 $A_1 \wedge A_2 \wedge \cdots \wedge A_k \Rightarrow B$，即证明 $A_1 \wedge A_2 \wedge \cdots \wedge A_k \rightarrow B$ 为重言式.

因为

$$A_1 \wedge A_2 \wedge \cdots \wedge A_k \rightarrow B$$
$$\Leftrightarrow \neg (A_1 \wedge A_2 \wedge \cdots \wedge A_k) \vee B$$
$$\Leftrightarrow \neg (A_1 \wedge A_2 \wedge \cdots \wedge A_k \wedge \neg B)$$

所以要证明 $A_1 \wedge A_2 \wedge \cdots \wedge A_k \rightarrow B$ 为重言式，可以转化为证明 $A_1 \wedge A_2 \wedge \cdots \wedge A_k \wedge \neg B$ 为矛盾式.

例 1.26 用反证法证明如下推理的有效性.

前提：$(p \wedge q) \rightarrow r$，$\neg r \vee s$，$\neg s, p$. 结论：$\neg q$.

证明

① $\neg \neg q$ 结论的否定引入
② q ①置换(双重否定律)
③ p 前提引入
④ $p \wedge q$ ②③合取引入
⑤ $(p \wedge q) \rightarrow r$ 前提引入
⑥ r ④⑤假言推理
⑦ $\neg r \vee s$ 前提引入
⑧ $\neg s$ 前提引入
⑨ $\neg r$ ⑦⑧析取三段论
⑩ $r \wedge \neg r$ ⑥⑨合取引入

由于最后一步 $r \wedge \neg r$ 为矛盾式，所以推理正确.

3. 分情况证明法

要证 $A_1 \vee A_2 \vee \cdots \vee A_k \Rightarrow B$，即证明 $A_1 \vee A_2 \vee \cdots \vee A_k \rightarrow B$ 为重言式.

因为

$$A_1 \vee A_2 \vee \cdots \vee A_k \rightarrow B$$
$$\Leftrightarrow \neg (A_1 \vee A_2 \vee \cdots \vee A_k) \vee B$$
$$\Leftrightarrow (\neg A_1 \wedge \neg A_2 \wedge \cdots \wedge \neg A_k) \vee B$$
$$\Leftrightarrow (\neg A_1 \vee B) \wedge (\neg A_2 \vee B) \wedge \cdots \wedge (\neg A_k \vee B)$$
$$\Leftrightarrow (A_1 \rightarrow B) \wedge (A_2 \rightarrow B) \wedge \cdots \wedge (A_k \rightarrow B)$$

所以要证明 $A_1 \vee A_2 \vee \cdots \vee A_k \rightarrow B$ 为重言式，可以转化为分别证明 $A_1 \rightarrow B$，$A_2 \rightarrow B$，$\cdots$，$A_k \rightarrow B$ 为重言式. 这种证明方法称为分情况证明法.

习 题 1

1. 下列句子中哪些是命题？是命题的句子中，哪些是简单命题，哪些是复合命题，并讨论命题的真值.

(1) 7 能被 2 整除.

(2) 什么时候开会呀?

(3) $2x+3 < 4$.

(4) 中国有四大发明.

(5) 火星上有水.

(6) 苹果树和梨树都是落叶乔木.

(7) 2 和 3 都是素数.

(8) 如果 $8+7 > 20$, 则三角形有四条边.

(9) 如果太阳从西方升起, 你就可以长生不老.

(10) n 是偶数当且仅当 n 能被 2 整除.

(11) 大于 2 的偶数可以表示两个素数之和.

2. 将下列命题符号化.

(1) 2.5 不是自然数.

(2) 不但 π 是无理数, 而且自然对数的底 e 也是无理数.

(3) 2 与 4 都是素数, 这是不对的.

(4) 小刚和小明是同学.

(5) 王强与刘威都会弹吉他.

(6) 他一边吃饭, 一边听音乐.

(7) 小刚和小明都是三好生.

(8) 王东是四川人或云南人.

(9) 这学期小丽只能选学英语或日语中的一门外语课.

(10) 因为天气冷, 所以我穿了羽绒服.

(11) 如果天下大雨, 他就乘班车上班.

(12) 只有天下大雨, 他才乘班车上班.

(13) 如果明天天晴, 且我有空, 我就去踢球.

3. 设 p: $2+3 = 5$; q: 大熊猫产在中国; r: 四川师范大学在成都. 求下列复合命题的真值.

(1) $(p \leftrightarrow q) \rightarrow r$.

(2) $(r \rightarrow (p \wedge q)) \leftrightarrow \neg p$.

(3) $\neg r \rightarrow (\neg p \vee \neg q \vee r)$.

(4) $(p \wedge q \wedge \neg r) \leftrightarrow ((\neg p \vee \neg q) \rightarrow r)$.

4. 用真值表判断下列公式的类型.

(1) $p \rightarrow (p \vee q \vee r)$.

(2) $(p \rightarrow \neg q) \rightarrow \neg q$.

(3) $(p \rightarrow q) \rightarrow (\neg q \rightarrow \neg p)$.

(4) $\neg (q \rightarrow r) \wedge r$.

(5) $(p \wedge r) \leftrightarrow (\neg p \wedge \neg q)$.

(6) $((p \rightarrow q) \wedge (q \rightarrow r)) \rightarrow (p \rightarrow r)$.

(7) $(p \rightarrow q) \leftrightarrow (r \leftrightarrow s)$.

5. 用等值演算法判断下列公式的类型.

(1) $\neg(p\wedge q\rightarrow q)$.

(2) $(p\rightarrow(p\vee q))\vee(p\rightarrow r)$.

(3) $(p\vee q)\rightarrow(p\wedge r)$.

6. 用等值演算法证明下面的等值式.

(1) $q\rightarrow(p\rightarrow r)\Leftrightarrow(p\wedge q)\rightarrow r$.

(2) $(p\wedge\neg q)\vee(\neg p\wedge q)\Leftrightarrow(p\vee q)\wedge\neg(p\wedge q)$.

7. 求下列公式的主析取范式, 写出公式的成真赋值和成假赋值, 并判别公式的类型, 然后根据公式的主析取范式求主合取范式.

(1) $(\neg p\rightarrow q)\rightarrow(\neg q\vee p)$.

(2) $(\neg p\rightarrow q)\wedge q\wedge r$.

(3) $(p\vee(q\wedge r))\rightarrow(p\vee q\vee r)$.

(4) $\neg(q\rightarrow\neg p)\wedge\neg p$.

8. 求下列公式的主合取范式, 写出公式的成真赋值和成假赋值, 并判别公式的类型, 然后根据公式的主合取范式求主析取范式.

(1) $(p\wedge q)\vee(\neg p\vee r)$.

(2) $(p\rightarrow(p\vee q))\vee r$.

(3) $(p\leftrightarrow q)\rightarrow r$.

(4) $\neg(r\rightarrow p)\wedge p\wedge q$.

9. 已知命题公式 A 中含 3 个命题变项 p, q, r, 并知道它的成真赋值分别为 001, 010, 111, 求 A 的主析取范式和主合取范式.

10. 分别用真值表法、等值演算法、主析取范式法、构造证明法证明下面推理的正确性.

$$(p\rightarrow\neg r)\wedge(q\rightarrow r)\Rightarrow(q\rightarrow\neg p)$$

11. 构造下面推理的证明.

(1) 前提: $p\rightarrow r$, $q\rightarrow s$, $p\vee q$. 结论: $r\vee s$.

(2) 前提: $p\rightarrow(q\rightarrow r)$, p, q. 结论: $r\vee s$.

(3) 前提: $\neg p\vee r$, $\neg q\vee s$, $p\wedge q$. 结论: $r\wedge s$.

(4) 前提: $p\rightarrow(q\rightarrow r)$, $s\rightarrow q$, p. 结论: $s\rightarrow r$.

12. 用附加前提证明法证明如下推理.

(1) 前提: $p\rightarrow(q\rightarrow r)$, $s\rightarrow p$, q. 结论: $s\rightarrow r$.

(2) 前提: $(p\vee q)\rightarrow(r\wedge s)$, $(s\vee t)\rightarrow u$. 结论: $p\rightarrow u$.

13. 用反证法证明如下推理.

(1) 前提: $p\rightarrow q$, $\neg(q\wedge r)$, r. 结论: $\neg p$.

(2) 前提: $(p\wedge q)\rightarrow r$, $\neg r\vee s$, $\neg s$, p. 结论: $\neg q$.

14. 构造下面推理的证明.

(1) 如果小王是理科学生, 他必学好数学; 如果小王不是文科生, 他必是理科生; 小王没学好数学. 所以, 小王是文科生.

(2) 明天是晴天, 或是雨天; 若明天是晴天, 我就去看电影; 若我看电影, 我就不看书. 所以, 如果我看书, 则明天是雨天.

拓展练习 1

1. 试编程构造下述公式的真值表, 判别公式的类型并输出.

(1) $(p \wedge (p \to q)) \to q$.

(2) $((p \to q) \wedge (q \to r)) \to (p \to r)$.

提示: 先用等值演算法将 $\to$ 消去, 使得公式中只含有联结词 $\{\neg, \wedge, \vee\}$, 然后编写程序, 采用循环结构和逻辑运算符 $\{!, \&\&, \|\}$ 输出公式的真值表, 根据真值表判别公式的类型并输出.

2. 构造算法, 用程序证明如下等值式.

(1) $(\neg p \vee q) \Leftrightarrow (p \to q)$.

(2) $\neg (\neg p \vee \neg q) \vee \neg (\neg p \vee q) \Leftrightarrow p$.

3. 将以下的 C 语言程序段进行化简.

```
if(A)
    if(B)X;
    else Y;
else if(B)X;
        else Y.
```

4. 应用命题逻辑的知识设计符合要求的电路.

(1) 某电路中有 1 个灯泡, 三个开关 A, B, C, 已知当且仅当在下述 4 种情况下灯泡亮:

C 的扳键向上, A, B 的扳键向下;

A 的扳键向上, B, C 的扳键向下;

B, C 的扳键向上, A 的扳键向下;

A, B 的扳键向上, C 的扳键向下.

并结合数字电路的知识, 应用与门、非门、或门等设计符合要求的电路图.

(2) 有一个排队线路, 输入为 A, B, C, 其输出分别为 F_A, F_B, F_C. 在该线路中, 在同一时间只能有一个信号通过, 若同时有两个或两个以上的信号通过, 则按 A, B, C 的顺序输出, 写出 F_A, F_B, F_C 的逻辑表达式.

(3) 设计一个符合如下要求的室内照明控制线路. 在房间门外、门内及床头分别装有控制同一个电灯 F 的三个开关 A, B, C. 当且仅当一个开关的扳键向上或 3 个开关的扳键都向上时电灯亮. 请写出 F 的逻辑表达式.

5. 某公司要从赵、钱、孙、李、周这 5 名员工中选派一些人去进修. 选派必须满足以下条件:

(1) 若赵去, 则钱也去.

(2) 李、周中至少去一人.

(3) 钱、孙中去且仅去一人.

(4)孙、李两人都去或都不去.

(5)若周去, 则赵、钱也同去.

问: 该公司应如何选派? 有几种选派方案?

(要求: 分别通过等值演算法和编程进行问题的求解.)

6. 我国有四大淡水湖: 洞庭湖、洪泽湖、鄱阳湖和太湖. 有 4 个人对四大湖的大小排名作出了如下的判断:

甲说: 洞庭湖最大, 洪泽湖最小, 鄱阳湖第三.

乙说: 洪泽湖最大, 洞庭湖最小, 鄱阳湖第二, 太湖第三.

丙说: 洪泽湖最小, 洞庭湖第三.

丁说: 鄱阳湖最大, 太湖最小, 洪泽湖第二, 洞庭湖第三.

已知这 4 个人每个人仅答对一条, 请编程按从大到小输出四大湖的名称.

7. 有一逻辑学家误入某部落, 被拘于牢狱, 酋长意欲放行, 他对逻辑学家说: "今有两门, 一为自由, 一为死亡, 你可任意开启一门. 为协助你脱逃, 今加派两名战士负责解答你所提的任何问题. 唯可虑者, 此两战士中一名天性诚实, 一名说谎成性, 今后生死由你自己选择." 逻辑学家沉思片刻, 即向一战士发问, 然后开门从容离去. 该逻辑学家应如何发问?

8. 一家航空公司, 为了保证安全, 用计算机复核飞行计划. 每台计算机能给出飞行计划正确或有误的回答. 由于计算机也有可能发生故障, 因此采用三台计算机同时复核. 由所给答案, 再根据"少数服从多数"的原则作出判断, 试将结果用命题公式表示, 并加以简化, 画出电路图.

第2章 谓词逻辑

在命题逻辑中，由于我们把简单命题作为推理的基本单位，不再进一步分析简单命题的内部结构，并且不考虑简单命题之间的内在联系和数量关系. 因此命题逻辑能够解决的问题是有局限性的. 命题逻辑只能进行命题间关系的推理，无法解决与命题的结构和成分有关的推理问题.

考虑如下著名的"苏格拉底三段论".

所有的人都是要死的.

苏格拉底是人.

所以，苏格拉底要死.

显然这是一个正确的推理. 但从命题逻辑的角度考虑，将推理中出现的 3 个简单命题依次符号化为 p, q, r，该推理被符号化为 $(p \wedge q) \rightarrow r$，该公式不是重言式，所以不能由它判断推理的正确性. 其原因在于这类推理中，各命题之间的逻辑关系不是体现在简单命题之间，而是体现在构成简单命题的内部成分之间，对此，命题逻辑将无能为力.

为了解决这类推理，需要对简单命题的内部成分进行分析，分析出个体词、谓词和量词，以期表达出个体与总体的内在联系和数量关系，总结出它们的形式结构，然后研究这些形式结构的逻辑性质以及形式结构之间的逻辑关系，从而导出它们的规律. 这部分逻辑形式和规律就构成了谓词逻辑. 谓词逻辑也称一阶逻辑或一阶谓词逻辑.

2.1 谓词逻辑命题符号化

2.1.1 个体词、谓词

个体词、谓词和量词是谓词逻辑命题符号化的三个基本要素.

1. 个体词

个体词是指可以独立存在的客体.

(1)表示具体的或特定的个体词称为个体常项(或个体常量). 一般个体词常项用带或不带下标的小写英文字母 $a, b, c, \cdots, a_1, b_1, c_1, \cdots$ 表示.

(2)表示抽象的或泛指的个体词称为个体变项(或个体变量). 一般个体变项用带或不带下标的小写英文字母 $x, y, z, \cdots, x_1, y_1, z_1, \cdots$ 表示.

个体词的取值范围称为个体域(或论域)，常用 D 表示；而宇宙间的所有个体聚集在一起所构成的个体域称为全总个体域. 本书在论述或推理中如没有指明所采用的个体域，都是使用全总个体域.

2. 谓词

谓词是用来刻画个体词性质及个体词之间相互关系的词.

例 2.1 考察下面的句子.

(1)张华是学生.

(2)北京是中国的首都.

(3)离散数学是计算机的基础课程.

这三个陈述句都是简单命题."张华""北京""离散数学"是个体常项,可以分别用 a、b、c 表示,"…是学生""…是中国的首都""…是计算机的基础课程"是谓词,可以分别记为 F, G, H,于是以上的命题可以分别符号化为: $F(a), G(b)$ 和 $H(c)$.

同个体词一样,谓词也有常项和变项之分. 表示具体性质或关系的谓词称为谓词常项,表示抽象的、泛指的性质或关系的谓词称为谓词变项. 无论是谓词常项或变项都用大写英文字母 $F, G, H, \cdots$ 表示,可根据上下文区分.

例 2.2 考察下面的句子.

(1)小王与小李同岁.

(2)$x+y>z$.

(3)成都位于北京和广州之间.

在(1)中,"小王""小李"都是个体常项,可以分别用 a, b 表示,"…与…同岁"是谓词,记为 H,则(1)中命题符号化形式为 $H(a, b)$. 在(2)中,x, y, z 为个体变项,"…+…>…"是谓词,记为 L,则(2)的符号化形式为 $L(x, y, z)$. 在(3)中,成都、北京、广州为个体常项,可以分别用 c, d, e 表示,"…位于…和…之间"是谓词,记为 G,则(3)的符号化形式为 $G(c, d, e)$.

一般地,用 $P(x_1, x_2, \cdots, x_n)$ 表示含 $n(n \geq 1)$ 个命题变项的 n 元谓词. 当 $n=1$ 时,$P(x_1)$ 表示 x_1 具有性质 P. 当 $n \geq 2$ 时,$P(x_1, x_2, \cdots, x_n)$ 表示 $x_1, x_2, \cdots, x_n$ 具有关系 P. 实质上,n 元谓词 $P(x_1, x_2, \cdots, x_n)$ 可以看成以个体域为定义域,以 $\{0, 1\}$ 为值域的 n 元函数或关系,它不是命题. 要想使它成为命题,必须用谓词常项取代 P,用个体常项 $a_1, a_2, \cdots, a_n$ 取代 $x_1, x_2, \cdots, x_n$,则 $P(a_1, a_2, \cdots, a_n)$ 成为命题.

有时候将不带个体变项的谓词称为 0 元谓词,例如,$F(a)$,$G(a, b)$,$P(a_1, a_2, \cdots, a_n)$ 等都是 0 元谓词. 当 F, G, P 等为谓词常项时,0 元谓词为命题. 这样一来,命题逻辑中的命题均可以表示成 0 元谓词,因而可以将命题看成特殊的谓词.

例 2.3 将下列命题符号化,并讨论它们的真值.

(1)如果 4 是素数,则 2 是素数.

(2)如果 5 大于 4,则 4 大于 6.

解 (1)设 $F(x)$:x 是素数. 命题符号化为 $F(4) \to F(2)$,该命题为真命题,真值为 1.

(2)设 $G(x, y)$:x 大于 y. 命题符号化为 $G(5, 4) \to G(4, 6)$,该命题为假命题,真值为 0.

2.1.2 量词

有了个体词和谓词之后,有些命题还是不能准确地符号化,原因是还缺少表示个体常项或变项之间数量关系的词. 称表示个体常项或变项之间数量关系的词为量词. 量词分为全称量词和存在量词两种.

1. 全称量词

日常生活和数学中所用的"一切的""所有的""每一个""任意的""凡""都"等词可统称为全称量词, 将它们符号化为"∀". 并用 ∀x, ∀y 等表示个体域里的所有个体, 而用 ∀$xF(x)$,∀$yG(y)$ 等分别表示个体域里所有个体都有性质 F 和都有性质 G.

2. 存在量词

日常生活和数学中所用的"存在""有一个""有的""至少有一个"等词统称为存在量词, 将它们符号化为"∃". 并用 ∃x, ∃y 等表示个体域里有的个体, 而用 ∃$xF(x)$, ∃$yG(y)$ 等分别表示个体域里存在个体具有性质 F 和存在个体具有性质 G 等.

例 2.4   个体域分别为 (a) 和 (b) 时, 将下列命题符号化.

(1) 所有的人都要呼吸.

(2) 有的人聪明.

其中: (a) 个体域 D_1 为人类集合. (b) 个体域 D_2 为全总个体域.

解   令 $F(x)$: x 呼吸; $G(x)$: x 聪明.

(a) 个体域 D_1 为人类集合, (1)(2) 分别符号化为

$$\forall xF(x), \quad \exists xG(x)$$

(b) 个体域 D_2 为全总个体域, 包含了人类, 还有宇宙中的其他万物, 因而在符号化时, 必须考虑将人分离出来. 令 $M(x)$: x 是人.

在 D_2 中 (1), (2) 可以分别重述为

对于宇宙间一切事物而言, 只要是人, 则他要呼吸.

在宇宙间存在人, 并且是聪明的.

其符号化形式分别为

$$\forall x(M(x){\to}F(x)), \exists x(M(x)\land G(x))$$

由例 2.4 可知, 命题 (1) 和 (2) 在不同的个体域 D_1 和 D_2 中符号化的形式是不一样的. 主要区别在于使用个体域 D_2 时, 要将人与其他事物区分开来. 为此引进了谓词 $M(x)$, 像这样的谓词称为特性谓词.

在命题符号化时一定要正确使用特性谓词. 对全称量词, 特性谓词常作为蕴涵词的前件加入. 对存在量词, 特性谓词常作为合取项加入. 如果事先没给出个体域, 约定以全总个体域为个体域. 当有多个量词同时出现时, 不能随意颠倒量词的顺序.

2.2   谓词公式及解释

2.2.1   基本定义

定义 2.1   项.

(1) 个体常项和个体变项是项.

(2) 若 $f(x_1, x_2, \cdots, x_n)$ 是任意的 n 元函数, $t_1, t_2, \cdots, t_n$ 是任意的 n 个项, 则 $f(t_1, t_2, \cdots, t_n)$ 是项.

(3) 所有的项都是有限次使用(1)，(2)得到的.

定义 2.2 原子公式.

设 $R(x_1, x_2, \cdots, x_n)$ 是任意 n 元谓词，$t_1, t_2, \cdots, t_n$ 是任意的 n 个项，则称 $R(t_1, t_2, \cdots, t_n)$ 是谓词逻辑的原子公式.

例 2.1 中的一元谓词 $F(x)$，$G(x)$，例 2.2 中二元谓词 $H(x, y)$，三元谓词 $L(x, y, z)$ 等都是原子公式.

定义 2.3 谓词公式.

(1) 原子公式是谓词公式.

(2) 若 A 是谓词公式，则 $(\neg A)$ 也是谓词公式.

(3) 若 A, B 是谓词公式，则 $(A \wedge B)$，$(A \vee B)$，$(A \to B)$，$(A \leftrightarrow B)$ 也是谓词公式.

(4) 若 A 是谓词公式，则 $\forall x A$，$\exists x A$ 也是谓词公式.

(5) 只有有限次的应用 (1)~(4) 构成的符号串才是谓词公式.

在不混淆的情况下，可将谓词公式简称为公式，另外公式外层的括号可以省掉.

下面讨论谓词公式的一些概念和性质.

定义 2.4 在公式 $\forall x A$ 和 $\exists x A$ 中，称 x 为指导变元，A 为相应量词的辖域. 在 $\forall x$ 和 $\exists x$ 的辖域中，x 的所有出现都称为约束出现. A 中不是约束出现的其他变项均称为自由出现的.

例 2.5 指出下列各公式中的指导变元，各量词的辖域，自由出现以及约束出现的个体变项.

(1) $\forall x(F(x, y) \to G(x, z))$.

(2) $\forall x(F(x) \to G(y)) \to \exists y(H(x) \wedge L(x, y, z))$.

解 (1) x 是指导变元. 量词 $\forall$ 的辖域为 $(F(x, y) \to G(x, z))$. 在 $(F(x, y) \to G(x, z))$ 中，x 是约束出现的，而且约束出现两次，y 和 z 均为自由出现的，而且分别自由出现一次.

(2) 公式中含有两个量词，前件上的量词 $\forall$ 的指导变元为 x，$\forall$ 的辖域为 $(F(x) \to G(y))$，其中 x 是约束出现的，y 是自由出现的. 后件中的量词 $\exists$ 的指导变元为 y，$\exists$ 的辖域为 $(H(x) \wedge L(x, y, z))$，其中 y 是约束出现的，x, z 均为自由出现的. 在整个公式中，x 约束出现一次，自由出现两次，y 自由出现一次，约束出现一次，z 只自由出现一次.

定义 2.5 设 A 是任意的公式，若 A 中不含有自由出现的个体变项，则称 A 为封闭的公式，简称闭式.

如 $\forall x(F(x) \to G(x))$ 为闭式，$\forall x \exists y(F(x) \wedge F(y)) \wedge G(x, y, z)$ 为非闭式.

谓词逻辑中的公式是按照形成规则生成的符号串，没有实际的含义. 只有将其中的变项 (个体变项、函数变项、谓词变项等) 用指定的常项代替后所得的公式才具有特定的实际含义. 对公式中的变项的指定称公式的解释. 下面介绍公式的解释及公式的类型.

2.2.2 谓词公式的解释

定义 2.6 谓词公式的解释 I 由下面 4 部分组成：

(1) 非空个体域 D_I.

(2) D_I 中一些特定元素的集合 $\{\overline{a_i} \mid i \geqslant 1\}$.

(3) D_I 上特定函数集合 $\{\overline{f_i^n} \mid i, n \geqslant 1\}$.

(4) D_I 上特定谓词的集合 $\{\overline{F_i^n} \mid i, n \geqslant 1\}$.

对公式 A, 规定在解释 I 下:

(1) 被解释的公式 A 中的个体变项均取值于 D_I.

(2) 若 A 中含有个体常项 a_i, 将 a_i 解释成 $\overline{a_i}$.

(3) 若 A 中含有函数符号, 将第 i 个 n 元函数 f_i^n 被解释为 $\overline{f_i^n}$.

(4) 若 A 中含有谓词符号, 将第 i 个 n 元谓词函数 F_i^n 被解释为 $\overline{F_i^n}$.

注意 被解释的公式不一定全部包含解释中的 4 个部分.

例 2.6 给出公式 $\forall x(F(x) \rightarrow G(x))$ 两个不同的解释.

解 对公式中的个体域和谓词变项进行指定, 公式将成为命题.

(1) 解释 I_1: 令个体域 D_1 为全总个体域, $F(x)$ 为 x 是人, $G(x)$ 为 x 是黄种人, 则 $\forall x(F(x) \rightarrow G(x))$ 表达的命题为 "所有人都是黄种人", 这是假命题.

(2) 解释 I_2: 令个体域 D_2 为实数集 **R**, $F(x)$ 为 x 是自然数, $G(x)$ 为 x 是整数, 则 $\forall x(F(x) \rightarrow G(x))$ 表达的命题为 "自然数都是整数", 这是真命题.

当然还可以给出其他各种不同指定, 使 $\forall x(F(x) \rightarrow G(x))$ 表达各种不同形式的命题.

例 2.7 给定解释 I 如下:

(1) 个体域 $D = \mathbf{N}$ ($\mathbf{N}$ 为自然数集).

(2) $\overline{a} = 0$.

(3) $\overline{f}(x, y) = x + y$, $\overline{g}(x, y) = xy$.

(4) 二元谓词 $\overline{F}(x, y)$ 为 $x = y$.

在解释 I 下, 下列公式哪些为真? 哪些为假? 哪些真值还不能确定?

(1) $F(f(x, y), g(x, y))$.

(2) $F(f(x, a), y) \rightarrow F(g(x, y), z)$.

(3) $\neg F(g(x, y), g(y, z))$.

(4) $\forall x F(g(x, y), z)$.

(5) $\forall x F(g(x, a), x) \rightarrow F(x, y)$.

(6) $\forall x F(g(x, a), x)$.

(7) $\forall x \forall y (F(f(x, a), y) \rightarrow F(f(y, a), x))$.

(8) $\forall x \forall y \exists z F(f(x, y), z)$.

(9) $\exists x F(f(x, x), g(x, x))$.

解 在解释 I 下:

(1) 公式被解释成 "$x + y = x \cdot y$", 不是命题.

(2) 公式被解释成 "$(x + 0 = y) \rightarrow (x \cdot y = z)$", 不是命题.

(3) 公式被解释成 "$x \cdot y \neq y \cdot z$", 不是命题.

(4) 公式被解释成 "$\forall x(x \cdot y = z)$", 不是命题.

(5) 公式被解释成 "$\forall x((x \cdot 0 = x) \rightarrow (x = y))$", 由于蕴涵式的前件为假, 所以被解释

的公式为真.

(6) 公式被解释成"$\forall x(x \cdot 0 = x)$",为假命题.

(7) 公式被解释成"$\forall x \forall y((x + 0 = y) \rightarrow (y + 0 = x))$",为真命题.

(8) 公式被解释成"$\forall x \forall y \exists z(x + y = z)$",这也为真命题.

(9) 公式被解释成"$\exists x(x + x = x \cdot x)$",为真命题.

从例 2.7 可以看出,闭式在给定的解释中都变成了命题(见公式(6),(7),(8),(9)),其实闭式在任何解释下都变成命题.

定理 2.1 闭式在任何解释下都变成命题.

本定理的证明略.

2.2.3 谓词公式的类型

定义 2.7 设 A 为一个公式,若 A 在任何解释下均为真,则称 A 为永真式(或称逻辑有效式). 若 A 在任何解释下均为假,则称 A 为矛盾式(或永假式). 若至少存在一个解释使 A 为真,则称 A 为可满足式.

从定义可知,永真式一定是可满足式,但可满足式不一定是永真式. 在例 2.7 中,公式 (5),(7),(8),(9) 都是可满足的,因为它们已经存在使其成真的解释,而 (6) 不是永真式,因为它已经存在使其成假的解释.

定义 2.8 设 A 是含有命题变项 $p_1, p_2, \cdots, p_n$ 的命题公式,$A_1, A_2, \cdots, A_n$ 是 n 个谓词公式,用 $A_i(1 \leqslant i \leqslant n)$ 处处代替 A 中的 p_i,所得公式 A' 称为 A 的代换实例.

例如,$F(x) \rightarrow G(x)$,$\forall x F(x) \rightarrow \exists y G(y)$ 等都是 $p \rightarrow q$ 的代换实例,而 $\forall x(F(x) \rightarrow G(x))$ 等不是 $p \rightarrow q$ 的代换实例.

定理 2.2 重言式的代换实例都是永真式,矛盾式的代换实例都是矛盾式.

证明 略.

例 2.8 判断下列公式中,哪些是永真式,哪些是矛盾式?

(1) $\forall x(F(x) \rightarrow G(x))$.

(2) $\forall x F(x) \rightarrow (\exists x \exists y G(x, y) \rightarrow \forall x F(x))$.

(3) $\neg(\forall x F(x) \rightarrow \exists y G(y)) \wedge \exists y G(y)$.

解 记(1),(2),(3)中的公式分别为 A, B, C.

(1)取解释 I_1:个体域为实数集 $\mathbf{R}$,$F(x)$:x 是整数,$G(x)$:x 是有理数. 在 I_1 下 A 为真,因而 A 不是矛盾式.

取解释 I_2:个体域仍然为实数集 $\mathbf{R}$,$F(x)$:x 是无理数,$G(x)$:x 能表示成分数. 在 I_2 下 A 为假,所以 A 不是永真式. 故 A 是非永真式的可满足式.

(2)B 是命题公式 $p \rightarrow (q \rightarrow p)$ 的代换实例,而 $p \rightarrow (q \rightarrow p)$ 是重言式,所以 B 是永真式.

(3)C 是命题公式 $\neg(p \rightarrow q) \wedge q$ 的代换实例,而 $\neg(p \rightarrow q) \wedge q$ 是矛盾式,所以 C 是矛盾式.

有些公式即使是重言式或矛盾式的代换实例,也不容易一眼就能看出来,特别是有些公式,它们不是重言式和矛盾式的代换实例,判断它们是否为永真式或矛盾式更不容易,但有些简单的公式还是可以根据定义判断的.

2.3　谓词逻辑等值演算

2.3.1　等值式与等值演算

定义 2.9　设 A, B 是谓词逻辑中任意两个公式, 若 $A \leftrightarrow B$ 是永真式, 则称 A 与 B 是等值的, 记作 $A \Leftrightarrow B$, 称 $A \Leftrightarrow B$ 是等值式.

1. 基本的等值式

谓词逻辑中关于联结词的等值式与命题逻辑中相关等值式类似. 下面主要讨论关于量词的等值式.

1) 代换实例

由于命题逻辑中的重言式的代换实例都是谓词逻辑中的永真式, 因而表 1.14 给出基本等值式的代换实例都是谓词逻辑等值式的模式.

例如, $\forall xF(x) \Leftrightarrow \neg \neg \forall xF(x)$, $\forall x \exists y(F(x, y) \rightarrow G(x, y)) \Leftrightarrow \neg \neg \forall x \exists y(F(x, y) \rightarrow G(x, y))$ 等都是双重否定律 $\neg \neg A \Leftrightarrow A$ 的代换实例.

又如 $F(x) \rightarrow G(y) \Leftrightarrow \neg F(x) \vee G(y)$, $\forall x(F(x) \rightarrow G(y)) \rightarrow \exists zH(z) \Leftrightarrow \neg \forall x(F(x) \rightarrow G(y)) \vee \exists zH(z)$ 等都是蕴涵等值式 $A \rightarrow B \Leftrightarrow \neg A \vee B$ 的代换实例.

2) 消去量词等值式

设个体域为有限域 $D = \{a_1, a_2, \cdots, a_n\}$, 则有:

(i) $\forall xA(x) \Leftrightarrow A(a_1) \wedge A(a_2) \wedge \cdots \wedge A(a_n)$.

(ii) $\exists xA(x) \Leftrightarrow A(a_1) \vee A(a_2) \vee \cdots \vee A(a_n)$.

3) 量词否定等值式

设 $A(x)$ 是任意的含有自由出现个体变项 x 的公式, 则:

(i) $\neg \forall xA(x) \Leftrightarrow \exists x \neg A(x)$.

(ii) $\neg \exists xA(x) \Leftrightarrow \forall x \neg A(x)$.

4) 量词辖域收缩与扩张等值式

设 $A(x)$ 是任意的含有自由出现个体变项 x 的公式, B 是不含有自由出现个体变项 x 的公式, 则

(i) $\forall x(A(x) \vee B) \Leftrightarrow \forall xA(x) \vee B$.

　$\forall x(A(x) \wedge B) \Leftrightarrow \forall xA(x) \wedge B$.

　$\forall x(A(x) \rightarrow B) \Leftrightarrow \exists xA(x) \rightarrow B$.

　$\forall x(B \rightarrow A(x)) \Leftrightarrow B \rightarrow \forall xA(x)$.

(ii) $\exists x(A(x) \vee B) \Leftrightarrow \exists xA(x) \vee B$.

　$\exists x(A(x) \wedge B) \Leftrightarrow \exists xA(x) \wedge B$.

　$\exists x(A(x) \rightarrow B) \Leftrightarrow \forall xA(x) \rightarrow B$.

　$\exists x(B \rightarrow A(x)) \Leftrightarrow B \rightarrow \exists xA(x)$.

5) 量词分配等值式

设 $A(x), B(x)$ 是任意的含有自由出现个体变项 x 的公式, 则

(i) $\forall x(A(x) \wedge B(x)) \Leftrightarrow \forall xA(x) \wedge \forall xB(x)$.

(ii) $\exists x(A(x) \vee B(x)) \Leftrightarrow \exists xA(x) \vee \exists xB(x)$.

2. 等值演算

在谓词逻辑中, 除以上基本等值式外, 还可以由已知的等值式推演出新的等值式. 其推导的过程称为等值演算. 在等值演算中, 需要使用以下三条规则.

(1) 置换规则: 设 $\tau(A)$ 是含公式 A 的谓词公式, $\tau(B)$ 是用公式 B 置换 $\tau(A)$ 中的 A 后得到的谓词公式, 若 $A \Leftrightarrow B$, 则 $\tau(A) \Leftrightarrow \tau(B)$.

谓词逻辑中的置换规则与命题逻辑中的置换规则形式上完全相同, 只是这里的 A, B 是谓词公式.

(2) 换名规则: 设 A 为谓词公式, 将 A 中某量词辖域中某约束变项的所有出现及相应的指导变元改成该量词辖域中未曾出现过的某个体变项符号, 公式的其余部分不变, 设所得公式为 A', 则 $A' \Leftrightarrow A$.

(3) 代替规则: 设 A 为谓词公式, 将 A 中某个自由出现的个体变项的所有出现用 A 中未曾出现过的个体变项符号代替, A 中其余部分不变, 设所得公式为 A', 则 $A' \Leftrightarrow A$.

例 2.9 设个体域为 $D = \{a, b, c\}$, 将下面各公式的量词消去.

(1) $\forall x(F(x) \rightarrow G(x))$.

(2) $\forall x(F(x) \vee \exists yG(y))$.

(3) $\exists x \forall yF(x, y)$.

解 (1) $\forall x(F(x) \rightarrow G(x)) \Leftrightarrow (F(a) \rightarrow G(a)) \wedge (F(b) \rightarrow G(b)) \wedge (F(c) \rightarrow G(c))$.

(2) $\quad \forall x(F(x) \vee \exists yG(y))$

$\Leftrightarrow \forall xF(x) \vee \exists yG(y)$

$\Leftrightarrow (F(a) \wedge F(b) \wedge F(c)) \vee (G(a) \vee G(b) \vee G(c))$

(3) $\quad \exists x \forall yF(x, y)$

$\Leftrightarrow \exists x(F(x, a) \wedge F(x, b) \wedge F(x, c))$

$\Leftrightarrow (F(a, a) \wedge F(a, b) \wedge F(a, c)) \vee (F(b, a) \wedge F(b, b) \wedge F(b, c))$

$\quad \vee (F(c, a) \wedge F(c, b) \wedge F(c, c))$

在演算中先消去存在量词也可以, 得到结果是等值的.

例 2.10 将下面公式化成与之等值的公式, 使其没有既是约束出现又是自由出现的个体变项.

(1) $\forall xF(x, y, z) \rightarrow \exists yG(x, y, z)$.

(2) $\forall x(F(x, y) \rightarrow \exists yG(x, y, z))$.

解 (1) $\quad \forall xF(x, y, z) \rightarrow \exists yG(x, y, z)$

$\Leftrightarrow \forall tF(t, y, z) \rightarrow \exists yG(x, y, z)$ （换名规则）

$\Leftrightarrow \forall tF(t, y, z) \rightarrow \exists wG(x, w, z)$ （换名规则）

原公式中, x, y 都是既是约束出现又是自由出现的个体变项, 只有 z 仅自由出现. 而在最后得到的公式中, x, y, z, t, w 中再无既是约束出现又是自由出现个体变项了. 通过如下演算, 也可以达到要求.

$$\forall xF(x, y, z) \rightarrow \exists yG(x, y, z)$$
$$\Leftrightarrow \forall xF(x, t, z) \rightarrow \exists yG(x, y, z) \qquad (代替规则)$$
$$\Leftrightarrow \forall xF(x, t, z) \rightarrow \exists yG(w, y, z) \qquad (代替规则)$$

(2)

$$\forall x(F(x, y) \rightarrow \exists yG(x, y, z))$$
$$\Leftrightarrow \forall x(F(x, t) \rightarrow \exists yG(x, y, z)) \qquad (代替规则)$$

或者

$$\forall x(F(x, y) \rightarrow \exists yG(x, y, z))$$
$$\Leftrightarrow \forall x(F(x, y) \rightarrow \exists tG(x, t, z)) \qquad (换名规则)$$

例 2.11　证明:

(1) $\forall x(A(x) \vee B(x)) \Leftrightarrow \forall xA(x) \vee \forall xB(x)$.

(2) $\exists x(A(x) \wedge B(x)) \Leftrightarrow \exists xA(x) \wedge \exists xB(x)$.

其中 $A(x), B(x)$ 为含有 x 自由出现的公式.

证明　只要证明在某个解释下两边的式子真值不相同就可以了.

给定解释 I: 个体域为自然数集合 **N**; $A(x)$: x 是奇数; $B(x)$: x 是偶数.

(1) $\forall x(A(x) \vee B(x))$ 为真命题, 而 $\forall xA(x) \vee \forall xB(x)$ 为假命题. 两边不等值.

(2) $\exists x(A(x) \wedge B(x))$ 为假命题, 而 $\exists xA(x) \wedge \exists xB(x)$ 为真命题. 两边不等值.

2.3.2　前束范式

在命题逻辑中, 任何公式都可以表示为与之等值的主析取范式和主合取范式. 在谓词逻辑中, 也可以将公式转换为标准形式——前束范式.

定义 2.10　设 A 为一个谓词公式, 若 A 具有如下形式: $\Delta_1 x_1 \Delta_2 x_2 \cdots \Delta_k x_k B$, 则称 A 为前束范式, 其中 $\Delta_i (1 \leq i \leq k)$ 为 $\forall$ 或 $\exists$, B 为不含量词的公式.

例如, $\forall x \forall y(F(x) \wedge G(y) \rightarrow H(x, y))$, $\forall x \forall y \exists z(F(x) \wedge G(y) \wedge H(z) \rightarrow L(x, y, z))$ 等公式都是前束范式, 而 $\forall x(F(x) \rightarrow \exists y(G(y) \wedge H(x, y)))$, $\exists x(F(x) \wedge \forall y(G(y) \rightarrow H(x, y)))$ 等都不是前束范式.

可证明每个谓词公式都能找到与之等值的前束范式.

定理 2.3　谓词逻辑中的任何公式都存在与之等值的前束范式.

下面用谓词逻辑的等值演算求公式的前束范式.

例 2.12　求下面公式的前束范式.

(1) $\forall xF(x) \wedge \neg \exists xG(x)$.

(2) $\forall xF(x) \vee \neg \exists xG(x)$.

解　(1)
$$\forall xF(x) \wedge \neg \exists xG(x)$$
$$\Leftrightarrow \forall xF(x) \wedge \neg \exists yG(y)$$
$$\Leftrightarrow \forall xF(x) \wedge \forall y \neg G(y)$$
$$\Leftrightarrow \forall x(F(x) \wedge \forall y \neg G(y))$$
$$\Leftrightarrow \forall x \forall y(F(x) \wedge \neg G(y))$$

或者

$$\forall xF(x) \land \neg\ \exists xG(x)$$

$$\Leftrightarrow \forall xF(x) \land \forall x \neg\ G(x)$$

$$\Leftrightarrow \forall x(F(x) \land \neg\ G(x))$$

由此可知, 公式的前束范式是不唯一的. 另外, $\forall y \forall x(F(x) \land \neg\ G(y))$ 也是(1)中公式的前束范式.

(2) $$\forall xF(x) \lor \neg\ \exists xG(x)$$
$$\Leftrightarrow \forall xF(x) \lor \forall x \neg\ G(x)$$
$$\Leftrightarrow \forall xF(x) \lor \forall y \neg\ G(y)$$
$$\Leftrightarrow \forall x(F(x) \lor \forall y \neg\ G(y))$$
$$\Leftrightarrow \forall x \forall y(F(x) \lor \neg\ G(y))$$

请读者将以上演算过程中每一步用到的规则自行补充完整.

2.4 谓词逻辑的推理理论

谓词逻辑的推理理论是命题逻辑的推理理论的推广. 命题逻辑中关于推理的形式结构、有效推理的定义和定理也适用于谓词逻辑.

2.4.1 推理的形式结构及推理规则

1. 推理的形式结构

定义 2.11 设 $A_1, A_2, \cdots, A_k$ 和 B 都是谓词公式, 若 $A_1 \land A_2 \land \cdots \land A_k \rightarrow B$ 为重言式, 则称由前提 $A_1, A_2, \cdots, A_k$ 推出 B 的推理理论是有效的, 记为: $A_1 \land A_2 \land \cdots \land A_k \Rightarrow B$.

在谓词逻辑中, 通常使用构造证明法证明推理的有效性, 并采用如下推理的形式结构:

前提: $A_1, A_2, \cdots, A_k$. 结论: B.

要证明推理的有效性, 需要从给定的前提出发, 应用推理规则(推理定律)进行推理演算, 构造一个证明序列, 最后得到的谓词公式是推理的结论(有时称为有效的结论, 它可能是重言式, 也可能不是).

2. 基本的推理规则

(1)前提引入规则: 在证明的任何步骤上都可以引入前提.

(2)结论引入规则: 在证明的任何步骤上所得到的结论都可以作为后继证明的前提.

(3)置换规则: 在证明的任何步骤上, 谓词公式中的子公式都可以用与之等值的公式置换, 得到公式序列中的又一个公式.

(4)基本的推理规则(或推理定律). 命题逻辑中表 1.14 所示的基本等值式和表 1.20 所示的推理规则及其代换实例都是谓词逻辑的推理规则.

谓词逻辑中表示前提和结论的公式中可能包含量词, 为了推理的方便, 需要进行量词的引入和消去. 下面介绍 4 种量词的引入和消去规则.

3. 量词的引入和消去规则

(1) 全称量词引入规则(简记为 $\forall^+$).

$$A(y) \Rightarrow \forall x A(x)$$

上式成立的条件是:

(i) 无论 $A(y)$ 中自由出现的个体变项 y 取何值, $A(y)$ 应该均为真.

(ii) 取代自由出现的 y 的 x 也不能在 $A(y)$ 中约束出现.

(2) 全称量词消去规则(简记为 $\forall^-$).

$$\forall x A(x) \Rightarrow A(y)$$

$$\forall x A(x) \Rightarrow A(c)$$

上式成立的条件是:

(i) 在第 1 式中取代 x 的 y 应为任意的不在 $A(x)$ 中约束出现的个体变项.

(ii) 在第 2 式中, c 为任意个体常项.

(iii) 用 y 或 c 去取代 $A(x)$ 中自由出现的 x 时, 一定要在 x 自由出现的所有地方进行取代.

(3) 存在量词引入规则(简记为 $\exists^+$).

$$A(c) \Rightarrow \exists x A(x)$$

上式成立的条件式: c 是特定的个体常项, 而且代取代 c 的 x 不能在 $A(c)$ 中出现过.

(4) 存在量词消去规则(简记为 $\exists^-$).

$$\exists x A(x) \Rightarrow A(c)$$

上式成立的条件是:

(i) c 是使 A 为真的特定的个体常项.

(ii) c 不在 $A(x)$ 中出现.

(iii) 若 $A(x)$ 中除自由出现的 x 外, 还有其他自由出现的个体变项, 此规则不能使用.

2.4.2　证明方法和策略

谓词逻辑的推理与命题逻辑的推理类似, 也可以采用附加前提证明法、反证法和分情况证明法等. 下面举一些例子来说明谓词逻辑中的推理.

例 2.13　在谓词逻辑中证明"苏格拉底三段论".

所有的人都是要死的.

苏格拉底是人.

所以, 苏格拉底要死.

解　设 $M(x): x$ 是人; $F(x): x$ 是要死的; c: 苏格拉底. 符号化前提和结论分别为

前提: $\forall x(M(x) \rightarrow F(x)), M(c)$. 结论: $F(c)$.

证明 ① $\forall x(M(x)\to F(x))$ 前提引入

② $M(c)\to F(c)$ ①$\forall^{-}$

③ $M(c)$ 前提引入

④ $F(c)$ ②③假言推理

例 2.14 在谓词逻辑中构造下面推理的证明.

任何自然数都是整数. 存在自然数. 所以存在整数. 个体域为实数集合 **R**.

证明 设 $F(x)$: x 为自然数, $G(x)$: x 为整数. 则符号化前提和结论如下:

前提: $\forall x(F(x)\to G(x))$, $\exists xF(x)$. 结论: $\exists xG(x)$.

证明

① $\exists xF(x)$ 前提引入

② $F(c)$ ①$\exists^{-}$

③ $\forall x(F(x)\to G(x))$ 前提引入

④ $F(c)\to G(c)$ ③$\forall^{-}$

⑤ $G(c)$ ②④假言推理

⑥ $\exists xG(x)$ ⑤$\exists^{+}$

以上证明的每一步都是严格按推理规则及应满足的条件进行的. 因此, 前提的合取为真时, 结论必为真. 但如果改变证明序列的顺序可能会产生由真前提推出假结论的错误. 需要注意的是: 如果前提中既有全称量词, 又有存在量词, 应该先消去存在量词, 再消去全称量词.

例 2.15 在谓词逻辑中构造下面推理的证明.

每个有理数都是实数. 有的有理数是整数. 因此, 有的实数是整数.

证明 设 $F(x)$: x 是有理数; $G(x)$: x 是实数; $H(x)$: x 是整数. 符号化前提和结论分别为:

前提: $\forall x(F(x)\to G(x))$, $\exists x(F(x)\wedge H(x))$. 结论: $\exists x(G(x)\wedge H(x))$.

证明 ① $\exists x(F(x)\wedge H(x))$ 前提引入

② $F(c)\wedge H(c)$ ①$\exists^{-}$

③ $F(c)$ ②化简

④ $H(c)$ ②化简

⑤ $\forall x(F(x)\to G(x))$ 前提引入

⑥ $F(c)\to G(c)$ ⑤$\forall^{-}$

⑦ $G(c)$ ③⑥假言推理

⑧ $G(c)\wedge H(c)$ ⑥⑦合取引入

⑨ $\exists x(G(x)\wedge H(x))$ ⑧$\exists^{+}$

例 2.16 在谓词逻辑中构造下列推理的证明.

(1)前提: $\forall x(F(x)\vee G(x))$. 结论: $\neg\,\forall xF(x)\to\exists xG(x)$.

(2)前提: $\forall x(F(x)\vee G(x))$, $\forall x(F(x)\to H(x))$. 结论: $\forall x(\neg\,H(x)\to G(x))$.

证明 (1) ① $\neg\,\forall xF(x)$ 附加前提引入

② $\exists x\neg\,F(x)$ ①置换规则

③ $\neg\,F(c)$ ②$\exists^{-}$

④ $\forall x(F(x) \vee G(x))$ 前提引入
⑤ $F(c) \vee G(c)$ ④$\forall^-$
⑥ $G(c)$ ③⑤析取三段论
⑦ $\exists xG(x)$ ⑥$\exists^+$
⑧ $\neg \forall xF(x) \rightarrow \exists xG(x)$ ①⑦CP 规则

(2) ① $\forall x(F(x) \vee G(x))$ 前提引入
② $F(y) \vee G(y)$ ①$\forall^-$
③ $\neg G(y) \rightarrow F(y)$ ②置换
④ $\forall x(F(x) \rightarrow H(x))$ 前提引入
⑤ $F(y) \rightarrow H(y)$ ④$\forall^-$
⑥ $\neg G(y) \rightarrow H(y)$ ③, ⑤假言三段论
⑦ $\neg H(y) \rightarrow G(y)$ ⑥置换
⑧ $\forall x(\neg H(x) \rightarrow G(x))$ ⑦$\forall^+$

习　题　2

1. 在谓词逻辑中将下列命题符号化.
(1)小王学过英语和法语.
(2)如果 3 大于 2, 则 5 大于 2.
(3)3 不是偶素数.
(4)2 或 3 不是素数.
(5)王童是三好学生.
(6)李新华是李兰的父亲.
(7)张强与谢莉是好朋友.
(8)武汉位于北京和广州之间.

2. 在谓词逻辑中将下列命题符号化.
(1)爱美之心人皆有之.
(2)每一个大学生都会说英语.
(3)天下乌鸦一般黑.
(4)所有的老虎都要吃人.
(5)有一些人登上过月球.
(6)有一些自然数是素数.
(7)说所有人都爱吃面包是不对的.
(8)没有不吃饭的人.
(9)没有不能表示成分数的有理数.
(10)尽管有人很聪明, 但未必一切人都聪明.

3. 设个体域为整数集 $\mathbf{Z}$, 讨论下列各式的真值.
(1)$\forall x\exists y(x \cdot y = 1)$.

(2) $\forall x \forall y \exists z (x-y=z)$.

(3) $x-y=-y+x$.

(4) $\forall x \forall y (x \cdot y = y)$.

(5) $\forall x (x \cdot y = x)$.

(6) $\exists x \forall y (x+y=2y)$.

4. 给定解释 I 如下，说明下列各公式在 I 下的含义，并讨论其真值.

解释 I:

(a) 个体域 $D = \mathbf{N}$ ($\mathbf{N}$ 为自然数集合).

(b) D 中特定元素 $\bar{a}=0$.

(c) D 上特定函数 $\bar{f}(x, y)=x+y$, $\bar{g}(x, y)=x \cdot y$.

(d) D 上谓词 $\bar{F}(x, y): x=y$.

公式:

(1) $\forall x F(g(x, a), x)$.

(2) $\forall x \forall y (F(f(x, a), y) \rightarrow F(f(y, a), x))$.

(3) $\forall x \forall y \exists z (F(f(x, y), z))$.

(4) $\exists x F(f(x, x), g(x, x))$.

(5) $\exists x \forall y \forall z F(f(y, z), x)$.

5. 设个体域 $D = \{a, b, c\}$，消去下列各公式中的量词.

(1) $\forall x \exists y (F(x) \vee G(y))$.

(2) $\exists x \exists y (F(x) \vee G(y))$.

(3) $\forall x (F(x, y) \rightarrow \exists y G(y))$.

(4) $\exists x \forall y (F(x) \wedge G(y))$.

(5) $\forall x F(x) \rightarrow \forall y G(y)$.

6. 证明下列等值式.

(1) $\neg \forall x (F(x) \rightarrow G(x)) \Leftrightarrow \exists x (F(x) \wedge \neg G(x))$.

(2) $\neg \exists x (F(x) \wedge \neg G(x)) \Leftrightarrow \forall x (F(x) \rightarrow G(x))$.

7. 求下列公式的前束范式.

(1) $\forall x F(x) \rightarrow \exists y G(x, y)$.

(2) $\forall x F(x, y) \vee \exists x G(x, y)$.

(3) $(\exists x F(x, y) \rightarrow \exists y G(y)) \rightarrow \exists y H(x, y)$.

8. 在谓词逻辑中构造下面推理的证明.

(1) 前提：$\exists x F(x) \rightarrow \forall x G(x)$. 结论：$\forall x (F(x) \rightarrow G(x))$.

(2) 前提：$\forall x (F(x) \rightarrow (G(a) \wedge R(x)))$, $\exists x F(x)$. 结论：$\exists x (F(x) \wedge R(x))$.

(3) 前提：$\forall x (F(x) \rightarrow \neg G(x))$, $\forall x (G(x) \vee H(x))$, $\exists x \neg H(x)$. 结论：$\exists x \neg F(x)$.

9. 在谓词逻辑中构造下面推理的证明.

(1) 没有白色的乌鸦. 北京鸭是白色的. 因此，北京鸭不是乌鸦.

(2) 有理数、无理数都是实数，虚数不是实数，因此虚数既不是有理数，也不是无理数.

(3) 不存在能表示成分数的无理数, 有理数都能表示成分数, 因此有理数都不是无理数.

10. 在谓词逻辑中构造下面推理的证明(个体域为人类集合).

(1) 每个喜欢步行的人都不喜欢骑自行车, 每个人或者是喜欢骑自行车或者喜欢乘汽车, 有的人不喜欢乘汽车, 所以有的人不喜欢步行.

(2) 所有的人或者是吃素的或者是吃荤的, 吃素的常吃豆制品, 因而不吃豆制品的人是吃荤的.

拓展练习 2

1. 在谓词逻辑中符号化下述语句.

(1) 只要是需要室外活动的课, 郝亮都喜欢.

(2) 所有的公共体育课都是需要室外活动的课.

(3) 篮球是一门公共体育课.

(4) 郝亮喜欢篮球这门课.

2. 在谓词逻辑中符号化下述语句.

(1) 海关人员检查每一个进入本国的不重要人物.

(2) 没有一个走私者是重要人物.

(3) 海关人员中的某些人是走私者.

3. 在谓词逻辑中证明如下推理的有效性.

(1) 每个喜欢步行的人都不喜欢坐汽车; 每个人或者喜欢坐汽车或者喜欢骑自行车; 有的人不喜欢骑自行车. 因而有的人不喜欢步行.

(2) 所有的哺乳动物都是脊椎动物; 并非所有的哺乳动物都是胎生动物; 故有些脊椎动物不是胎生的.

4. 水容器问题: 设有两个分别能盛 7L 与 5L 的水容器, 开始时两个容器均为空的, 允许对容器做三种操作:

(1) 容器倒满水.

(2) 将容器中的水倒光.

(3) 从一个容器倒水至另一容器, 使一个容器倒光而另一容器倒满.

问应该如何操作使得大容器(能盛 7L 的容器)中有 4L 水, 要求写出其操作过程.

第二部分 集 合 论

集合论是离散数学的重要组成部分，是研究集合一般性质的数学分支，在现代数学中占有独特地位的一个分支.

我们知道，世界上各门学科与各个领域的研究与应用都有特定的研究对象与目标. 它们是各门学科的基础，如物理学的研究对象是客观世界中的物质，化学的研究对象为化学元素及其化合物，数学分析研究的对象为实数，计算机科学的研究对象为二进制符号串等. 所有这些研究对象与目标均呈群体形式出现，为研究这些群体的一般性规律与特点，就出现了集合论.

德国数学家康托尔(G. Cantor)于 1874 年以数学为工具创立了集合论，成为集合论的奠基人. 经过一百多年的发展，集合论已经成为了一门成熟的学科，并作为当代数学大厦的一部分起到了奠基性和支撑性的作用.

集合论是研究世界上各门学科(领域)的一门基础学科. 现代数学有两座大厦，分别是"连续数学"和"离散数学"，而集合论则是这两座大厦的共同基础. 集合论是现代数学的一个独立分支，被视为各个数学分支的共同语言和基础. 集合论是研究集合的数学理论，包含了集合、元素和成员关系等最基本的数学概念. 集合论和逻辑学共同构成了数学的公理化基础，它以未定义的"集合"与"元素"等术语来形式化地建构数学物件. 在计算机科学领域，集合论是不可缺少的数学工具，它在形式语言、自动机理论、人工智能、数据库、语言学等领域都有着重要的应用. 对计算机科学工作者来说，集合论是不可缺少的理论基础.

本部分介绍集合论的基本内容，包括如下三个方面：

(1) 第 3 章集合论基础. 包括集合的基本概念、表示方法以及集合的运算，还包括一些特殊的集合等内容.

(2) 第 4 章关系. 关系是建立在集合论基础上的一种特殊集合，它研究客观世界中事物间关联的规律. 包括关系的基本概念、特性、表示方法、关系的运算以及常用的一些重要的特殊关系——等价关系和偏序关系等.

(3) 第 5 章函数与集合的势. 函数是一种特殊的规范化的关系，由于它在数学及其他领域中的重要性，单独作为一章进行介绍. 包括函数的基本概念、特性、表示方法、函数运算和常用的特殊函数，并通过函数的知识，定义集合的势，以及集合间势的关系等.

第 3 章　集合论基础

3.1　集合的基本概念

3.1.1　集合的概念及特征

集合是数学的基本概念, 如同数学上的点、线、面等概念一样, 它是不能用其他概念精确定义的基本概念. 集合用于把一些对象组合在一起. 通常在一个集合中的对象都具有相似的性质. 例如, 班上所有的学生可以组成一个集合. 同样, 正在选修离散数学课程的学生可以组成一个集合.

在日常生活和科学实践中经常碰到各种集合. 例如, 全班同学、一组运算符、26 个英文字母、一个程序的全部语句、方程 $x^2-1 = 0$ 的实数解等, 这些都构成集合. 现在给出集合的一种定义, 这是一种直观的定义, 不属于准确的定义.

1. 集合的基本概念

定义 3.1　集合就是人们直观上或思想上能够明确区分的一些对象所构成的整体.

该定义是 1875 年康托尔首先给出的关于集合的经典定义. 康托尔奠定了朴素集合理论的原始描述. 本书中考虑的所有集合都可以用康托尔的原始理论处理. 集合也可以简称为集.

定义 3.2　集合中的对象称为该集合的元素, 或集合的成员, 也说集合包含它的元素.

集合元素所表示的事物可以是具体的, 也可以是抽象的. 集合的元素既是任意的, 又是确定的和可区分的.

集合里含有的对象或客体称为集合的元素或集合的成员. 集合是指整体, 而元素是指组成总体的个体.

通常用不带标号或者带标号的大写字母 $A, B, C, \cdots, A_1, B_1, C_1, \cdots, X, Y, Z, \cdots$ 表示集合; 用不带标号或者带标号的小写字母 $a, b, c, \cdots, a_1, b_1, c_1, \cdots, x, y, z, \cdots$ 表示元素.

下面定义两个特殊集合.

定义 3.3　不含有任何元素的集合称为空集, 用 $\varnothing$ 表示.

空集的一些例子如 $\{x|x^2+1 = 0, x \text{ 为实数}\}$, $\{x|x \neq x\}$ 等.

定义 3.4　在一个具体问题的研究中, 如果所涉及的集合都是某个集合的子集, 则称这个集合为全域集合或全集, 记作 E.

全集的定义涉及了子集的概念, 将在后面进行讨论. 全集是具有相对性的, 不同问题有不同的全集, 即使是同一个问题也可以取不同的全集. 一般来说, 全集取得小一些, 问题的描述和处理会简单些. 上述讨论的集合、元素、空集及全集这四个概念构成了集合论中最基础的概念. 另外有一些特定的集合通常用特定的字母表示, 它们在离散数学中发挥

着重要的作用. 例如, 自然数集 $\mathbf{N} = \{0, 1, 2, \cdots\}$; 整数集 $\mathbf{Z} = \{0, \pm1, \pm2, \cdots\}$; 正整数集 $\mathbf{Z}^+ = \{1, 2, 3, \cdots\}$; 有理数集 $\mathbf{Q} = \{p/q | p \in \mathbf{Z}, q \in \mathbf{Z}, q \neq 0\}$; 实数集 $\mathbf{R}$; 复数集 $\mathbf{C}$ 等.

2. 集合的表示方法

集合是由它包含的元素完全确定的, 为了表示一个集合, 通常有列举法、描述法和文氏图（Venn diagram）法三种方法.

1) 列举法（又称列元素法、枚举法）

列举法是列出集合的所有元素, 元素之间用逗号隔开, 并把它们用花括号括起来. 在列举法中, 如果集合中的元素较多或者有无限个元素在表示上有困难时, 为方便起见, 可以采用省略的办法, 即可将一些元素用省略号（$\cdots$）表示. 如:

不超过 10 的自然数: $S = \{0, 1, 2, 3, 4, 5, 6, 7, 8, 9, 10\}$.

地图中的 4 个方位: $D = \{东, 西, 南, 北\}$.

20 以内的素数: $X = \{2, 3, 5, 7, 11, 13, 17, 19\}$.

26 个小写英文字母: $A = \{a, b, c, \cdots, z\}$.

自然数集合: $\mathbf{N} = \{0, 1, 2, 3, 4, \cdots\}$.

所有自然数的平方: $B = \{0, 1, 4, 9, 16, \cdots, n^2, \cdots\}$.

列举法适合表示的集合, 一是集合仅含有限个元素, 二是集合的元素之间有明显关系的集合. 列举法是一种显式表示法, 其优点是具有透明性（列出集合的元素）, 缺点是在表示具有某种特性的集合或集合中元素过多时受到了一定的局限, 而且, 从计算机的角度看, 显式表示法是一种"静态"表示法, 如果一下子将这么多的"数据"输入到计算机中去, 那么将占据大量的"内存".

2) 描述法

描述法是通过刻画集合中元素所具备的某种特性来表示集合的方法, 也称为谓词表示法. 通常用形如 $\{x | P(x)\}$ 的形式来表示具有性质 P 的一些对象组成的集合. 描述法可以表示含有很多或无穷多个元素的集合, 或者集合的元素之间有容易刻画的共同特征的集合. 描述法的优点是原则上不要求列出集合中全部元素, 而只要给出该集合中元素的特性. 例如:

(1) $A = \{x | x$ 是 "discrete mathematics" 中的所有字母$\}$.

(2) $S = \{x | x$ 是整数, 并且 $1 \leqslant x \leqslant 6\}$.

(3) $B = \{x | x$ 是实数, 并且 $x^2 - 1 = 0\}$.

(4) $\mathbf{Q}^+ = \{x | x$ 是一个正有理数$\}$.

其实, 许多集合可以用两种方法来表示, 如 B 也可以写成 $\{-1, 1\}$. 但是有些集合不可以用列举法表示, 如实数集合等.

3) 文氏图法

文氏图由 19 世纪英国数学家 John Venn 发明的, 它是一种利用平面上点的集合作成的对集合的图解. 一般用平面区域上的一个矩形表示全集 E（有时为了简单起见, 可将全集省略）, 而其他集合则用矩形中的不同圆（或任何其他适当的闭曲线）表示.

集合之间的关系和运算可以用文氏图来描述, 它有助于我们理解问题, 有时对集合的计数问题的求解也很有帮助, 另外在一些不要求求解步骤的题目中, 可使用文氏图求解, 但它不能用于题目的证明. 关于文氏图的应用, 我们在后续的学习中会进一步介绍.

3. 集合与元素的关系

元素与集合之间的 "属于关系" 是 "明确" 的. 对某个集合 S 和元素 a 来说, 或者 a 属于集合 S, 记为 $a \in S$; 或者 a 不属于集合 S, 记为 $a \notin S$. 两者必居其一且仅居其一.

例如, 对元素 2 和集合 $\mathbf{N}$ 来说, 就有 2 属于 $\mathbf{N}$, 即 $2 \in \mathbf{N}$. 而对元素 –2 和集合 $\mathbf{N}$ 来说, 就有 –2 不属于 $\mathbf{N}$, 即 $-2 \notin \mathbf{N}$.

4. 集合的基数、有限集与无限集

定义 3.5 设 A 为任意集合, 若 A 中含有 n 个不同的元素 (n 是非负整数), 就说 A 为有限 (有穷) 集合, 而 n 称为 A 的基数, A 的基数记作 $|A|$. 如果 A 不是有限 (有穷) 的, 就说它是无限 (无穷) 的.

例 3.1 (1) 设 A 为小于 10 的正整数的集合, 则 $|A| = 9$.

(2) 设 $S = \{a, b, c, \cdots, z\}$, 则 $|S| = 26$.

(3) 空集 $|\varnothing| = 0$.

以上集合都是有限集合.

而整数集 $\mathbf{Z}$、实数集 $\mathbf{R}$、有理数集 $\mathbf{Q}$ 都是无限集合, 关于无限集合的基数, 我们将在第 5 章进行讨论.

3.1.2 集合间的关系

1. 集合的特征

(1) 互异性: 集合中的元素都是不同的, 凡是相同的元素, 均视为同一个元素; 如 $\{1, 1, 2\} = \{1, 2\}$, $\{a, b\} = \{a, b, a, b, a\}$.

(2) 确定性: 集合由能够明确加以 "区分的" 对象组成.

(3) 无序性: 集合中的元素之间没有次序关系, 即集合中元素与其排列顺序无关, 如 $\{2, 1\} = \{1, 2\}$, $\{1, 3, 5\} = \{3, 5, 1\}$.

(4) 任意性: 集合中的元素可以是任意的对象, 甚至可以是集合, 如 $A = \{\{a, b\}, \{\{b\}\}, d\}$, 可以用树型层次结构描述集合和元素之间的隶属关系, 如集合 A 的树型层次结构如图 3.1 所示.

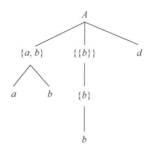

图 3.1 $A = \{\{a, b\}, \{\{b\}\}, d\}$ 的树型层次结构

2. 集合间的关系

定义 3.6 设 A, B 为任意集合, 当且仅当 A 和 B 有相同的元素时, 称 A 和 B 相等, 记作 $A = B$.

集合相等的符号化表示: $A = B \Leftrightarrow \forall x(x \in A \leftrightarrow x \in B)$.

定义 3.7 设 A, B 为任意集合, 如果 A 中的每个元素都是 B 中的元素, 则称 A 是 B 的子集合, 简称子集. 这时也称 A 被 B 包含, 或 B 包含 A, 记作 $A \subseteq B$. 如果 A 不被 B 包含, 则记作 $A \nsubseteq B$.

集合包含的符号化表示: $A \subseteq B \Leftrightarrow \forall x(x \in A \rightarrow x \in B)$.

显然对任何集合 A, B, C 都有如下结论:

(1) $\varnothing \subseteq A$.

(2) $A \subseteq A$.

(3) 若 $A \subseteq B, B \subseteq C$, 则 $A \subseteq C$.

这里的证明留作练习.

属于关系是表示元素和集合的关系, 而包含关系是两个集合之间的关系, 对于某些集合这两种关系可以同时成立. 例如, $A = \{a, \{a\}\}$ 和 $\{a\}$, 既有 $\{a\} \in A$, 又有 $\{a\} \subseteq A$. 前者把它们看成是不同层次上的两个集合, 后者把它们看成是同一层次上的两个集合, 都是正确的.

定义 3.8 设 A, B 为任意集合, 如果 $A \subseteq B$, 并且 $A \neq B$, 则称集合 A 为 B 的真子集, 也称 A 真包含于 B, 或 B 真包含 A, 记作 $A \subset B$.

集合真包含的符号化表示为: $A \subset B \Leftrightarrow \forall x(x \in A \rightarrow x \in B) \land \exists x(x \in B \land x \notin A)$.

3.1.3 幂集合

许多问题都需要检查一个集合的元素的所有可能组合, 看它们是否具有某种性质. 为了考虑集合 A 中元素所有可能的组合, 我们构造一个新的集合, 它以 A 的所有子集作为它的元素, 称之为集合的幂运算或幂集合.

定义 3.9 设 A 是任意一个集合, 集合 A 的全部子集的集合称为 A 的幂集合, 记作 $P(A)$ (或 $\rho(A)$).

幂集合的符号化表示: $P(A) = \{B \mid B \subseteq A\}$.

例 3.2 列出如下集合的幂集合.

(1) $\varnothing$.

(2) $\{a\}$.

(3) $\{a, b\}$.

(4) $\{a, b, c\}$.

解 集合的幂集合分别如下:

(1) $\{\varnothing\}$.

(2) $\{\varnothing, \{a\}\}$.

(3) $\{\varnothing, \{a\}, \{b\}, \{a, b\}\}$.

(4) $\{\varnothing, \{a\}, \{b\}, \{c\}, \{a, b\}, \{a, c\}, \{b, c\}, \{a, b, c\}\}$.

幂集合有很多性质, 下面列出其中两个重要性质.

定理 3.1 设 A 和 B 是两个集合, 若 $A \subseteq B$, 则必有 $P(A) \subseteq P(B)$.

该性质的证明留给读者完成.

定理 3.2 设 A 是一个有 n 个元素的有限集合, 即 $|A| = n$, 则 $|P(A)| = 2^n$.

证明 因为对每个 $i\,(0 \leqslant i \leqslant n)$, A 的含有 i 个元素的子集的个数是从 A 的 n 个元素中选取 i 个元素的组合数 C_n^i.

所以 $|P(A)| = C_n^0 + C_n^1 + \cdots + C_n^n = 2^n$.

3.2 集合的运算与恒等式

3.2.1 集合的运算

集合的基本运算有并、交、补(相对补、绝对补)和对称差运算.

1. 集合的并

定义 3.10 设 A, B 是两个集合, 由 A 和 B 的所有元素组成的集合, 称为集合 A 和 B 的并集, 记作 $A \cup B$. 可以形式化地表示为 $A \cup B = \{x | x \in A \vee x \in B\}$.

例 3.3 (1) 设 $A = \{1, 2, 3\}$, $B = \{2, 3, a, b\}$, 求 $A \cup B$.

(2) 设 $A = \{1, 3, 5, 7, \cdots\}$, $B = \{0, 1, 2, 3, 4, \cdots\}$, 求 $A \cup B$.

解 (1) $A \cup B = \{1, 2, 3, a, b\}$.

(2) $A \cup B = \{0, 1, 2, 3, 4, 5, 6, 7, \cdots\}$.

两个集合的并运算可以推广成 n 个集合的并:

$$\bigcup_{i=1}^{n} A_i = A_1 \cup A_2 \cup \cdots \cup A_n = \{x | x \in A_1 \vee x \in A_2 \vee \cdots \vee x \in A_n\}$$

并运算还可以推广到无穷多个集合的情况:

$$\bigcup_{i=1}^{\infty} A_i = A_1 \cup A_2 \cup \cdots$$

如果集合 $A = \{A_1, A_2, \cdots, A_m\}$, 且 $A_i\,(1 \leqslant i \leqslant m)$ 是集合, 则称 A 为一个集合族, 可以定义 A 的广义并, 记作 $\cup A$, 符号化形式为 $\cup A = A_1 \cup A_2 \cup \cdots \cup A_m$.

2. 集合的交

定义 3.11 设 A, B 是两个集合, 由 A 和 B 的所有公共元素所组成的集合, 称为集合 A 和 B 的交集, 记作 $A \cap B$. 可以形式化地表示为 $A \cap B = \{x | x \in A \wedge x \in B\}$.

例 3.4 (1) 设 $A = \{1, 2, 3\}$, $B = \{2, 3, a, b\}$, 求 $A \cap B$.

(2) 设 $A = \{1, 3, 5, 7, \cdots\}$, $B = \{0, 1, 2, 3, \cdots\}$, 求 $A \cap B$.

解 (1) $A \cap B = \{2, 3\}$.

(2) $A \cap B = \{1, 3, 5, 7, \cdots\}$.

两个集合的交运算可以推广成 n 个集合的交:

$$\bigcap_{i=1}^{n} A_i = A_1 \cap A_2 \cap \cdots \cap A_n = \{x | x \in A_1 \wedge x \in A_2 \wedge \cdots \wedge x \in A_n\}$$

交运算还可以推广到无穷多个集合的情况:

$$\bigcap_{i=1}^{\infty} A_i = A_1 \cap A_2 \cap \cdots$$

如果集合族 $A = \{A_1, A_2, \cdots, A_m\}$, 可以定义 A 的广义交, 记作 $\cap A$, 符号化形式为 $\cap A = A_1 \cap A_2 \cap \cdots \cap A_m$.

3. 集合的补

定义 3.12　设 A, B 是两个集合, 由所有属于 A 而不属于 B 的元素组成的集合, 称为集合 B 对于 A 的补集或相对补集, 记作 $A{-}B$. 可以形式化地表示为 $A{-}B = \{x | x \in A \wedge x \notin B\}$.

例 3.5　设 $A = \{a, b, c\}, B = \{a\}$, 求 $A{-}B, B{-}A$.
解

$$A{-}B = \{b, c\}, \quad B{-}A = \varnothing$$

定义 3.13　设 E 是全集, A 是任一集合, $E{-}A$ 称为集合 A 的补集或绝对补集, 记作 $\overline{A}$. 可以形式化地表示为 $\overline{A} = \{x | x \in E \wedge x \notin A\} = \{x | x \notin A\}$.

例 3.6　设 $E = \{a, b, c, d, e\}, A = \{a, b, c\}$, 求 $\overline{A}$.
解　$\overline{A} = \{d, e\}$.

4. 集合的对称差

定义 3.14　设 A, B 是两个集合, $(A{-}B) \cup (B{-}A)$ 称作 A 和 B 的对称差, 记作 $A \oplus B$. 可以形式化地表示为 $A \oplus B = \{x | (x \in A \wedge x \notin B) \vee (x \in B \wedge x \notin A)\}$.

由定义可看出, 集合 $A \oplus B$ 是属于 A 或 B, 但不同时属于 A 和 B 的所有元素组成的集合.

例 3.7　设 $A = \{a, b, c\}, B = \{b, d\}$, 求 $A \oplus B, B \oplus A$.
解

$$A \oplus B = \{a, c, d\}$$
$$B \oplus A = \{a, \ c, \ d\}$$

为了直观地表示集合之间的关系和运算, 常采用文氏图给予形象的描述, 方法如下:

首先画一个大矩形表示全集 E (有时为了简单起见, 可将全集省略), 其次在矩形内画一些圆 (或任何其他适当的闭曲线), 用圆的内部表示集合. 如果没有关于集合不相交的说明, 任何两个圆应彼此相交. 图中阴影的区域表示新组成的集合. 图 3.2 表示了集合的 5 种基本运算的文氏图表示.

3.2.2　集合恒等式

表 3.1 所示的恒等式给出了集合运算的主要算律, 其中 A, B, C 代表任意集合.

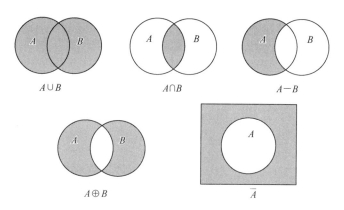

图 3.2 集合的 5 种基本运算

表 3.1 集合恒等式

集合恒等式	恒等式名称
$\overline{\overline{A}} = A$	双重否定律
$A \cup A = A$	幂等律
$A \cap A = A$	
$A \cup B = B \cup A$	交换律
$A \cap B = B \cap A$	
$(A \cup B) \cup C = A \cup (B \cup C))$	结合律
$(A \cap B) \cap C = A \cap (B \cap C)$	
$A \cup (B \cap C) = (A \cup B) \cap (A \cup C)$	分配律
$A \cap (B \cup C) = (A \cap B) \cup (A \cap C)$	
$A - (B \cup C) = (A - B) \cap (A - C)$	德·摩根律
$A - (B \cap C) = (A - B) \cup (A - C)$	
$\overline{A \cup B} = \overline{A} \cap \overline{B}$	
$\overline{A \cap B} = \overline{A} \cup \overline{B}$	
$A \cup (A \cap B) = A$	吸收律
$A \cap (A \cup B) = A$	
$A \cup E = E$	零律
$A \cap \varnothing = \varnothing$	
$A \cup \varnothing = A$	同一律
$A \cap E = A$	
$A \cup \overline{A} = E$	排中律
$A \cap \overline{A} = \varnothing$	矛盾律

这里选证其中一部分, 其余留给读者完成. 在证明中用到大量命题逻辑的等值式, 在叙述中采用半形式化方法, 其中 ⇔ 表示当且仅当.

集合等式的证明, 可采用命题逻辑的等值式证明, 其基本思想是集合互为子集.

欲证: 集合 $A=B$, 即证: $A\subseteq B \wedge B\subseteq A$. 即证: 对任意的 x, $x\in A \Rightarrow x\in B$ 并且 $x\in B \Rightarrow x\in A$.

当上述过程可逆时, 可以合并为对任意的 x, $x\in A \Leftrightarrow x\in B$.

例 3.8　设 A, B, C 为任意集合, 证明如下集合恒等式.

(1) $(A\cap B)\cap C = A\cap (B\cap C)$.

(2) $A\cap (B\cup C)=(A\cap B)\cup (A\cap C)$.

(3) $\overline{A\cap B}=\overline{A}\cup\overline{B}$.

证明　(1) 对任意的元素 x, 有

$$x\in (A\cap B)\cap C$$
$$\Leftrightarrow x\in (A\cap B)\wedge x\in C$$
$$\Leftrightarrow (x\in A\wedge x\in B)\wedge x\in C$$
$$\Leftrightarrow x\in A\wedge (x\in B\wedge x\in C)$$
$$\Leftrightarrow x\in A\wedge x\in (B\cap C)$$
$$\Leftrightarrow x\in A\cap (B\cap C)$$

由 x 的任意性, 知 $(A\cap B)\cap C = A\cap (B\cap C)$ 成立.

(2) 对任意的元素 x, 有

$$x\in A\cap (B\cup C)$$
$$\Leftrightarrow x\in A\wedge x\in (B\cup C)$$
$$\Leftrightarrow x\in A\wedge (x\in B\vee x\in C)$$
$$\Leftrightarrow (x\in A\wedge x\in B)\vee (x\in A\wedge x\in C)$$
$$\Leftrightarrow (x\in A\cap B)\vee (x\in A\cap C)$$
$$\Leftrightarrow x\in (A\cap B)\cup (A\cap C)$$

由 x 的任意性, 知 $A\cap (B\cup C)=(A\cap B)\cup (A\cap C)$ 成立.

(3) 对任意的元素 x, 有

$$x\in \overline{A\cap B}\Leftrightarrow x\notin A\cap B$$
$$\Leftrightarrow \neg\, x\in A\cap B$$
$$\Leftrightarrow \neg\,(x\in A\wedge x\in B)$$
$$\Leftrightarrow \neg\, x\in A\vee \neg\, x\in B$$
$$\Leftrightarrow x\notin A\vee x\notin B$$
$$\Leftrightarrow x\in \overline{A}\vee x\in \overline{B}$$
$$\Leftrightarrow x\in \overline{A}\cup \overline{B}$$

由 x 的任意性, 知 $\overline{A\cap B}=\overline{A}\cup\overline{B}$.

除了以上算律以外, 还有一些关于集合运算性质的重要结果.

例如,

$$A\cap B\subseteq A,\quad A\cap B\subseteq B$$
$$A\subseteq A\cup B,\quad B\subseteq A\cup B$$
$$A-B\subseteq A$$

$$A-B = A\cap \overline{B}$$
$$A\cup B = B\Leftrightarrow A\subseteq B\Leftrightarrow A\cap B = A\Leftrightarrow A-B = \varnothing$$
$$A\oplus B = B\oplus A$$
$$(A\oplus B)\oplus C = A\oplus (B\oplus C)$$
$$A\oplus = A$$
$$A\oplus A = \varnothing$$
$$A\oplus B = A\oplus C\Rightarrow B = C$$

3.3　有限集合的计数问题

集合的运算可以用于求解有限集合的计数问题.

设 A,B 是两个集合, 用 $|A|,|B|$ 分别表示集合 A 和 B 的基数(即元素个数), 显然下式成立:

$$|A\cup B|\leqslant |A|+|B|$$
$$|A\cap B|\leqslant \min(|A|,|B|)$$
$$|A-B|\geqslant |A|-|B|$$

上面各式中基数的运算, 即是算术运算中数之间的运算, 这些公式可以由文氏图上直接观察出来.

有限集合的计数问题的求解方法如下:

一是利用容斥原理求解. 以下分别介绍两个集合、三个集合以及推广到 n 个集合的容斥原理及其应用.

二是利用文氏图解决有限集合的计数问题. 其方法是: 首先根据已知条件把对应的文氏图画出来.一般地说, 每一条性质决定一个集合, 有多少条性质, 就有多少个集合. 如果没有特殊说明, 任何两个集合都画成相交的, 然后将已知集合的元素数填入表示该集合的区域内. 通常从 n 个集合的交集填起, 根据计算的结果将数字逐步填入所有的空白区域. 如果交集的数字是未知的, 可以设为 x. 根据题目中的条件, 列出一次方程或方程组, 就可以求得所需要的结果.

对于三个以内(含三个)的有限集合的计数问题, 还可以将容斥原理和文氏图相结合, 从而方便直观地解决问题.

3.3.1　两个有限集合的计数问题

定理 3.3　设 A,B 为两个有限集合, 有 $|A\cup B| = |A|+|B|-|A\cap B|$.

证明　因为 $A\cup B = B\cup(A-B)$, 且 $B\cap(A-B) = \varnothing$, 所以 $|A\cup B| = |B|+|A-B|$.

又因为 $A = (A-B)\cup(A\cap B)$, 且 $(A-B)\cap(A\cap B) = \varnothing$, 所以 $|A-B| = |A|-|A\cap B|$, 故 $|A\cup B| = |A|+|B|-|A\cap B|$.

例 3.9　设有 100 名程序员, 其中 47 名熟悉 C#语言, 35 名熟悉 Java 语言, 23 名熟悉两种语言. 问: 有多少人对这两种语言都不熟悉?

解　设 100 名程序员构成问题的全集 E. A,B 分别表示熟悉 C#和 Java 语言的程序员集合, 则 $|E| = 100$, $|A| = 47$, $|B| = 35$, $|A\cap B| = 23$.

根据定理 3.3 计算出至少熟悉一门语言的人数为 $|A \cup B| = |A|+|B|-|A \cap B| = 47+35-23 = 59$. 于是对两门语言都不熟悉的程序员的人数为

$$|\overline{A} \cap \overline{B}| = |\overline{A \cup B}| = |E| - |A \cup B| = 100-59 = 41$$

上述问题也可以采用文氏图求解, 如图 3.3 所示.

从图 3.3 中不难得 $|A \cup B| = 24+23+12 = 59$, 所以 $|\overline{A} \cap \overline{B}| = |\overline{A \cup B}| = |E| - |A \cup B| = 100-59 = 41$.

在求解有限集合的计数问题时, 也可以将文氏图和容斥原理结合起来进行问题的求解.

例 3.10　设 $|A| = 3, |P(B)| = 64, |P(A \cup B)| = 256$, 求 $|B|, |A \cap B|, |A-B|, |A \oplus B|$.

解　由题意知: $|A| = 3, |B| = 6, |A \cup B| = 8$, 根据容斥原理可得 $|A \cap B| = |A|+|B|-|A \cup B| = 1$, 将数字填入文氏图, 如图 3.4 所示.

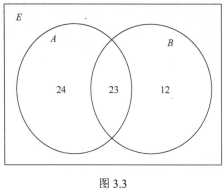　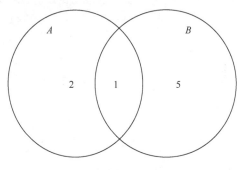

图 3.3　　　　　　　　　　　　　　　　图 3.4

根据文氏图, 不难得出 $|A-B| = 2, |A \oplus B| = 7$.

3.3.2　三个有限集合的计数问题

定理 3.4　设 A_1, A_2, A_3 为三个有限集合, 有
$$|A_1 \cup A_2 \cup A_3| = |A_1|+|A_2|+|A_3|-(|A_1 \cap A_2|+|A_1 \cap A_3|+|A_2 \cap A_3|)+|A_1 \cap A_2 \cap A_3|$$

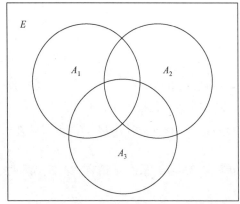

图 3.5

关于定理的证明读者可以根据前述关于两个集合的容斥原理的证明自行完成. 当然也可以通过如图 3.5 的文氏图直观地得到结论.

例 3.11　在 1～300 的整数中(包含 1 和 300 在内)中, 分别求出满足以下条件的整数的个数.

(1)能同时被 3, 5 和 7 整除.

(2)不能被 3 和 5, 也不能被 7 整除.

(3)可以被 3 整除, 但不能被 5 和 7 整除.

(4)可以被 3 或 5 整除, 但不能被 7 整除.

(5)只能被 3, 5 或 7 中的一个数整除.

解 设

$$E = \{1, 2, 3, \cdots, 300\}$$
$$A_1 = \{x|x\in E \wedge x \text{ 能被 3 整除}\}$$
$$A_2 = \{x|x\in E \wedge x \text{ 能被 5 整除}\}$$
$$A_3 = \{x|x\in E \wedge x \text{ 能被 7 整除}\}$$

$\lfloor x \rfloor$ 表示小于或等于 x 的最大整数

则有: $|E| = 300$, $|A_1| = \left\lfloor \dfrac{300}{3} \right\rfloor = 100$, $|A_2| = \left\lfloor \dfrac{300}{5} \right\rfloor = 60$, $|A_3| = \left\lfloor \dfrac{300}{7} \right\rfloor = 42$, $|A_1 \cap A_2| = \left\lfloor \dfrac{300}{3\times 5} \right\rfloor = 20$,

$|A_1 \cap A_3| = \left\lfloor \dfrac{300}{3\times 7} \right\rfloor = 14$, $|A_2 \cap A_3| = \left\lfloor \dfrac{300}{5\times 7} \right\rfloor = 8$, $|A_1 \cap A_2 \cap A_3| = \left\lfloor \dfrac{300}{3\times 5\times 7} \right\rfloor = 2$.

为了方便和直观, 我们把这些数字填入文氏图, 如图 3.6 所示.

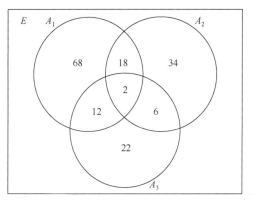

图 3.6

于是根据文氏图得到上述问题解分别为: (1) 2; (2) 138; (3) 68; (4) 120; (5) 124.

3.3.3 n 个有限集合的计数问题

定理 3.5 设 $A_1, A_2, \cdots, A_n$ 为 n 个有限集合, 则

$$|A_1 \cup A_2 \cup \cdots \cup A_n|$$
$$= \sum_{i=1}^{n} |A_i| - \sum_{1\leq i<j\leq n} |A_i \cap A_j| + \sum_{1\leq i<j<k\leq n} |A_i \cap A_j \cap A_k| + \cdots + (-1)^{n-1} |A_1 \cap A_2 \cap \cdots \cap A_n|$$

例 3.12 求 $1\sim 250$ 中不能被 $2, 3, 5$ 和 7 中任何一个数整除的数的个数.

解 设

$$E = \{1, 2, 3, \cdots, 250\}$$
$$A_1 = \{x|x\in E \wedge x \text{ 能被 2 整除}\}$$
$$A_2 = \{x|x\in E \wedge x \text{ 能被 3 整除}\}$$
$$A_3 = \{x|x\in E \wedge x \text{ 能被 5 整除}\}$$

$$A_4 = \{x | x \in E \wedge x \text{ 能被 7 整除}\}$$

$\lfloor x \rfloor$ 表示小于或等于 x 的最大整数

则 $|E| = 250$, $|A_1| = \left\lfloor \dfrac{250}{2} \right\rfloor = 125$, $|A_2| = \left\lfloor \dfrac{250}{3} \right\rfloor = 83$, $|A_3| = \left\lfloor \dfrac{250}{5} \right\rfloor = 50$, $|A_4| = \left\lfloor \dfrac{250}{7} \right\rfloor = 35$,

$|A_1 \cap A_2| = \left\lfloor \dfrac{250}{2 \times 3} \right\rfloor = 41$, $|A_1 \cap A_3| = \left\lfloor \dfrac{250}{2 \times 5} \right\rfloor = 25$, $|A_1 \cap A_4| = \left\lfloor \dfrac{250}{2 \times 7} \right\rfloor = 17$, $|A_2 \cap A_3| = \left\lfloor \dfrac{250}{3 \times 5} \right\rfloor =$

16, $|A_2 \cap A_4| = \left\lfloor \dfrac{250}{3 \times 7} \right\rfloor = 11$, $|A_3 \cap A_4| = \left\lfloor \dfrac{250}{5 \times 7} \right\rfloor = 7$, $|A_1 \cap A_2 \cap A_3| = \left\lfloor \dfrac{250}{2 \times 3 \times 5} \right\rfloor = 8$, $|A_1 \cap A_2 \cap A_4| =$

$\left\lfloor \dfrac{250}{2 \times 3 \times 5} \right\rfloor = 5$, $|A_1 \cap A_3 \cap A_4| = \left\lfloor \dfrac{250}{2 \times 5 \times 7} \right\rfloor = 3$, $|A_2 \cap A_3 \cap A_4| = \left\lfloor \dfrac{250}{3 \times 5 \times 7} \right\rfloor = 2$, $|A_1 \cap A_2 \cap A_3 \cap A_4| =$

$\left\lfloor \dfrac{250}{2 \times 3 \times 5 \times 7} \right\rfloor = 1$.

于是根据容斥原理有

$$|A_1 \cup A_2 \cup A_3 \cup A_4| = |A_1| + |A_2| + |A_3| + |A_4| - (|A_1 \cap A_2| + |A_1 \cap A_3| + |A_1 \cap A_4| + |A_2 \cap A_3| + |A_2 \cap A_4| + |A_3 \cap A_4|)$$
$$+ (|A_1 \cap A_2 \cap A_3| + |A_1 \cap A_2 \cap A_4| + |A_1 \cap A_3 \cap A_4| + |A_2 \cap A_3 \cap A_4|) - |A_1 \cap A_2 \cap A_3 \cap A_4|$$
$$= 193$$

$$|\overline{A_1} \cap \overline{A_2} \cap \overline{A_3} \cap \overline{A_4}| = |\overline{A_1 \cup A_2 \cup A_3 \cup A_4}| = |E| - |A_1 \cup A_2 \cup A_3 \cup A_4| = 250 - 193 = 57$$

即 $1 \sim 250$ 中不能被 $2, 3, 5$ 和 7 中任何一个数整除的数的个数为 57 个.

3.4 计算机表示集合的方法

计算机表示集合的方式多种多样. 其中一种方法是把集合的元素无序地存储起来, 可是如果这么做的话, 若要进行集合的并、交、差、补、对称差等运算会浪费时间, 因为这些运算需要进行大量的元素检索、增加、删除等. 本节介绍一种利用全集元素的一个任意排列存放元素以及集合的表示方法, 这种方法使我们很容易实现集合的存储表示, 并实现集合的基本运算.

设全集 E 有 n 个元素, 首先为 E 的元素任意规定一个顺序, 如 $a_1, a_2, \cdots, a_n$, 于是可以用长度为 n 的位串 $b_1, b_2, \cdots, b_n$ 表示 E 的任意子集 A, 规定: $b_i = \begin{cases} 0, & a_i \notin A \\ 1, & a_i \in A \end{cases}$ $(1 \leqslant i \leqslant n)$.

例 3.13 设 $E = \{1, 2, \cdots, 10\}$, 且 E 中的元素按照从小到大排序, 即 $a_i = i (1 \leqslant i \leqslant 10)$, 要求用位串表示下列集合.

(1) $A = \{x | x \in E \wedge x \text{ 为奇数}\}$.

(2) $B = \{x | x \in E \wedge x \text{ 为偶数}\}$.

(3) $C = \{x | x \in E \wedge 1 \leqslant x \leqslant 5\}$.

解 E 的子集都可以表示为长为 10 的位串.

$A = \{x | x \in E \wedge x \text{ 为奇数}\} = \{1, 3, 5, 7, 9\}$, 表示 A 的位串的第 $1, 3, 5, 7, 9$ 位为 1, 其他位为 0, 即 10 1010 1010.

$B = \{x|x\in E \wedge x \text{ 为偶数}\} = \{2, 4, 6, 8, 10\}$，表示 B 的位串的第 2, 4, 6, 8, 10 位为 1，其他位为 0，即 01 0101 0101.

$C = \{x|x\in E \wedge 1 \leqslant x \leqslant 5\} = \{1, 2, 3, 4, 5\}$，表示 C 的位串的第 1, 2, 3, 4, 5 位为 1，其他位为 0，即 11 1110 0000.

用位串表示集合便于计算集合的补集、并集、交集等运算. 比如要从表示集合的位串计算它的补集的位串，只需要简单地把每个字位取非运算. 要得到两个集合的并集的位串，可以对这两个集合的位串按位或，要得到两个集合的交集的位串，可以对这两个集合的位串按位与等.

例 3.14 设 $E = \{1, 2, \cdots, 8\}$，且 E 中的元素按照从小到大排序，即 $a_i = i(1\leqslant i \leqslant 8)$. 已知集合 A 和 B 对应的位串分别为 1011 0010 和 1000 1110，求 $\overline{A}, A\cup B, A\cap B, A\oplus B$ 的位串表示.

解 $\overline{A}$ 的位串为: 0100 1101.

$A\cup B$ 的位串为: 1011 1110.

$A\cap B$ 的位串为: 1000 0010.

$A\oplus B$ 的位串为: 0011 1100.

对于一个有 n 个元素的集合，其幂集合的元素个数 2^n 个，这是定理 3.2 给出的结论. 我们也可以用集合的位串表示法来进行定理的证明. 先看如下的例子.

例 3.15 给出集合 $\{a, b, c\}$ 的所有子集，并用位串表示法进行表示.

解 对集合 $\{a, b, c\}$，我们约定元素顺序为 a, b, c，表 3.2 给出了 $\{a, b, c\}$ 的所有子集及其位串表示.

表 3.2 $\{a, b, c\}$ 的所有子集及其位串表示

子集	位串表示
$\varnothing$	000
$\{c\}$	001
$\{b\}$	010
$\{a\}$	100
$\{b, c\}$	011
$\{a, c\}$	101
$\{a, b\}$	110
$\{a, b, c\}$	111

显然 $\{a, b, c\}$ 的每一个子集都唯一对应一个 3 位二进制串，即 $\{a, b, c\}$ 的子集个数为 $2^3 = 8$.

一般地，对集合 $\{a_1, a_2, \cdots, a_n\}$ 的每一个子集可以表示成 n 位二进制串 $\{b_1, b_2, \cdots, b_n\}$，表 3.3 列出了子集和位串的对应关系. 此处表格中的二进制表示从高位到低位，即 $b_n, b_{n-1}, \cdots, b_1$，主要是方便将位串按照从小到大的顺序排列.

表 3.3　$\{a_n, a_{n-1}, \cdots, a_1\}$ 的子集及其位串表示

$\{a_n, a_{n-1}, \cdots, a_1\}$ 的子集	位串 $b_n\, b_{n-1} \cdots b_1$	位串的十进制表示
$\varnothing$	$000 \cdots 000$	0
$\{a_1\}$	$000 \cdots 001$	1
$\{a_2\}$	$000 \cdots 010$	2
$\{a_2, a_1\}$	$000 \cdots 011$	3
$\cdots$	$\cdots$	$\cdots$
$\{a_n, a_{n-1}\}$	$110 \cdots 000$	$2^{n-1}+2^{n-2}$
$\cdots$	$\cdots$	$\cdots$
$\{a_n, a_{n-1}, \cdots, a_1\}$	$111 \cdots 111$	2^n-1

集合 $\{a_1, a_2, \cdots, a_n\}$ 的每一个子集都唯一地对应一个 n 位二进制串, 因此 $\{a_1, a_2, \cdots, a_n\}$ 的子集共有 2^n 个, 从而证明了定理 3.2.

习　题　3

1. 用列举法表示下列集合.

(1) 小于 5 的非负整数.

(2) 奇整数集合.

(3) 10 的整倍数的集合.

(4) 小于 20 的素数集合.

(5) $\{x \mid x = 2 \vee x = 5\}$.

(6) $\{x \mid x \in \mathbf{R} \wedge x^2 + x - 6 = 0\}$.

(7) $\{\langle x, y\rangle \mid x, y \in \mathbf{Z} \wedge 0 \leqslant x \leqslant 2 \wedge -1 \leqslant y \leqslant 0\}$.

2. 用描述法表示下列集合.

(1) 10 到 20 之间的偶数集合 (含 10 和 20).

(2) 小于 100 的 12 的正倍数集合.

(3) 十进制数字的集合.

(4) 小于 100 的非负整数集合.

3. 判断下列命题的真值.

(1) $\varnothing \in \varnothing$.

(2) $\varnothing \subseteq \varnothing$.

(3) $\{\varnothing\} \in \{\varnothing, \{\varnothing\}\}$.

(4) $\{\varnothing\} \subseteq \{\varnothing, \{\varnothing\}\}$.

(5) $\varnothing \subseteq \{a, b, c\}$.

(6) $\{a, b\} \in \{a, b, c, \{a, b\}\}$.

(7) $\{a, b\} \subseteq \{a, b, c, \{a, b, c\}\}$.

(8) $\{a, b\} \in \{a, b, \{\{a, b\}\}\}$.

(9) $\{a, b\} \subseteq \{a, b, \{\{a, b\}\}\}$.

4. 写出下列集合的幂集合.

(1) $\{\varnothing\}$.

(2) $\{\{1, 2\}, \{2, 1, 1\}, \{1, 1, 2, 2\}\}$.

(3) $\{1, \{\varnothing\}\}$.

(4) $\{a, \{a\}\}$.

(5) $\{1, 2, 3\}$.

5. 判断以下命题的真假, 并说明理由.

(1) $A - B = A \Leftrightarrow B = \varnothing$.

(2) $A - (B \cup C) = (A - B) \cap (A - C)$.

(3) $A \oplus A = A$.

(4) 如果 $A \cap B = B$, 则 $A = E$.

(5) $A = \{x\} \cup x$, 则 $x \in A$ 且 $x \subseteq A$.

6. 设 $E = \{1, 2, 3, 4, 5\}$, $A = \{1, 4\}$, $B = \{1, 2, 5\}$, $C = \{2, 4\}$, 试写出下列集合.

(1) $A \cap \overline{B}$.

(2) $(A \cap B) \cup \overline{C}$.

(3) $\overline{A \cap B}$.

(4) $\overline{A} \cup \overline{B}$.

(5) $P(A) \cap P(C)$.

(6) $P(A) - P(C)$.

(7) $(A \cup B) \cap (A \cup C)$.

(8) $A - (B \cup C)$.

(9) $A \oplus B \oplus C$.

7. 设 A, B, C 为任意集合, 证明下列恒等式.

(1) $A - B = A \cap \overline{B}$.

(2) $A - (B \cup C) = (A - B) \cap (A - C)$.

(3) $(A - B) - C = (A - C) - B$.

8. 设 A, B, C 为任意集合, 写出下列等式成立的所有条件.

(1) $A \cap B = A$.

(2) $A \cup B = A$.

(3) $A - B = A$.

(4) $A - B = B$.

(5) $A - B = B - A$.

(6) $A - B = \varnothing$.

9. 一个班里有 50 名学生, 在第一次考试中有 26 人得 "优", 第二次考试中有 21 人得 "优". 如果两次考试中没有得 "优" 的人有 17 人, 那么有多少个学生在两次考试中都得到 "优"?

10. 在 1～1000000 的整数中(包含 1 和 1000000 在内)，有多少个数既不是完全平方数，又不是完全立方数？

11. 在 1～1000 的整数中(包含 1 和 1000 在内)中，分别求出满足以下条件的整数的个数.

(1)能同时被 5, 6 和 8 整除.

(2)不能被 5 和 6，也不能被 8 整除.

(3)可以被 5 整除，但不能被 6 或 8 整除.

(4)可以被 5 或 6 整除，但不能被 8 整除.

(5)只能被 5, 6 或 8 中的一个数整除.

12. 对 60 个学生参加课外活动的情况进行调查. 结果发现, 25 人参加物理小组, 26 人参加化学小组, 26 人参加生物小组. 9 人既参加物理小组又参加生物小组, 11 人既参加物理小组又参加化学小组, 8 人既参加化学小组又参加生物小组. 8 人什么小组也没参加. 回答下列问题:

(1)同时参加了物理、化学和生物小组的学生人数.

(2)只参加了物理、化学或生物小组中的一个小组的学生人数.

(3)同时参加了物理和化学小组，但没有参加生物小组的学生人数.

拓展练习 3

1. 设集合 $A = \{a, b, c\}$，试编程求出 A 的所有子集，并输出.

2. 设集合 $E = \{1, 2, 3, 4, 5\}$，$A = \{1, 4\}$，$B = \{1, 2, 5\}$，$C = \{2, 4\}$，试编程求出下列集合:

(1) $A \cap \bar{B}$.

(2) $(A \cap B) \cup \bar{C}$.

(3) $\overline{A \cap B}$.

(4) $\bar{A} \cup \bar{B}$.

(5) $P(A) \cap P(C)$.

(6) $P(A) - P(C)$.

3. 设集合 $A = \{2, 3, 4\}$，$B = \{1, 2\}$，$C = \{4, 5, 6\}$，试编程证明: $(A-B)-C = A-(B \cup C)$.

4. 在 1 到 300 的整数中，有多少个能被 3、5 和 7 同时整除？有多少个数能被 3 整除，但不能被 5 和 7 整除？试编程实现求解过程，并输出结果.

5. 有一个班的 75 个孩子到公园去玩，他们可以玩旋转木马、坐滑梯，还可以乘坐转盘三种项目. 已知有 20 个孩子这三种都玩了，有 55 个孩子玩了至少两种. 玩这三种项目中的任何一种的费用都是 5 元，全班的娱乐项目支出为 700 元. 问没有玩过任何一种项目的孩子有多少？

第4章 关 系

第3章讨论了集合和集合的运算,本章我们要研究集合内元素之间的关系以及集合间元素的关系,这就是关系.关系的理论历史悠久.关系是日常生活以及数学中的一个基本概念,例如,兄弟关系、师生关系、位置关系、大小关系、等于关系、包含关系等.关系与集合论、数理逻辑、组合学、图论和布尔代数都有密切的联系,另外,关系理论还广泛用于计算机科学技术,如计算机程序的输入、输出关系;数据库的数据特性关系;数据结构本身就是一个关系,等等.在某种意义下,关系是有联系的一些对象相互之间的各种比较行为.

本章将主要探讨二元关系的基本理论及其应用.

4.1 关系的概念

4.1.1 有序对

定义 4.1 由两个元素 x 和 y(允许 $x=y$)按序组成的序列,称为有序对(或序偶、二元组),记作 $\langle x, y \rangle$.其中 x 是它的第 1 元素, y 是它的第 2 元素.

在日常生活中,很多事物都是成对出现的,而且这种成对出现的事物,具有一定的次序.例如前后、左右、东西、年月、平面上点 A 的横坐标是 x,纵坐标是 y、成都是四川的省会等都是有序对,可用符号表示为 $\langle$ 前,后 $\rangle$、$\langle$ 左,右 $\rangle$、$\langle$ 东,西 $\rangle$、$\langle x, y \rangle$、$\langle$ 成都,四川 $\rangle$ 等.

有序对可以表示现实世界中这种成对出现而且有一定顺序的事物.

一般地,有序对 $\langle x, y \rangle$ 具有以下性质:

(1)当 $x \neq y$ 时,$\langle x, y \rangle \neq \langle y, x \rangle$.

(2)$\langle x, y \rangle = \langle u, v \rangle$ 的充分必要条件是 $x = u$ 且 $y = v$.

这些性质是二元集合 $\{x, y\}$ 所不具备的.例如,当 $x \neq y$ 时有 $\{x, y\} = \{y, x\}$.原因在于有序对中的元素是有序的,而集合中的元素是无序的.

例 4.1 已知 $\langle x+2, 4 \rangle = \langle 5, 2x+y \rangle$,求 x 和 y.

解 由有序对相等的充要条件为

$$\begin{cases} x + 2 = 5 \\ 2x + y = 4 \end{cases}$$

解得 $x = 3, y = -2$.

可以把有序对(二元组)的概念加以推广,定义 n 重序元(n 元组).

定义 4.2 n 个元素 $x_1, x_2, \cdots, x_n$ 组成的有序序列称为 n 重序元(或 n 元组),记作 $\langle x_1, x_2, \cdots, x_n \rangle$.其中 x_i 是它的第 i 个元素($1 \leqslant i \leqslant n$).

约定: $\langle x_1, x_2, \cdots, x_{n-1}, x_n \rangle = \langle \langle x_1, x_2, \cdots, x_{n-1} \rangle, x_n \rangle$.

一般地 $\langle x_1, x_2, \cdots, x_n \rangle = \langle y_1, y_2, \cdots, y_n \rangle$ 的充要条件是 $x_i = y_i (i = 1, 2, \cdots, n)$.

4.1.2　笛卡儿积

定义 4.3　设 A, B 是两个集合, 所有以 A 中元素为第 1 元素, B 中元素为第 2 元素构成有序对组成的集合, 称为 A 和 B 的笛卡儿积, 记作 $A \times B$.

可形式化地表示为 $A \times B = \{\langle x, y \rangle | x \in A \wedge y \in B\}$.

从定义不难看出, 集合 A 和 B 的笛卡儿积也是一个集合, 这个集合的元素是第 1 元素和第 2 元素分别来自 A 和 B 的有序对.

例 4.2　已知设 $A = \{a, b\}$, $B = \{1, 2, 3\}$, $C = \{p, q\}$, 求 $A \times B$, $B \times A$, $A \times A$, $A \times \varnothing$, $(A \times B) \times C$, $A \times (B \times C)$.

解　$A \times B = \{\langle a, 1 \rangle, \langle a, 2 \rangle, \langle a, 3 \rangle, \langle b, 1 \rangle, \langle b, 2 \rangle, \langle b, 3 \rangle\}$;

$B \times A = \{\langle 1, a \rangle, \langle 1, b \rangle, \langle 2, a \rangle, \langle 2, b \rangle, \langle 3, a \rangle, \langle 3, b \rangle\}$;

$A \times A = \{\langle a, a \rangle, \langle a, b \rangle, \langle b, a \rangle, \langle b, b \rangle\}$;

$A \times \varnothing = \varnothing$;

$(A \times B) \times C = \{\langle \langle a, 1 \rangle, p \rangle, \langle \langle a, 1 \rangle, q \rangle, \langle \langle a, 2 \rangle, p \rangle, \langle \langle a, 2 \rangle, q \rangle,$
$\qquad\qquad \langle \langle a, 3 \rangle, p \rangle, \langle \langle a, 3 \rangle, q \rangle, \langle \langle b, 1 \rangle, p \rangle, \langle \langle b, 1 \rangle, q \rangle,$
$\qquad\qquad \langle \langle b, 2 \rangle, p \rangle, \langle \langle b, 2 \rangle, q \rangle, \langle \langle b, 3 \rangle, p \rangle, \langle \langle b, 3 \rangle, q \rangle\}$;

$A \times (B \times C) = \{\langle a, \langle 1, p \rangle \rangle, \langle a, \langle 1, q \rangle \rangle, \langle a, \langle 2, p \rangle \rangle, \langle a, \langle 2, q \rangle \rangle,$
$\qquad\qquad \langle a, \langle 3, p \rangle \rangle, \langle a, \langle 3, q \rangle \rangle, \langle b, \langle 1, p \rangle \rangle, \langle b, \langle 1, q \rangle \rangle,$
$\qquad\qquad \langle b, \langle 2, p \rangle \rangle, \langle b, \langle 2, q \rangle \rangle, \langle b, \langle 3, p \rangle \rangle, \langle b, \langle 3, q \rangle \rangle\}$;

从例 4.2 不难看出笛卡儿积的如下性质:

(1) 不适合交换律 $A \times B \neq B \times A$ (当 $A \neq B, A \neq \varnothing, B \neq \varnothing$).

(2) 不适合结合律 $(A \times B) \times C \neq A \times (B \times C)$ (当 $A \neq \varnothing, B \neq \varnothing, C \neq \varnothing$).

(3) 若 A 或 B 中有一个为 $\varnothing$, 则 $A \times B = \varnothing$, 即: $A \times \varnothing = \varnothing \times B = \varnothing$.

(4) 若 $|A| = m$, $|B| = n$, 则 $|A \times B| = mn$.

定理 4.1　设 A, B, C 是任意集合, 则有:

(1) $A \times (B \cup C) = (A \times B) \cup (A \times C)$.

(2) $A \times (B \cap C) = (A \times B) \cap (A \times C)$.

(3) $(A \cup B) \times C = (A \times C) \cup (B \times C)$.

(4) $(A \cap B) \times C = (A \times C) \cap (B \times C)$.

下面证明 (1) 和 (4), 其余的留作练习.

证明　(1) 任取 $\langle x, y \rangle$

$$\langle x, y \rangle \in A \times (B \cup C)$$
$$\Leftrightarrow x \in A \wedge y \in B \cup C$$
$$\Leftrightarrow x \in A \wedge (y \in B \vee y \in C)$$

$$\Leftrightarrow (x \in A \wedge y \in B) \vee (x \in A \wedge y \in C)$$
$$\Leftrightarrow (\langle x, y \rangle \in A \times B) \vee (\langle x, y \rangle \in A \times C)$$
$$\Leftrightarrow \langle x, y \rangle \in (A \times B) \cup (A \times C)$$

所以, $A \times (B \cup C) = (A \times B) \cup (A \times C)$ 成立.

(4) 任取 $\langle x, y \rangle$

$$\langle x, y \rangle \in (A \cap B) \times C$$
$$\Leftrightarrow x \in (A \cap B) \wedge y \in C$$
$$\Leftrightarrow x \in A \wedge x \in B \wedge y \in C$$
$$\Leftrightarrow (x \in A \wedge y \in C) \wedge (x \in B \wedge y \in C)$$
$$\Leftrightarrow (\langle x, y \rangle \in A \times C) \wedge (\langle x, y \rangle \in B \times C)$$
$$\Leftrightarrow \langle x, y \rangle \in (A \times C) \cap (B \times C)$$

所以, $(A \cap B) \times C = (A \times C) \cap (B \times C)$ 成立.

可以将两个集合的笛卡儿积推广到 n 个集合的笛卡儿积.

定义 4.4 设 $A_1, A_2, \cdots, A_n$ 为集合, 以 A_i 中的元素为第 i 个元素 $(i = 1, 2, \cdots, n)$ 的所有 n 元组构成的集合, 称为 $A_1, A_2, \cdots, A_n$ 的笛卡儿积, 记作 $A_1 \times A_2 \times \cdots \times A_n$.

可形式化地表示为 $A_1 \times A_2 \times \cdots \times A_n = \{\langle x_1, x_2, \cdots, x_n \rangle | x_i \in A_i, i = 1, 2, \cdots, n\}$.

一般地, 约定 $A_1 \times A_2 \times \cdots \times A_n = (A_1 \times A_2 \times \cdots \times A_{n-1}) \times A_n$, 特别地, 若 $A_1 = A_2 = \cdots = A_n = A$, 则 $A_1 \times A_2 \times \cdots \times A_n$ 可以记作 A^n.

4.1.3 关系的定义

在日常生活中, 有许多特定的关系. 如父子关系、母女关系、兄弟关系、同学关系、师生关系, 数学上两个数之间的"大于""小于""等于"关系, 两个变量之间的函数关系, 平面几何中圆的面积和半径之间的关系, 主函数和子函数的调用关系等, 这些关系都反映了两个对象之间的关系, 同样也可以给出三个对象或多个对象之间的关系. 如父亲、母亲和孩子之间的关系, 就是三个对象之间的关系.

定义 4.5 设 A, B 是两个集合, $A \times B$ 的任意子集都称为 A 到 B 的二元关系.

设 R 是 A 到 B 的一个二元关系, 若 $\langle x, y \rangle \in R$, 记作 xRy; 如果 $\langle x, y \rangle \notin R$, 记作 $x \not R y$.

例 4.3 设 $A = \{a, b\}, B = \{c, d\}$, 试写出从 A 到 B 的所有关系.

解 因为 $A = \{a, b\}, B = \{c, d\}$, 所以 $A \times B = \{\langle a, c \rangle, \langle a, d \rangle, \langle b, c \rangle, \langle b, d \rangle\}$. 于是 $A \times B$ 的所有不同子集为

0 元子集: $\varnothing$;

1 元子集: $\{\langle a, c \rangle\}, \{\langle a, d \rangle\}, \{\langle b, c \rangle\}, \{\langle b, d \rangle\}$;

2 元子集: $\{\langle a, c \rangle, \langle a, d \rangle\}, \{\langle a, c \rangle, \langle b, c \rangle\}, \{\langle a, c \rangle, \langle b, d \rangle\}, \{\langle a, d \rangle, \langle b, c \rangle\}, \{\langle a, d \rangle, \langle b, d \rangle\},$
$\{\langle b, c \rangle, \langle b, d \rangle\}$;

3 元子集: $\{\langle a, c \rangle, \langle a, d \rangle, \langle b, c \rangle\}, \{\langle a, c \rangle, \langle a, d \rangle, \langle b, d \rangle\}, \{\langle a, c \rangle, \langle b, c \rangle, \langle b, d \rangle\}, \{\langle a, d \rangle,$
$\langle b, c \rangle, \langle b, d \rangle\}$;

4 元子集: $\{\langle a, c \rangle, \langle a, d \rangle, \langle b, c \rangle, \langle b, d \rangle\},$

即 A 到 B 共有 16 个不同的关系.

一般地, 集合 A 到 B 的二元关系的数目取决于 A 和 B 的元素个数, 如果 $|A| = m$, $|B| = n$, 那么 $|A \times B| = mn$, $A \times B$ 的子集就有 2^{mn} 个, 每个子集代表 A 到 B 上的一个二元关系, 所以 A 到 B 共有 2^{mn} 个二元关系. 其中 $\varnothing$ 称为 A 到 B 的空关系, $A \times B$ 称为 A 到 B 的全关系.

例如, $A = \{a, b\}$, $B = \{1, 2, 3\}$, A 到 B 的二元关系共有 $2^{2 \times 3} = 2^6 = 64$ 个. 如 $R_1 = \{\langle a, 2 \rangle\}$, $R_2 = A \times B$, $R_3 = \{\langle b, 3 \rangle\}$, $R_4 = \varnothing$ 等都是从 A 到 B 的二元关系, 其中 R_2 为 A 到 B 的全关系, R_4 为 A 到 B 的空关系.

定义 4.6　设 A 是集合, $A \times A$ 的任意子集称为 A 上的二元关系.

一般地, 集合 A 上的二元关系的数目取决于 A 的元素个数. 如果 $|A| = n$, $|A \times A| = n^2$, $A \times A$ 的子集就有 2^{n^2} 个. 每一个子集代表一个 A 上的二元关系, 所以 A 上有 2^{n^2} 个不同的二元关系. 其中: $\varnothing$ 称为 A 上的空关系. $A \times A$ 称为 A 上的全关系, 记作 E_A. $\{\langle x, x \rangle | x \in A\}$ 称为 A 上的相等关系(或恒等关系), 记作 I_A.

例如, $A = \{a, b, c\}$, A 上的二元关系共有 $2^{3^2} = 2^9 = 512$ 个. 如 $R_1 = \{\langle a, a \rangle\}$, $R_2 = A \times A$, $R_3 = \{\langle a, a \rangle, \langle b, b \rangle, \langle c, c \rangle\}$, $R_4 = \varnothing$ 等都是从 A 上的二元关系, 其中 R_2 为 A 上的全关系 E_A, R_3 为 A 上的相等关系 I_A, R_4 为 A 上的空关系.

定义 4.7　设 $A_1, A_2, \cdots, A_n$ 为集合, $A_1 \times A_2 \times \cdots \times A_n$ 的任意子集称为 $A_1, A_2, \cdots, A_n$ 间的一个 n 元关系. 特别地, 若 $A_1 = A_2 = \cdots = A_n = A$, 则 $A_1 \times A_2 \times \cdots \times A_n$ 的任意子集称为 A 上的一个 n 元关系.

由于 n 元组可以看作特殊的二元组, 所以 n 元关系也可以看作是特殊的二元关系. 今后如果不加说明, 在使用 "关系" 术语时, 指的都是二元关系.

4.2　关系的表示、性质及运算

4.2.1　关系的表示方法

关系是以有序对为元素的集合, 因此可以用列举法和描述法表示关系. 除此之外, 还可以用矩阵或图表示关系. 用矩阵表示关系, 给在计算机中表示关系提供了一种有效的方法. 用图表示关系则具有一定的直观和简便的特点. 我们把用矩阵和图表示关系分别称为关系矩阵和关系图.

1. 关系矩阵

定义 4.8　设 $A = \{a_1, a_2, \cdots, a_m\}$, $B = \{b_1, b_2, \cdots, b_n\}$, R 是 A 到 B 的关系, R 的关系矩阵 $M_R = [r_{ij}]_{m \times n}$, 其中:

$$r_{ij} = \begin{cases} 0, & \langle a_i, b_j \rangle \notin R \\ 1, & \langle a_i, b_j \rangle \in R \end{cases} \quad (1 \leqslant i \leqslant m, 1 \leqslant j \leqslant n)$$

例 4.4　设 $A = \{a, b, c\}$, $B = \{0, 1, 2, 3\}$, $R = \{\langle a, 1 \rangle, \langle b, 2 \rangle, \langle c, 0 \rangle\}$, 写出 M_R.

解 R 的关系矩阵为 $\boldsymbol{M}_R = \begin{bmatrix} 0 & 1 & 0 & 0 \\ 0 & 0 & 1 & 0 \\ 1 & 0 & 0 & 0 \end{bmatrix}$.

例 4.5 设 $A = \{1, 2, 3, 4\}$，A 上的关系 $R = \{\langle x, y\rangle | x, y \in A \wedge x \geqslant y\}$，写出 $\boldsymbol{M}_R$.

解 R 的关系矩阵为 $\boldsymbol{M}_R = \begin{bmatrix} 1 & 0 & 0 & 0 \\ 1 & 1 & 0 & 0 \\ 1 & 1 & 1 & 0 \\ 1 & 1 & 1 & 1 \end{bmatrix}$.

应该注意，关系矩阵是给出集合中元素的排列顺序后得到的，如果元素的排列顺序不同，所得的关系矩阵也是不同的，但所表示的关系是相同的. 为了避免混淆，读者在写关系矩阵时，可以将集合中的元素顺序在矩阵的行头和列头中列出来，由此可以更为清晰地判别元素之间是否有关系.

当给定关系 R 后，可以写出关系矩阵 $\boldsymbol{M}_R$，反过来，给定 R 的关系矩阵 $\boldsymbol{M}_R$ 后，也可以求出关系 R 来. 利用关系矩阵 $\boldsymbol{M}_R$ 的某些特征，还可以确定关系 R 的某些性质，后面将会讨论.

2. 关系图

定义 4.9 设 $A = \{a_1, a_2, \cdots, a_m\}$，$B = \{b_1, b_2, \cdots, b_n\}$，$R$ 是 A 到 B 的关系，按照如下步骤绘制一个平面图：

(1) 在平面上作出 m 个点，分别记作 $a_1, a_2, \cdots, a_m$.

(2) 再在平面上作出 n 个点，分别记作 $b_1, b_2, \cdots, b_n$.

(3) 如果 $\langle a_i, b_j\rangle \in R$，则自顶点 a_i 到顶点 b_j 作出一条有向边，其箭头从顶点 a_i 指向顶点 b_j，如果 $\langle a_i, b_j\rangle \notin R$，则顶点 a_i 到 b_j 没有连线.

用这种方法得到的图称为 R 的关系图，记作 G_R.

对于集合 A 上的关系 R，可以只画出 A 中的元素为顶点即可.

例 4.6 画出例 4.4 中关系 R 的关系图 G_R.

解 R 的关系图 G_R 如图 4.1 所示.

例 4.7 设 $A = \{1, 2, 3, 4\}$，$R = \{\langle 1, 1\rangle, \langle 1, 2\rangle, \langle 2, 3\rangle, \langle 2, 4\rangle, \langle 4, 2\rangle\}$，画出 R 的关系图 G_R.

解 R 的关系图 G_R 如图 4.2 所示.

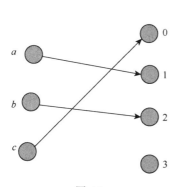

图 4.1

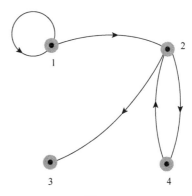

图 4.2

4.2.2　关系的性质

设 R 是 A 上的关系, R 的性质主要有以下 5 种.

1. 自反性和反自反性

定义 4.10　(1) 若 $\forall x(x \in A \rightarrow \langle x, x \rangle \in R)$, 则称 R 在 A 上是自反的.

(2) 若 $\forall x(x \in A \rightarrow \langle x, x \rangle \notin R)$, 则称 R 在 A 上是反自反的.

例 4.8　设 $A = \{1, 2, 3\}$, R_1, R_2, R_3 是 A 上的关系, 其中:

$$R_1 = \{\langle 1, 1 \rangle, \langle 2, 2 \rangle\}$$
$$R_2 = \{\langle 1, 1 \rangle, \langle 2, 2 \rangle, \langle 3, 3 \rangle, \langle 1, 2 \rangle\}$$
$$R_3 = \{\langle 1, 3 \rangle\}$$

说明 R_1, R_2 和 R_3 是否为 A 上的自反关系和反自反关系.

解　R_1 既不是自反的也不是反自反的, R_2 是自反的, R_3 是反自反的.

2. 对称性和反对称性

定义 4.11　(1) 若 $\forall x \forall y(x, y \in A \wedge \langle x, y \rangle \in R \rightarrow \langle y, x \rangle \in R)$, 则称 R 为 A 上的对称关系.

(2) 若 $\forall x \forall y(x, y \in A \wedge \langle x, y \rangle \in R \wedge \langle y, x \rangle \in R \rightarrow x = y)$ 或者 $\forall x \forall y(x, y \in A \wedge \langle x, y \rangle \in R \wedge x \neq y \rightarrow \langle y, x \rangle \notin R)$, 则称 R 为 A 上的反对称关系.

例 4.9　设 $A = \{1, 2, 3\}$, R_1, R_2, R_3 和 R_4 都是 A 上的关系, 其中:

$$R_1 = \{\langle 1, 1 \rangle, \langle 2, 2 \rangle\}$$
$$R_2 = \{\langle 1, 1 \rangle, \langle 1, 2 \rangle, \langle 2, 1 \rangle\}$$
$$R_3 = \{\langle 1, 2 \rangle, \langle 1, 3 \rangle\}$$
$$R_4 = \{\langle 1, 2 \rangle, \langle 2, 1 \rangle, \langle 1, 3 \rangle\}$$

说明 R_1, R_2, R_3 和 R_4 是否为 A 上的对称和反对称的关系.

解　R_1 既是对称也是反对称的, R_2 是对称的但不是反对称的, R_3 是反对称的但不是对称的, R_4 既不是对称的也不是反对称的.

3. 传递性

定义 4.12　若 $\forall x \forall y \forall z(x, y, z \in A \wedge \langle x, y \rangle \in R \wedge \langle y, z \rangle \in R \rightarrow \langle x, z \rangle \in R)$, 则称 R 是 A 上的传递关系.

例 4.10　设 $A = \{1, 2, 3\}$, R_1, R_2, R_3 是 A 上的关系, 其中:

$$R_1 = \{\langle 1, 1 \rangle, \langle 2, 2 \rangle\}$$
$$R_2 = \{\langle 1, 2 \rangle, \langle 2, 3 \rangle\}$$
$$R_3 = \{\langle 1, 3 \rangle\}$$

说明 R_1, R_2 和 R_3 是否为 A 上的传递关系.

解　R_1 和 R_3 是 A 上的传递关系, R_2 不是 A 上的传递关系.

关系的性质不仅反映在它的集合表达式上, 也明显地反映在关系矩阵和关系图上.

表 4.1 列出了关系的性质在关系的三种表示形式——集合表达式、关系矩阵、关系图中的特点.

表 4.1

	自反性	反自反性	对称性	反对称性	传递性
集合表达式	$I_A \subseteq R$	$I_A \cap R = \varnothing$	$R = R^{-1}$	$R \cap R^{-1} \subseteq I_A$	$R \circ R \subseteq R$
关系矩阵	主对角线元素全为1	主对角线元素全为0	对称矩阵	如 $r_{ij} = 1$, 且 $i \neq j$, 则 $r_{ji} = 1$	M^2 中 1 所在的位置对应 M 中也为 1
关系图	每个顶点都有环	每个顶点都没有环	如果两个顶点之间有边, 一定是一对方向相反的边	如果两个顶点之间有边, 一定是一条单向边	如果 x 到 y 有一条长度大于 1 的路径的话, 则 x 到 y 也有边

关于通过集合表达式进行关系性质的判断中, 涉及了关系的一些运算, 我们将在 4.2.3 节进行介绍, 读者可以先自己分析, 然后在后面的学习中进一步理解和体会.

4.2.3 关系的运算

关系是有序对的集合, 所以可以对关系进行各种集合运算, 运算的结果仍然是有序对的集合, 它定义了一个新的关系.

1. 关系的并、交、差、补运算

定义 4.13 若 R 和 S 为集合 A 到 B 的关系, 则 $R \cup S, R \cap S, R-S, \overline{R}$ 也是 A 到 B 的关系, 分别称为并关系、交关系、差关系和补关系, 且

$$\langle x, y \rangle \in R \cup S \Leftrightarrow \langle x, y \rangle \in R \vee \langle x, y \rangle \in S$$
$$\langle x, y \rangle \in R \cap S \Leftrightarrow \langle x, y \rangle \in R \wedge \langle x, y \rangle \in S$$
$$\langle x, y \rangle \in R-S \Leftrightarrow \langle x, y \rangle \in R \wedge \langle x, y \rangle \notin S$$
$$\langle x, y \rangle \in \overline{R} \Leftrightarrow \langle x, y \rangle \notin R$$

应注意关系的补运算是相对于全关系的补, 即 $\overline{R} = A \times B - R$.

关系不仅可以进行一般的集合运算, 而且作为有序对的集合还具有其他运算, 下面分别进行讨论.

2. 关系的定义域、值域、域和关系的逆运算

定义 4.14 若 R 是二元关系

(1) R 中所有的有序对的第 1 元素构成的集合称为 R 的定义域, 记为 dom$R$. 形式化表示为 dom$R = \{x | \exists y (\langle x, y \rangle \in R)\}$.

(2) R 中所有有序对的第 2 元素构成的集合称为 R 的值域, 记作 ran$R$. 形式化表示为 ran$R = \{y | \exists x (\langle x, y \rangle \in R)\}$.

(3) R 的定义域和值域的并集称为 R 的域, 记作 fld$R$. 形式化表示为 fld$R = domR \cup ranR$.

(4) R 的逆关系, 简称 R 的逆, 记作 R^{-1}, 其中 $R^{-1} = \{\langle x, y \rangle | \langle y, x \rangle \in R\}$.

例 4.11 设 $R = \{\langle a, 1 \rangle, \langle b, 2 \rangle, \langle c, 0 \rangle\}$, 求 dom$R$, ran$R$, fld$R$, R^{-1}.

解　　　　　　　　　　　　$\mathrm{dom}R = \{a, b, c\}$
　　　　　　　　　　　　　$\mathrm{ran}R = \{0, 1, 2\}$
　　　　　　　　　　　　　$\mathrm{fld}R = \{a, b, c, 0, 1, 2\}$
　　　　　　　　　　　　　$R^{-1} = \{\langle 1, a\rangle, \langle 2, b\rangle, \langle 0, c\rangle\}$

定理 4.2　设 R 是任意的关系，则：

(1) $(R^{-1})^{-1} = R$.

(2) $\mathrm{dom}R^{-1} = \mathrm{ran}R,\ \mathrm{ran}R^{-1} = \mathrm{dom}R$.

证明　(1) 任取 $\langle x, y\rangle$，由逆的定义有

$$\langle x, y\rangle \in (R^{-1})^{-1} \Leftrightarrow \langle y, x\rangle \in R^{-1} \Leftrightarrow \langle x, y\rangle \in R.$$

所以有 $(R^{-1})^{-1} = R$.

(2) 任取 x，$x \in \mathrm{dom}R^{-1} \Leftrightarrow \exists y(\langle x, y\rangle \in R^{-1}) \Leftrightarrow \exists y(\langle y, x\rangle \in R) \Leftrightarrow x \in \mathrm{ran}R$，所以有 $\mathrm{dom}R^{-1} = \mathrm{ran}R$.

同理可证 $\mathrm{ran}R^{-1} = \mathrm{dom}R$.

3. 关系的复合运算和关系的幂运算

定义 4.15　设 R, S 是任意的关系，则 $R \circ S$ 为 R 和 S 的复合关系，定义为

$$R \circ S = \{\langle x, y\rangle \mid \exists t(\langle x, t\rangle \in R \wedge \langle t, y\rangle \in S)\}.$$

例 4.12　设 $A = \{1, 2\}$，$B = \{a, b, c\}$，$C = \{p, q\}$. R 是 A 到 B 的关系，S 是 B 到 C 的关系，且 $R = \{\langle 1, a\rangle, \langle 1, b\rangle, \langle 2, c\rangle\}$，$S = \{\langle a, p\rangle, \langle b, p\rangle, \langle c, q\rangle\}$. 试求关系 R 和 S 的复合关系 $R \circ S$.

解　**方法 1**　根据复合关系的定义

对于 $x \in A, y \in C$，只要找到 $t \in B$ 使 $\langle x, t\rangle \in R$ 且 $\langle t, y\rangle \in S$，则 $\langle x, y\rangle \in R \circ S$，所以不难得到 $R \circ S = \{\langle 1, p\rangle, \langle 2, q\rangle\}$.

方法 2　图解法

首先画出关系 R, S 的关系图，然后检查对任意 A 中的元素 x 和 C 中的元素 y，检查是否有一条从 x 到 y 的路径（即是否存在 B 中的元素 t，使得 x 经过 t 达到 y），如果该路径存在，则在 $R \circ S$ 的关系图从 x 到 y 画一条边，如图 4.3 所示.

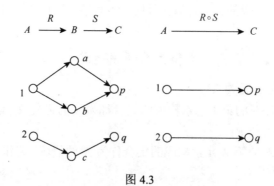

图 4.3

除了采用上述方法求解 $R \circ S$，还可以根据 R 和 S 的关系矩阵求解 $R \circ S$.

一般地，设 $A = \{a_1, a_2, \cdots, a_m\}$，$B = \{b_1, b_2, \cdots, b_p\}$，$C = \{c_1, c_2, \cdots, c_n\}$. R 是 A 到 B 的关系，

其关系矩阵为 $\boldsymbol{M}_R = (r_{ik})_{m \times p}$, S 是 B 到 C 的关系, 其关系矩阵为 $\boldsymbol{M}_S = (s_{kj})_{p \times n}$, 则 $R \circ S$ 是 A 到 C 的关系, 其关系矩阵 $\boldsymbol{M}_{R \circ S} = (t_{ij})_{m \times n}$, 其中:

$$t_{ij} = \bigvee_{k=1}^{p} (r_{ik} \wedge s_{kj}) \quad (1 \leqslant i \leqslant m, 1 \leqslant j \leqslant n)$$

方法 3 根据 R 和 S 的关系矩阵的乘法求解 $R \circ S$ 的关系矩阵

R 和 S 的关系矩阵为 $\boldsymbol{M}_R = \begin{bmatrix} 1 & 1 & 0 \\ 0 & 0 & 1 \end{bmatrix}, \boldsymbol{M}_S = \begin{bmatrix} 1 & 0 \\ 1 & 0 \\ 0 & 1 \end{bmatrix}$.

利用矩阵的乘法, 可以得到 $\boldsymbol{M}_{R \circ S} = \begin{bmatrix} 1 & 0 \\ 0 & 1 \end{bmatrix}$.

两个关系的复合关系仍然是一个关系, 因此又可以和其他关系进行复合运算, 也可以求复合关系的逆关系, 下面的定理说明了复合运算的一些性质.

定理 4.3 设 F, G, H 是任意的关系, 则:

(1) $(F \circ G) \circ H = F \circ (G \circ H)$.

(2) $(F \circ G)^{-1} = G^{-1} \circ F^{-1}$.

证明 (1) 任取 $\langle x, y \rangle$,

$$\langle x, y \rangle \in (F \circ G) \circ H$$
$$\Leftrightarrow \exists t (\langle x, t \rangle \in (F \circ G) \wedge \langle t, y \rangle \in H)$$
$$\Leftrightarrow \exists t (\exists s (\langle x, s \rangle \in F \wedge \langle s, t \rangle \in G) \wedge \langle t, y \rangle \in H)$$
$$\Leftrightarrow \exists s \exists t (\langle x, s \rangle \in F \wedge \langle s, t \rangle \in G \wedge \langle t, y \rangle \in H)$$
$$\Leftrightarrow \exists s (\langle x, s \rangle \in F \wedge \exists t (\langle s, t \rangle \in G \wedge \langle t, y \rangle \in H))$$
$$\Leftrightarrow \exists s (\langle x, s \rangle \in F \wedge \langle s, y \rangle \in G \circ H)$$
$$\Leftrightarrow \langle x, y \rangle \in F \circ (G \circ H)$$

故 $(F \circ G) \circ H = F \circ (G \circ H)$.

(2) 任取 $\langle x, y \rangle$,

$$\langle x, y \rangle \in (F \circ G)^{-1}$$
$$\Leftrightarrow \langle y, x \rangle \in (F \circ G)$$
$$\Leftrightarrow \exists t (\langle y, t \rangle \in F \wedge \langle t, x \rangle \in G)$$
$$\Leftrightarrow \exists t (\langle t, y \rangle \in F^{-1} \wedge \langle x, t \rangle \in G^{-1})$$
$$\Leftrightarrow \exists t (\langle x, t \rangle \in G^{-1} \wedge \langle t, y \rangle \in F^{-1})$$
$$\Leftrightarrow \langle x, y \rangle \in G^{-1} \circ F^{-1}$$

故 $(F \circ G)^{-1} = G^{-1} \circ F^{-1}$.

当 R 是集合 A 上的关系时, 不难得到 $R \circ I_A = I_A \circ R = R$. 读者可以自行验证. 另外, R 还能和自身任意次复合得出在集合 A 上的一个新的关系, 其归纳定义如下.

定义 4.16 设 R 是集合 A 上的关系, $n \in \mathbf{N}$, 则 R 的 n 次幂 R^n 定义如下:

(1) $R^0 = I_A$ (即 R^0 是集合 A 上的相等关系).

(2) $R^{n+1} = R^n \circ R$.

例 4.13 设 $A = \{a, b, c, d\}$, R 是 A 上的关系, $R = \{\langle a, b \rangle, \langle b, a \rangle, \langle b, c \rangle, \langle c, d \rangle\}$, 求 $R^n (n \in \mathbf{N})$.

解　方法 1　根据关系的集合表示, 利用关系幂的定义, 不难得到

$$R^0 = \{\langle a, a\rangle, \langle b, b\rangle, \langle c, c\rangle, \langle d, d\rangle\}$$
$$R^1 = \{\langle a, b\rangle, \langle b, a\rangle, \langle b, c\rangle, \langle c, d\rangle\}$$
$$R^2 = \{\langle a, a\rangle, \langle a, c\rangle, \langle b, b\rangle, \langle b, d\rangle\}$$
$$R^3 = \{\langle a, b\rangle, \langle a, d\rangle, \langle b, a\rangle, \langle b, c\rangle\}$$
$$R^4 = \{\langle a, a\rangle, \langle a, c\rangle, \langle b, b\rangle, \langle b, d\rangle\}$$
$$R^2 = R^4 = R^6 = \cdots$$
$$R^3 = R^5 = R^7 = \cdots$$

至此求得了 R 的各次幂.

方法 2　关系图解法

用关系图的方法得到 $R^0, R^1, R^2, R^3, \cdots$ 的关系图如图 4.4 所示.

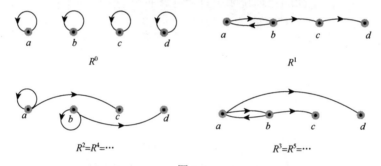

图 4.4

方法 3　根据关系矩阵的乘法求解关系的幂矩阵 $\boldsymbol{M}^0, \boldsymbol{M}^1, \boldsymbol{M}^2, \boldsymbol{M}^3, \boldsymbol{M}^4$

$$\boldsymbol{M}^0 = \begin{bmatrix} 1 & 0 & 0 & 0 \\ 0 & 1 & 0 & 0 \\ 0 & 0 & 1 & 0 \\ 0 & 0 & 0 & 1 \end{bmatrix}, \quad \boldsymbol{M}^1 = \begin{bmatrix} 0 & 1 & 0 & 0 \\ 1 & 0 & 1 & 0 \\ 0 & 0 & 0 & 1 \\ 0 & 0 & 0 & 0 \end{bmatrix}$$

$$\boldsymbol{M}^2 = \begin{bmatrix} 0 & 1 & 0 & 0 \\ 1 & 0 & 1 & 0 \\ 0 & 0 & 0 & 1 \\ 0 & 0 & 0 & 0 \end{bmatrix}\begin{bmatrix} 0 & 1 & 0 & 0 \\ 1 & 0 & 1 & 0 \\ 0 & 0 & 0 & 1 \\ 0 & 0 & 0 & 0 \end{bmatrix} = \begin{bmatrix} 1 & 0 & 1 & 0 \\ 0 & 1 & 0 & 1 \\ 0 & 0 & 0 & 0 \\ 0 & 0 & 0 & 0 \end{bmatrix}$$

$$\boldsymbol{M}^3 = \begin{bmatrix} 0 & 1 & 0 & 1 \\ 1 & 0 & 1 & 0 \\ 0 & 0 & 0 & 0 \\ 0 & 0 & 0 & 0 \end{bmatrix}, \quad \boldsymbol{M}^4 = \begin{bmatrix} 1 & 0 & 1 & 0 \\ 0 & 1 & 0 & 1 \\ 0 & 0 & 0 & 0 \\ 0 & 0 & 0 & 0 \end{bmatrix}$$

由于 $\boldsymbol{M}^4 = \boldsymbol{M}^2$, 即 $R^4 = R^2$, 所以一样可以得到 $R^2 = R^4 = R^6 = \cdots$, $R^3 = R^5 = R^7 = \cdots$, 至此就得 R 的各次幂.

下面考虑幂运算的性质.

定理 4.4　设 R 是集合 A 上的关系, $|A| = n$, 则 $\exists s, t \in \mathbf{N}$, 使得 $R^s = R^t (0 \leqslant s < t \leqslant 2^{n^2})$.

证明 因为 R 是 A 上的关系，所以对任意 $k\in\mathbf{N}$, $R^k\in A\times A$.

又因为 $|A\times A|=n^2$，所以 $|P(A\times A)|=2^{n^2}$，即 A 上共有 2^{n^2} 个不同的二元关系.

当列出序列 R^0, R^1, $\cdots$, $R^{2^{n^2}}$ 时，该序列共有 $2^{n^2}+1$ 项，因此 $\exists s,t\in\mathbf{N}$，使 $R^s=R^t(0\leqslant s<t\leqslant 2^{n^2})$.

该定理说明，在有限集合上只有有限多个不同的二元关系，当 t 足够大时，R^t 必与某个 $R^s(s<t)$ 相等，如例 4.13 中 $R^2=R^4$.

使用数学归纳法不难证明下面两个关于幂运算的性质.

定理 4.5 设 R 是集合 A 上的关系, $m,n\in\mathbf{N}$, 有:

(1) $R^m\circ R^n=R^{m+n}$.

(2) $(R^m)^n=R^{mn}$.

证明过程留给读者思考练习.

定理 4.6 设 R 是集合 A 上的关系, 若 $\exists s,t\in\mathbf{N}$, 使 $R^s=R^t$, 则:

(1) 对 $\forall k\in\mathbf{N}$, 有 $R^{s+k}=S^{t+k}$.

(2) 对 $\forall k,i\in\mathbf{N}$, 有 $R^{s+kp+i}=R^{s+i}$, 其中 $p=t-s$.

(3) 令 $S=\{R^0,R^1,\cdots,R^{t-1}\}$, 则对 $q\in\mathbf{N}$, 有 $R^t\in S$.

证明过程留给读者思考练习.

4. 关系的闭包运算

对于一个关系来说，可以通过以上介绍的关系的逆运算、复合运算和关系的幂运算等得到新的关系. 下面介绍关系的一种新的运算——闭包运算，它是通过对关系中的有序对进行一些扩充，以使关系具有某种性质的运算.

设 R 是 A 上的关系，我们希望 R 具有某些有用的性质，比如说自反性. 如果 R 不具有自反性，我们通过在 R 中添加一部分有序对来改造 R，得到新的关系 R'，使得 R' 具有自反性. 但又不希望 R' 与 R 相差太多，换句话说，添加的有序对要尽可能少，满足这些要求的 R' 就称为 R 的自反闭包. 通过添加有序对来构造的闭包除自反闭包外，还有对称闭包和传递闭包. 具体定义如下.

定义 4.17 设 R 是集合 A 上的关系，如果 A 上的二元关系 R'，满足下面三个条件:

(1) $R\subseteq R'$;

(2) R' 是自反的(对称的、传递的);

(3) 对 A 中任意的关系 R'', 如 $R\subseteq R''$ 且 R'' 是自反的(对称的、传递的), 有 $R'\subseteq R''$.

则称 R' 为 R 的自反闭包(对称闭包、传递闭包), 并记作 $r(R)$ $(s(R),t(R))$.

例 4.14 设 $A=\{a,b,c\}$, R 是 A 上的关系, $R=\{\langle a,a\rangle,\langle a,b\rangle,\langle b,c\rangle\}$, 求 $r(R)$, $s(R)$ 和 $t(R)$.

解
$$r(R)=\{\langle a,a\rangle,\langle a,b\rangle,\langle b,c\rangle,\langle b,b\rangle,\langle c,c\rangle\}$$
$$s(R)=\{\langle a,a\rangle,\langle a,b\rangle,\langle b,c\rangle,\langle b,a\rangle,\langle c,b\rangle\}$$
$$t(R)=\{\langle a,a\rangle,\langle a,b\rangle,\langle b,c\rangle,\langle a,c\rangle\}$$

定理 4.7 设 R 是集合 A 上的关系, 则:

(1) R 是自反的, 当且仅当 $r(R)=R$.

(2) R 是对称的, 当且仅当 $s(R)=R$.

(3) R 是传递的, 当且仅当 $t(R)=R$.

证明　(1)若 R 是自反的, 因为 $R\subseteq R$, 且对任意包含 R 的自反关系 R'', 显然有 $R\subseteq R''$, 故 $r(R)=R$.

反之, 若 $r(R)=R$, 由 $r(R)$ 的定义知 R 自反.

(2)和(3)的证明是类似的.

对于一般的关系, 如何求它的自反闭包、对称闭包和传递闭包呢? 下面的定理给出了求闭包的方法.

定理 4.8　设 R 是集合 A 上的关系, 则:

(1) $r(R)=R\cup I_A$.

(2) $s(R)=R\cup R^{-1}$.

(3) $t(R)=R\cup R^2\cup R^3\cup\cdots=\bigcup_{i=1}^{\infty}R^i$.

注意　若 $|A|=n$, 则 $\exists k\leqslant n, k\in\mathbf{N}$ 使得 $t(R)=\bigcup_{i=1}^{k}R^i$.

定理的证明从略, 有兴趣的读者可以自己证明.

例 4.15　设 $A=\{a,b,c,d\}$, R 是 A 上的关系, $R=\{\langle a,b\rangle,\langle b,a\rangle,\langle b,c\rangle,\langle c,d\rangle\}$, 求 $r(R)$, $s(R)$ 和 $t(R)$.

解

$$r(R)=R\cup I_A$$
$$=\{\langle a,b\rangle,\langle b,a\rangle,\langle b,c\rangle,\langle c,d\rangle\}\cup\{\langle a,a\rangle,\langle b,b\rangle,\langle c,c\rangle,\langle d,d\rangle\}$$
$$=\{\langle a,b\rangle,\langle b,a\rangle,\langle b,c\rangle,\langle c,d\rangle,\langle a,a\rangle,\langle b,b\rangle,\langle c,c\rangle,\langle d,d\rangle\}$$
$$s(R)=R\cup R^{-1}$$
$$=\{\langle a,b\rangle,\langle b,a\rangle,\langle b,c\rangle,\langle c,d\rangle\}\cup\{\langle b,a\rangle,\langle a,b\rangle,\langle c,b\rangle,\langle d,c\rangle\}$$
$$=\{\langle a,b\rangle,\langle b,a\rangle,\langle b,c\rangle,\langle c,d\rangle,\langle c,b\rangle,\langle d,c\rangle\}$$
$$t(R)=R\cup R^2\cup R^3\cup R^4$$
$$=\{\langle a,b\rangle,\langle b,a\rangle,\langle b,c\rangle,\langle c,d\rangle\}\cup\{\langle a,a\rangle,\langle b,b\rangle,\langle a,c\rangle,\langle b,d\rangle\}$$
$$\cup\{\langle a,b\rangle,\langle b,a\rangle,\langle b,c\rangle,\langle a,d\rangle\}\cup\{\langle a,a\rangle,\langle b,b\rangle,\langle a,c\rangle,\langle b,d\rangle\}$$
$$=\{\langle a,b\rangle,\langle b,a\rangle,\langle b,c\rangle,\langle c,d\rangle,\langle a,a\rangle,\langle b,b\rangle,\langle a,c\rangle,\langle b,d\rangle,\langle a,d\rangle\}$$

以定理 4.7 为基础, 可以得到通过关系矩阵和关系图求闭包的方法.

设关系 $R,r(R),s(R)$ 和 $t(R)$ 的关系矩阵分别为 M,M_r,M_s 和 M_t, 则

$$M_r=M+E$$
$$M_s=M+M^T$$
$$M_t=M+M^2+M^3+\cdots$$

其中 E 是和 M 同阶的单位矩阵, M^T 是 M 的转置矩阵, 上述等式中的矩阵的加法是将对应矩阵元素逻辑加.

通过关系矩阵求解例 4.15 中关系的闭包如下

$$M_r = M + E = \begin{vmatrix} 0 & 1 & 0 & 0 \\ 1 & 0 & 1 & 0 \\ 0 & 0 & 0 & 1 \\ 0 & 0 & 0 & 0 \end{vmatrix} + \begin{vmatrix} 1 & 0 & 0 & 0 \\ 0 & 1 & 0 & 0 \\ 0 & 0 & 1 & 0 \\ 0 & 0 & 0 & 1 \end{vmatrix} = \begin{vmatrix} 1 & 1 & 0 & 0 \\ 1 & 1 & 1 & 0 \\ 0 & 0 & 1 & 1 \\ 0 & 0 & 0 & 1 \end{vmatrix}$$

$$M_s = M + M^T = \begin{vmatrix} 0 & 1 & 0 & 0 \\ 1 & 0 & 1 & 0 \\ 0 & 0 & 0 & 1 \\ 0 & 0 & 0 & 0 \end{vmatrix} + \begin{vmatrix} 0 & 1 & 0 & 0 \\ 1 & 0 & 0 & 0 \\ 0 & 1 & 0 & 0 \\ 0 & 0 & 1 & 0 \end{vmatrix} = \begin{vmatrix} 0 & 1 & 0 & 0 \\ 1 & 0 & 1 & 0 \\ 0 & 1 & 0 & 1 \\ 0 & 0 & 1 & 0 \end{vmatrix}$$

$M_t = M + M^2 + M^3 + \cdots$, 但由于 $M^2 = M^4$, 所以 $M_t = M + M^2 + M^3$.

$$M_t = M + M^2 + M^3 = \begin{vmatrix} 0 & 1 & 0 & 0 \\ 1 & 0 & 1 & 0 \\ 0 & 0 & 0 & 1 \\ 0 & 0 & 0 & 0 \end{vmatrix} + \begin{vmatrix} 1 & 0 & 1 & 0 \\ 0 & 1 & 0 & 1 \\ 0 & 0 & 0 & 0 \\ 0 & 0 & 0 & 0 \end{vmatrix} + \begin{vmatrix} 0 & 1 & 0 & 1 \\ 1 & 0 & 1 & 0 \\ 0 & 0 & 0 & 0 \\ 0 & 0 & 0 & 0 \end{vmatrix} = \begin{vmatrix} 1 & 1 & 1 & 1 \\ 1 & 1 & 1 & 1 \\ 0 & 0 & 0 & 1 \\ 0 & 0 & 0 & 0 \end{vmatrix}$$

设关系 $R, r(R), s(R)$ 和 $t(R)$ 的关系图分别为 G, G_r, G_s 和 G_t, 则 G_r, G_s, G_t 与 G 的顶点集合相等, 除了 G 的边外, 依照下面的方法添加新的边.

(1) 考察 G 的每个顶点, 如果没有环, 就加上环, 得到 G_r.

(2) 考察 G 的每条边, 如果有一条从 x_i 到 x_j 的单向边 $(i \neq j)$, 则在 G 中加一条 x_j 到 x_i 的反向边, 得到 G_s.

(3) 考察 G 的每个顶点 x_i, 若从 x_i 出发可到达顶点 x_j (允许 $i = j$), 但是没有从 x_i 到 x_j 的边, 就加上这条边, 得到 G_t.

读者可以根据例 4.7 的关系 R 的关系图, 画出 $r(R), s(R)$ 和 $t(R)$ 的关系图.

例 4.16 设 $A = \{a, b, c, d\}$, $R = \{\langle a, b \rangle, \langle b, a \rangle, \langle b, c \rangle, \langle c, d \rangle, \langle d, b \rangle\}$, 画出 R 和 $r(R), s(R)$, $t(R)$ 的关系图.

解 利用上面给出的求解闭包关系图的方法, 可以得到 R 和 $r(R), s(R), t(R)$ 的关系图如图 4.5 所示.

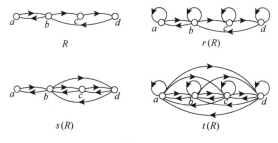

图 4.5

定理 4.9 设 R 是非空集合 A 上的关系.

(1) 若 R 是自反的, 则 $s(R)$ 与 $t(R)$ 也是自反的.

(2) 若 R 是对称的, 则 $r(R)$ 与 $t(R)$ 也是对称的.

(3) 若 R 是传递的, 则 $r(R)$ 是传递的.

定理的证明留作练习. 该定理讨论了关系性质和闭包运算之间的关系. 如果关系 R 是自反的和对称的, 那么经过求闭包的运算以后所得到的关系仍是自反的和对称的. 但是对于传递的关系则不然. 它的自反闭包仍旧保持传递性, 而对称闭包就有可能失去传递性. 例如 $A = \{1, 2, 3\}$, $R = \{\langle 2, 3 \rangle\}$ 是 A 上的传递关系, R 的对称闭包 $s(R) = \{\langle 1, 3 \rangle, \langle 3, 1 \rangle\}$, 显然 $s(R)$ 不再是 A 上的传递关系. 从这里可以看出, 如果计算关系 R 的自反的、对称的、传递的闭包, 为了不失去传递性, 传递闭包运算应该放在对称闭包运算的后边. 若令 $tsr(R)$ 表示 R 的自反、对称、传递闭包, 则 $tsr(R) = t(s(r(R)))$, 这样得到的关系具有自反性、对称性和传递性. 下面我们将介绍这类重要关系——等价关系.

4.3 等价关系与划分

4.3.1 等价关系

定义 4.18 设 R 为非空集合 A 上的关系. 如果 R 是自反的、对称的和传递的, 则称 R 为 A 上的等价关系. 设 R 是一个等价关系, 若 $\langle x, y \rangle \in R$, 称 x 等价于 y, 记作 $x \sim y$.

等价关系 R 的关系图 G_R 有如下几个特征:

(1) 每个顶点有自环.

(2) 若从顶点 x 到顶点 y 有边, 则从顶点 y 到顶点 x 必有边.

(3) 若从顶点 x 到顶点 y 有一条路径, 则从 x 到 y 必有一条边.

例 4.17 设 $A = \{1, 2, \cdots, 8\}$, A 上的关系 $R = \{\langle x, y \rangle | x, y \in A \wedge x \equiv y \pmod{3}\}$, 其中 $x \equiv y \pmod{3}$ 叫做 x 与 y 模 3 相等, 即 x 除以 3 的余数与 y 除以 3 的余数相等. 不难验证 R 为 A 上的等价关系.

该关系的关系图如图 4.6 所示.

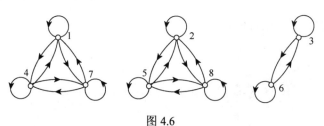

图 4.6

不难看出, 上述关系图被分为三个互不连通的部分. 每部分中的数两两都有关系, 不同部分中的数之间则没有关系. 每一部分中的所有的顶点构成一个等价类. 下面给出相关定义及性质.

4.3.2 等价类及其性质

定义 4.19 设 R 为非空集合 A 上的等价关系, $x \in A$, 令 $[x]_R = \{y | y \in A \wedge \langle x, y \rangle \in R\}$, 称 $[x]_R$ 为 x 关于 R 的等价类, 简称为 x 的等价类, 简记为 $[x]$.

例如, 例 4.17 的等价关系有 3 个不同的等价类, 分别为: $[1] = [4] = [7] = \{1, 4, 7\}$,

[2] = [5] = [8] = {2, 5, 8}, [3] = [6] = {3, 6}.

下面的定理给出了等价类的性质.

定理 4.10 设 R 是非空集合 A 上的等价关系, 则

(1) $\forall x \in A$, $[x]$ 是 A 的非空子集.

(2) $\forall x, y \in A$, 如果 $\langle x, y \rangle \in R$, 则 $[x] = [y]$.

(3) $\forall x, y \in A$, 如果 $\langle x, y \rangle \notin R$, 则 $[x] \cap [y] = \varnothing$.

(4) $\cup\{[x] | x \in A\} = A$.

证明 (1) 由等价类的定义可知, $\forall x \in A$, 故 $[x] \subseteq A$. 又由等价关系的自反性有 $x \in [x]$, 即 $[x]$ 非空.

(2) 任取 z, 则有 $z \in [x] \Rightarrow \langle x, z \rangle \in R \Rightarrow \langle z, x \rangle \in R$ (因为 R 是对称的)

因此有 $\langle z, x \rangle \in R \wedge \langle x, y \rangle \in R \Rightarrow \langle z, y \rangle \in R$ (因为 R 是传递的) $\Rightarrow \langle y, z \rangle \in R$ (因为 R 是对称的), 从而证明了 $z \in [y]$. 综上所述必有 $[x] \subseteq [y]$. 同理可证 $[y] \subseteq [x]$. 这就得到了 $[x] = [y]$.

(3) 假设 $[x] \cap [y] \neq \varnothing$, 则存在 $z \in [x] \cap [y]$, 从而有 $z \in [x] \wedge z \in [y]$, 即 $\langle x, z \rangle \in R \wedge \langle y, z \rangle \in R$ 成立. 根据 R 的对称性和传递性必有 $\langle x, y \rangle \in R$, 与 $\langle x, y \rangle \notin R$ 矛盾, 即假设错误, 原命题成立.

(4) 先证 $\cup\{[x] | x \in A\} \subseteq A$.

任取 y, $y \in \cup\{[x] | x \in A\} \Rightarrow \exists x (x \in A \wedge y \in [x]) \subseteq y \in A$ (因为 $[x] \subseteq A$), 从而有 $\cup\{[x] | x \in A\} \subseteq A$.

再证 $A \subseteq \cup\{[x] | x \in A\}$.

任取 y, $y \in A \Rightarrow y \in [y] \wedge y \in A \Rightarrow y \in \cup\{[x] | x \in A\}$, 从而有 $\cup\{[x] | x \in A\}$ 成立.

综上所述得 $\cup\{[x] | x \in A\} = A$.

4.3.3 商集和划分

由非空集合 A 和 A 上的等价关系 R 可以构造一个新的集合——商集.

定义 4.20 设 R 为非空集合 A 上的等价关系, 以 R 的所有等价类作为元素的集合称为 A 关于 R 的商集, 记作 A/R, 即 $A/R = \{[x]_R | x \in A\}$.

例 4.17 中等价关系的商集为 $\{\{1, 4, 7\}, \{2, 5, 8\}, \{3, 6\}\}$. 而整数集合 $\mathbf{Z}$ 上模 n 等价关系的商集是 $\{\{nz+i | z \in \mathbf{Z}\} | i = 0, 1, \cdots, n-1\}$.

和等价关系及商集有密切联系的概念是集合的划分. 下面给出划分的定义.

定义 4.21 设 A 为非空集合, 若 A 的子集族 π ($\pi \subseteq P(A)$, 是 A 的子集构成的集合) 满足下面的条件:

(1) $\varnothing \notin \pi$.

(2) $\forall x \forall y (x, y \in \pi \wedge x \neq y \rightarrow x \cap y = \varnothing)$.

(3) $\cup \pi = A$.

则称 π 是 A 的一个划分, 称 π 中的元素为 A 的划分块.

例 4.18 设 $A = \{a, b, c, d\}$, 给定 $\pi_1, \pi_2, \pi_3, \pi_4, \pi_5, \pi_6$ 如下

$\pi_1 = \{\{a, b, c\}, \{d\}\}$, $\pi_2 = \{\{a, b\}, \{c\}, \{d\}\}$, $\pi_3 = \{\{a\}, \{a, b, c, d\}\}$

$$\pi_4 = \{\{a,\ b\},\ \{c\}\}, \quad \pi_5 = \{\varnothing,\ \{a,\ b\},\ \{c,\ d\}\}, \quad \pi_6 = \{\{a,\ \{a\}\},\ \{b,\ c,\ d\}\}$$

则 π_1 和 π_2 是 A 的划分, 其他都不是 A 的划分. 因为 π_3 中的子集 $\{a\}$ 和 $\{a,\ b,\ c,\ d\}$ 相交, $\cup \pi_4 \neq A$, π_5 中含有空集, 而 π_6 根本不是 A 的子集族.

把商集 A/R 和划分的定义相比较, 易见商集就是 A 的一个划分, 并且不同的商集将对应于不同的划分. 反之, 任给 A 的一个划分 π, 定义 A 上的关系 $R = \{\langle x,\ y\rangle | x,\ y \in A \wedge x$ 与 y 在 π 的同一划分块中$\}$, 则不难证明 R 为 A 上的等价关系, 且该等价关系所确定的商集就是 π. 由此可见, A 上的等价关系与 A 的划分是一一对应的.

例 4.19 给出 $A = \{1, 2, 3\}$ 上所有的等价关系.

解 先做出 A 的划分, A 的划分共有 5 个, 从左到右分别记作 $\pi_1, \pi_2, \pi_3, \pi_4, \pi_5$. 如图 4.7 所示.

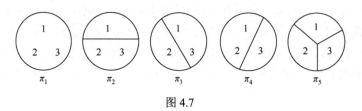

图 4.7

即

$$\pi_1 = \{\{1,\ 2,\ 3\}\}, \quad \pi_2 = \{\{1\},\ \{2,\ 3\}\}, \quad \pi_3 = \{\{2\},\quad \{1,\ 3\}\}$$
$$\pi_4 = \{\{1,\ 2\},\ \{3\}\}, \quad \pi_5 = \{\{1\},\ \{2\},\ \{3\}\}$$

再根据 A 的划分确定 A 上的等价关系. 划分 $\pi_1 \sim \pi_5$ 对应的等价关系分别为 $R_1 \sim R_5$, 其中:

$$R_1 = E_A, \quad R_2 = \{\langle 2, 3\rangle,\ \langle 3, 2\rangle\} \cup I_A, \quad R_3 = \{\langle 1, 3\rangle,\ \langle 3, 1\rangle\} \cup I_A$$
$$R_4 = \{\langle 1, 2\rangle,\ \langle 2, 1\rangle\} \cup I_A, \quad R_5 = I_A$$

4.4 偏 序 关 系

4.4.1 偏序关系的定义

定义 4.22 设 R 为非空集合 A 上的关系. 如果 R 是自反的、反对称的和传递的, 则称 R 为 A 上的偏序关系, 记作 $\preccurlyeq$. 设 $\preccurlyeq$ 为偏序关系, 如果 $\langle x,\ y\rangle \in \preccurlyeq$, 则记作 $x \preccurlyeq y$, 读作 "小于或等于".

注意这里的 "小于或等于" 不是指数的大小, 而是在偏序关系中的顺序性. x "小于或等于" y 的含义是: 依照这个序, x 排在 y 的前边或者 x 就是 y. 根据不同偏序的定义, 对序有着不同的解释. 例如, 整除关系是偏序关系 $\preccurlyeq$, $3 \preccurlyeq 6$ 的含义是 3 整除 6. 大于或等于关系也是偏序关系, 针对这个关系写 $5 \preccurlyeq 4$ 是说大于或等于关系中 5 排在 4 的前面, 也就是 5 比 4 大.

非空集合 A 上的恒等关系 I_A 和空关系 $\varnothing$ 都是 A 上的偏序关系. 小于或等于关系、整除关系和包含关系也是相应集合上的偏序关系. 一般来说, 全域关系 E_A 不是 A 上的偏序关系.

定义 4.23 集合 A 和 A 上的偏序关系 $\preccurlyeq$ 一起称为一个偏序集或偏序结构, 记作 $\langle A,\ \preccurlyeq \rangle$.

例如, 整数集合 **Z** 和数的小于或等于关系 ≤ 构成偏序集 ⟨**Z**, ≤⟩, 集合 A 的幂集 $P(A)$ 和包含关系 ⊆ 构成偏序集 ⟨$P(A)$, ⊆⟩.

定义 4.24 设 R 为非空集合 A 上的偏序关系, 定义:

(1) $\forall x, y \in A, x \prec y \Leftrightarrow x \leq y \wedge x \neq y$.

(2) $\forall x, y \in A, x$ 与 y 可比 $\Leftrightarrow x \leq y \vee y \leq x$.

其中 $x \prec y$ 读作 "x 小于 y". 这里所说的 "小于" 是指在偏序中 x 排在 y 的前边.

由以上两个定义可知, 在具有偏序关系 ≤ 的集合 A 中任取两个元素 x 和 y, 可能有下述几种情况发生:

$x \prec y$ (或 $y \prec x$), $x = y$, x 与 y 不是可比的.

例如, $A = \{1, 2, 3\}$, ≤ 是 A 上的整除关系, 则有 $1 \prec 2, 1 \prec 3, 1 = 1, 2 = 2, 3 = 3, 2$ 和 3 不可比.

定义 4.25 设 R 为非空集合 A 上的偏序关系, 如果 $\forall x, y \in A, x$ 与 y 都是可比的, 则称 R 为 A 上的全序关系(或线序关系).

例如, 数集上的小于或等于关系是全序关系, 因为任何两个数总是可比的. 但整除关系一般来说不是全序关系, 如集合 $\{1, 2, 3\}$ 上的整除关系就不是全序关系, 因为 2 和 3 不可比.

定义 4.26 对偏序集 ⟨A, ≤⟩, 如果 $x \prec y$, 且不存在 $z \in A$, 使得 $x \prec z \prec y$, 则称 y 覆盖 (盖住) x.

关于偏序关系的表示, 可以采用关系矩阵和关系图表示, 也可以采用一种简化关系图表示偏序, 这就是哈斯图.

4.4.2 哈斯图

对偏序集 ⟨A, ≤⟩, 它的覆盖关系是唯一的, 可以利用偏序关系的自反性、反对称性和传递性将其简化, 得到一个简化的关系图, 称之为哈斯图.

作图规则如下:

(1) 用小圆圈代表元素.

(2) 若 $x \prec y$, 则将 x 画在 y 的下方.

(3) 对于 A 中不同元素 x 和 y, 若 y 覆盖 x, 则用一条线段连接 x 和 y.

哈斯图的特点如下:

(1) 每个结点没有环.

(2) 两个连通的结点之间的序关系通过结点位置的高低表示, 位置低的元素的顺序在前.

(3) 具有覆盖关系的两个结点之间连边.

例 4.20 设 $A = \{2, 3, 6, 12, 24, 36\}$, "≤" 是 A 上的整除关系 R, 画出其一般的关系图和哈斯图.

解 由题意可得

$$R = \{\langle 2, 2 \rangle, \langle 2, 6 \rangle, \langle 2, 12 \rangle, \langle 2, 24 \rangle, \langle 2, 36 \rangle, \langle 3, 3 \rangle, \langle 3, 6 \rangle,$$
$$\langle 3, 12 \rangle, \langle 3, 24 \rangle, \langle 3, 36 \rangle, \langle 6, 6 \rangle, \langle 6, 12 \rangle, \langle 6, 24 \rangle, \langle 6, 36 \rangle,$$

$$\langle 12, 12 \rangle, \langle 12, 24 \rangle, \langle 12, 36 \rangle, \langle 24, 24 \rangle, \langle 36, 36 \rangle\}$$

从而得出该偏序集$\langle A, \leqslant \rangle$的关系图和哈斯图如图 4.8(a)和(b)所示.

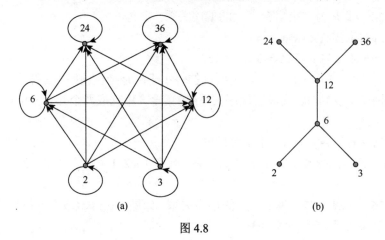

图 4.8

例 4.21　已知偏序集$\langle A, R \rangle$的哈斯图如图 4.9 所示, 试求出集合A和关系R的集合表达式.

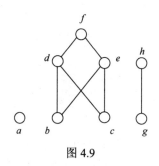

图 4.9

解　　$A = \{a, b, c, d, e, f, g, h\}$

$R = \{\langle b, d \rangle, \langle b, e \rangle, \langle b, f \rangle, \langle c, d \rangle, \langle c, e \rangle, \langle c, f \rangle, \langle d, f \rangle, \langle e, f \rangle, \langle g, h \rangle\} \cup I_A$

例 4.22　画出偏序集$\langle\{1, 2, 3, 4, 5, 6, 7, 8, 9\},$整除$\rangle$和$\langle P(\{a, b, c\}), \subseteq \rangle$的哈斯图.

解　偏序集$\langle\{1, 2, 3, 4, 5, 6, 7, 8, 9\},$整除$\rangle$和$\langle P(\{a, b, c\}), \subseteq \rangle$的哈斯图如图 4.10(a)和(b)所示.

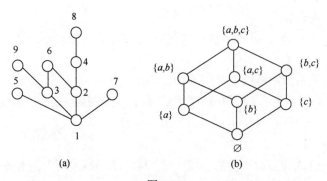

图 4.10

4.4.3 偏序集中的特殊元素

定义 4.27 设 $\langle A, \leqslant \rangle$ 为偏序集, $B \subseteq A, b \in B$.

(1) 若 $\forall x(x \in B \to b \leqslant x)$ 成立, 则称 b 为 B 的最小元.

(2) 若 $\forall x(x \in B \to x \leqslant b)$ 成立, 则称 b 为 B 的最大元.

(3) 若 $\forall x(x \in B \land x \leqslant b \to x = b)$ 或 $\neg \exists x(x \in B \land x < b)$ 成立, 则称 b 为 B 的极小元.

(4) 若 $\forall x(x \in B \land b \leqslant x \to x = b)$ 或 $\neg \exists x(x \in B \land b < x)$ 成立, 则称 b 为 B 的极大元.

从以上定义可以看出, 最小元与极小元是不一样的. 最小元是 B 中最小的元素, 它与 B 中其他元素都可比; 而极小元不一定与 B 中元素可比, 只要没有比它小的元素, 它就是极小元. 对于有穷集 B, 极小元一定存在, 但最小元不一定存在. 最小元如果存在, 一定是唯一的, 但极小元可能有多个. 如果 B 中只有一个极小元, 则它一定是 B 的最小元. 类似的, 极大元与最大元也有这种区别.

例 4.23 在例 4.20 中, 设 $B_1 = \{6, 12\}$, $B_2 = \{2, 3\}$, $B_3 = \{24, 36\}$, $B_4 = \{2, 3, 6, 12\}$ 是集合 A 的子集, 试求出 B_1, B_2, B_3 和 B_4 的最大元、最小元、极大元和极小元.

解 A 的子集合 B_1, B_2, B_3 和 B_4 的最大元、最小元、极大元和极小元见表 4.2.

表 4.2

集合	最大元	最小元	极大元	极小元
$B_1 = \{6, 12\}$	12	6	12	6
$B_2 = \{2, 3\}$	无	无	2, 3	2, 3
$B_3 = \{24, 36\}$	无	无	24, 36	24, 36
$B_4 = \{2, 3, 6, 12\}$	12	无	12	2, 3

例 4.24 对例 4.21 所示的偏序集 $\langle A, \leqslant \rangle$, 求 A 的极小元、最小元、极大元和最大元.

解 极小元: a, b, c, g. 极大元: a, f, h. 没有最小元与最大元.

由这个例子可以知道, 哈斯图中的孤立顶点既是极小元也是极大元.

定义 4.28 设 $\langle A, \leqslant \rangle$ 为偏序集, $B \subseteq A, a \in A$.

(1) 若 $\forall x(x \in B \to x \leqslant a)$ 成立, 则称 a 为 B 的上界.

(2) 若 $\forall x(x \in B \to a \leqslant x)$ 成立, 则称 a 为 B 的下界.

(3) 令 $C = \{a | a$ 为 B 的上界$\}$, 则称 C 的最小元为 B 的上确界(最小上界).

(4) 令 $D = \{a | a$ 为 B 的下界$\}$, 则称 D 的最大元为 B 的下确界(最大下界).

由以上定义可知, B 的最小元一定是 B 的下界, 同时也是 B 的最大下界. 同样地, B 的最大元一定是 B 的上界, 同时也是 B 的最小上界. 但反过来不一定正确, B 的下界不一定是 B 的最小元, 因为它可能不是 B 中的元素. 同样地, B 的上界也不一定是 B 的最大元. B 的上界、下界、上确界、下确界都可能不存在. 如果存在, 上确界与下确界是唯一的.

例 4.25 在例 4.20 中, 设 $B_1 = \{6, 12\}$, $B_2 = \{2, 3\}$, $B_3 = \{24, 36\}$, $B_4 = \{2, 3, 6, 12\}$ 是集

合 A 的子集, 试求出 B_1, B_2, B_3 和 B_4 的上界、下界、上确界和下确界.

解 A 的子集合 B_1, B_2, B_3 和 B_4 的上界、下界、上确界和下确界见表 4.3.

表 4.3

集合	上界	下界	上确界	下确界
$B_1 = \{6, 12\}$	12, 24, 36	2, 3, 6	12	6
$B_2 = \{2, 3\}$	6, 12, 24, 36	无	6	无
$B_3 = \{24, 36\}$	无	2, 3, 6, 12	无	12
$B_4 = \{2, 3, 6, 12\}$	12, 24, 36	无	12	无

例 4.26 对例 4.21 所示的偏序集 $\langle A, \leqslant \rangle$, 令 $B = \{b, c, d\}$, 求 B 的上界、下界、最小上界和最大下界.

解 上界: d, f; 最小上界: d; 下界和最大下界都不存在.

4.4.4 拓扑排序

把偏序集扩张成一个全序集, 称为拓扑排序.

定义 4.29 设 $\langle A, \leqslant \rangle$ 为偏序集, 对 A 中的元素按如下规则排序: a 排在 b 的前面(或左边)当且仅当 $a \leqslant b$ 或 a 与 b 不可比.

例 4.27 一个计算机公司开发的项目需要完成 7 个任务: $a\,b\,c\,d\,e\,f\,g$, 其中的某些任务只能在其他任务结束之后才能开始. 考虑如下建立任务上的偏序, 如果任务 y 在任务 x 结束之后才能开始, 则 $x \leqslant y$. 这 7 个任务的关于偏序的哈斯图如图 4.11 所示. 求一个全序执行这些任务以完成这个项目.

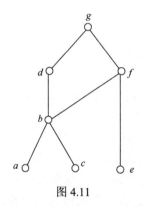

图 4.11

解 可以通过执行拓扑排序得到 7 个任务的一种排序 $a\,c\,e\,b\,d\,f\,g$, 即项目的一个执行序列.

习 题 4

1. 已知 $A = \{\varnothing, \{\varnothing\}\}$, 求 $A \times P(A)$.

2. 对于任意集合 A, B, C, 若 $A \times B \subseteq A \times C$, 是否一定有 $B \subseteq C$ 成立? 为什么?

3. 设 A, B, C, D 是任意集合, 证明: $(A \cap B) \times (C \cap D) = (A \times C) \cap (B \times D)$.

4. 列出从集合 $A = \{1, 2\}$ 到 $B = \{1\}$ 的所有二元关系.

5. 列出集合 $A = \{2, 3, 4\}$ 上的相等关系 I_A、全关系 E_A、小于或等于关系 L_A、整除关系 D_A.

6. 设 $A = \{1, 2, 3, 4\}$, 下面各式定义的 R 都是 A 上的关系, 试用列举法表示 R.

(1) $R = \{\langle x, y \rangle | x$ 是 y 的倍数$\}$.

(2) $R = \{\langle x, y \rangle | x - y \in A\}$.

(3) $R = \{\langle x, y \rangle | x/y$ 是素数$\}$.

(4) $R = \{\langle x, y \rangle | x \neq y\}$.

(5) $R = \{\langle x, y \rangle | x, y \in A \wedge |x - y| = 1\}$.

7. 设 $A = \{0, 1, 2, 3\}$, R 是 A 上的关系, 且 $R = \{\langle 0, 0 \rangle, \langle 0, 3 \rangle, \langle 2, 0 \rangle, \langle 2, 1 \rangle, \langle 2, 3 \rangle, \langle 3, 2 \rangle\}$, 给出 R 的关系矩阵 $\boldsymbol{M}_R$ 和关系图 G_R.

8. 设 $A = \{1, 2, 3\}$, $R = \{\langle x, y \rangle | x, y \in A$ 且 $x + 3y < 8\}$, $S = \{\langle 2, 3 \rangle, \langle 4, 2 \rangle\}$, 求:

(1) R 的集合表达式.

(2) $\mathrm{dom}R$, $\mathrm{ran}R$, $\mathrm{fld}R$.

(3) R^{-1}, $\overline{R}$.

(4) $R \circ S$, R^3.

9. 设 $A = \{a, b, c, d\}$, R_1, R_2 为 A 上的关系, 其中:

$R_1 = \{\langle a, a \rangle, \langle a, b \rangle, \langle b, d \rangle\}$, $R_2 = \{\langle a, d \rangle, \langle b, c \rangle, \langle b, d \rangle, \langle c, b \rangle\}$, 求 $R_1 \circ R_2$, $R_2 \circ R_1$, R_1^2, R_2^3.

10. 设 $A = \{1, 2, 3\}$, 图 4.12 给出了 3 种 A 上的关系, 对于每种关系, 写出相应的关系矩阵, 并说明它所具有的性质.

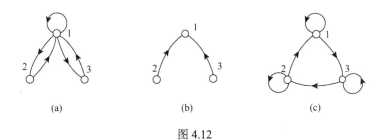

(a)　　　　　　(b)　　　　　　(c)

图 4.12

11. 设 $A = \{a, b, c, d, e\}$, $R = \{\langle a, b \rangle, \langle b, c \rangle, \langle c, d \rangle, \langle d, c \rangle, \langle b, e \rangle, \langle a, a \rangle\}$, 试给出 $r(R)$, $s(R)$ 和 $t(R)$ 的关系图.

12. 设 $A = \{a, b, c, d\}$, A 上的等价关系 $R = \{\langle a, b \rangle, \langle b, a \rangle, \langle c, d \rangle, \langle d, c \rangle\} \cup I_A$, 画出 R 的关系图, 并求出 A 中各元素的等价类.

13. 已知集合 $A = \{a, b, c, d, e, f, g\}$ 的划分 $\pi = \{\{a, c, e\}, \{b, d\}, \{f, g\}\}$, 求划分 π 所对应的 A 上的等价关系 R 的关系图表示.

14. 设 $A = \{a, b, c, d, e, f\}$, R 为 A 上的关系, 且 $R = \{\langle a, b \rangle, \langle b, c \rangle, \langle e, f \rangle\}$, 设 $R^* = tsr(R)$,

则 R^* 是 A 上的等价关系. 要求:

(1)给出 R^* 的关系矩阵和关系图;

(2)写出商集 A/R^*;

15. 设 $A = \{1, 2, 3, 4, 5, 6, 7, 8, 9, 10, 11, 12\}$, R 为 A 上的整除关系, 要求:

(1)画出偏序集 $\langle A, R \rangle$ 的哈斯图.

(2)求该偏序集的最大元、最小元、极大元和极小元.

(3)令 $B = \{2, 3, 4\}$, 求 B 的上界、下界、上确界和下确界.

拓展练习 4

1. 设 A 和 B 是任意的有限集合, 编写通用程序求 $A \times B$, 并用 $A = \{a, b, c, d\}$, $B = \{1, 2, 3, 4, 5\}$ 验证程序的运行结果.

2. 设 $A = \{a, b, c, d, e, f\}$, R 为 A 上的关系, 且 $R = \{\langle a, b \rangle, \langle b, a \rangle, \langle a, c \rangle, \langle c, a \rangle, \langle b, c \rangle, \langle c, b \rangle, \langle e, f \rangle, \langle f, e \rangle\} \cup I_A$, 试构造 R 的关系矩阵, 并完成以下功能:

(1)分别构造判断关系是否具有自反性、对称性和传递性的通用子程序, 并验证 R 的性质.

(2)若 R 为等价关系, 试编程求解 A/R.

3. 如 R 具有自反性(反自反性、对称性、反对称性或传递性), 请问 R^{-1} 是否也具有自反性(反自反性、对称性、反对称性或传递性)? 试编程验证相关的结论.

4. 设 $A = \{a, b, c\}$, R 为 A 上的关系, R 的关系矩阵 $M_R = \begin{vmatrix} 1 & 0 & 1 \\ 1 & 1 & 0 \\ 1 & 1 & 1 \end{vmatrix}$, 编程求解 R^{-1}, R^2, R^3, $R \circ R^{-1}$ 的关系矩阵.

5. 设 X 是所有 4 位二进制串的集合, 在 X 上定义关系 R: 如果 s_1 的某个长度为 2 的子串等于 s_2 的某个长度为 2 的子串, 则 $\langle s_1, s_2 \rangle \in R$, 例如, 因为 0111 和 1010 中都含有子串 01, 所以 $\langle 0111, 1010 \rangle \in R$. 试判断 R 是否是一个偏序关系或等价关系.

6. 构造通用程序, 判断二元关系 R 是否为 A 上的偏序关系.

7. 试构造 n 元集合 A 上的所有等价关系的算法. 并分别用 $n=1, 2, 3, 4, 5, 6$ 验证算法, 并输出等价关系的个数.

第5章 函数与集合的势

函数是数学的一个基本概念. 在高等数学中曾讨论了函数的连续性、可微性和可积性等. 这里将高等数学中连续函数的概念推广到对离散量的讨论, 即将函数看作是一种特殊的二元关系. 从集合论的角度来看, 函数是二元关系的一个特例.

函数的概念在日常生活和计算机科学中非常重要, 如各种高级程序语言中使用了大量的函数. 实际上, 计算机的任何输出都可看成是某些输入的函数, 如编译程序就是将一个源程序变换为机器语言程序. 本章所讨论的函数概念, 主要涉及将一个有限集合变成另一个有限集合的离散函数.

5.1 函 数

5.1.1 函数的定义

函数是一种特殊的二元关系.

定义 5.1 设 f 是集合 A 到集合 B 的一个二元关系, 且对 $\forall x \in A$, 都存在唯一的 $y \in B$, 使得 $\langle x, y \rangle \in f$, 则称 f 是从 A 到 B 的函数(或映射), 记作 $f: A \rightarrow B$.

对于函数 $f: A \rightarrow B$ 来说, 若 $\langle x, y \rangle \in f$ (记作 $f(x) = y$), 则称 x 为自变量, y 是函数 f 在 x 处的值或在 f 作用下的像点, x 称为 y 的原像.

从函数的定义可以看出, 函数是满足如下条件的关系:

(1) $\text{dom} f = A$, $\text{ran} f \subseteq B$.

(2) 对 $\forall x \in A$, 只能有唯一的像点 $y \in B$.

例 5.1 设 $A = \{1, 2, 3, 4\}$, $B = \{a, b, c, d\}$, 试判断下列关系哪些是 A 到 B 的函数. 如果是, 请写出其值域.

(1) $f_1 = \{\langle 1, a \rangle, \langle 2, a \rangle, \langle 3, d \rangle, \langle 4, c \rangle\}$;

(2) $f_2 = \{\langle 1, a \rangle, \langle 2, a \rangle, \langle 2, d \rangle, \langle 4, c \rangle\}$;

(3) $f_3 = \{\langle 1, a \rangle, \langle 2, b \rangle, \langle 3, d \rangle, \langle 4, c \rangle\}$;

(4) $f_4 = \{\langle 2, b \rangle, \langle 3, d \rangle, \langle 4, c \rangle\}$.

解 (1) 在 f_1 中, 因为 A 中每个元素都有唯一的像和它对应, 所以 f_1 是函数. 其值域是 A 中每个元素的象的集合, 即 $\text{ran} f_1 = \{a, c, d\}$;

(2) 在 f_2 中, 因为元素 2 有两个不同的象 a 和 d, 与像的唯一性矛盾, 所以 f_2 不是函数;

(3) 在 f_3 中, 因为 A 中每个元素都有唯一的像和它对应, 所以 f_3 是函数. 其值域是 A 中每个元素的像的集合, 即 $\text{ran} f_3 = \{a, b, c, d\}$;

(4) 在 f_4 中, 因为元素 1 没有像, 所以 f_4 不是函数.

定义 5.2　所有从 A 到 B 的函数的集合记作 B^A, 读作 "B 上 A". 符号化表示为 $B^A = \{f \mid f: A \rightarrow B\}$.

例 5.2　设 $A = \{1, 2, 3\}$, $B = \{a, b\}$, 求出 B^A.

解　A 到 B 的函数 f 形如:

$$f = \{\langle 1, \square\rangle, \langle 2, \square\rangle, \langle 3, \square\rangle\}\text{(每个 □ 都可用 }B\text{ 中的任一元素代替)}$$

于是 A 到 B 的函数有

$$f_0 = \{\langle 1, a\rangle, \langle 2, a\rangle, \langle 3, a\rangle\}, \qquad f_1 = \{\langle 1, a\rangle, \langle 2, a\rangle, \langle 3, b\rangle\}$$
$$f_2 = \{\langle 1, a\rangle, \langle 2, b\rangle, \langle 3, a\rangle\}, \qquad f_3 = \{\langle 1, a\rangle, \langle 2, b\rangle, \langle 3, b\rangle\}$$
$$f_4 = \{\langle 1, b\rangle, \langle 2, a\rangle, \langle 3, a\rangle\}, \qquad f_5 = \{\langle 1, b\rangle, \langle 2, a\rangle, \langle 3, b\rangle\}$$
$$f_6 = \{\langle 1, b\rangle, \langle 2, b\rangle, \langle 3, a\rangle\}, \qquad f_7 = \{\langle 1, b\rangle, \langle 2, b\rangle, \langle 3, b\rangle\}$$

因此: $B^A = \{f_0, f_1, f_2, f_3, f_4, f_5, f_6, f_7\}$.

一般地, 若 $|A| = m$, $|B| = n$, 则 $|B^A| = n^m$.

函数是一种特殊的关系, 它与一般关系相比较, 具有如下差别:

(1) 个数差别.

从 A 到 B 的不同的关系有 2^{mn} 个; 但从 A 到 B 的不同的函数却仅有 n^m 个.

(2) 作为两个特殊的集合, 集合中的有序对的第 1 元素存在差别.

关系的第 1 元素可以相同; 函数的第 1 元素一定是互不相同的.

(3) 集合基数的差别.

每一个函数的基数都为 $|A|$ 个 ($|f| = |A|$), 但关系的基数却为 $0 \sim |A| \times |B|$.

5.1.2　函数的类型

下面讨论函数的类型.

定义 5.3　设 $f: A \rightarrow B$,

(1) 对任意 x_1, $x_2 \in A$, 如果 $x_1 \neq x_2$, 有 $f(x_1) \neq f(x_2)$, 则称 f 为从 A 到 B 的单射 (即不同的 x 对应不同的 y);

(2) 若 $\mathrm{ran}\, f = B$, 则称 f 为从 A 到 B 的满射;

(3) 若 f 是满射且是单射, 则称 f 为从 A 到 B 的双射;

(4) 若 $A = B$, 则称 f 为 A 上的函数; 当 A 上的函数 f 是双射时, 称 f 为一个变换.

可以将定义 5.3 的描述数学化为:

(1) $f: A \rightarrow B$ 是单射当且仅当对 $x_1, x_2 \in A$, 若 $x_1 \neq x_2$, 则 $f(x_1) \neq f(x_2)$;

(2) $f: A \rightarrow B$ 是满射当且仅当对 $\forall y \in B$, 一定存在 $x \in B$, 使得 $f(x) = y$;

(3) $f: A \rightarrow B$ 是双射当且仅当 f 既是单射, 又是满射;

(4) $f: A \rightarrow B$ 是变换当且仅当 f 是双射且 $A = B$.

例 5.3　确定下列函数的类型.

(1) 设 $A = \{1, 2, 3, 4, 5\}$, $B = \{a, b, c, d\}$. $f: A \rightarrow B$ 定义为: $f = \{\langle 1, a\rangle, \langle 2, c\rangle, \langle 3, b\rangle, \langle 4, a\rangle, \langle 5, d\rangle\}$.

(2)设 $A = \{1, 2, 3\}$, $B = \{a, b, c, d\}$. f: $A \rightarrow B$ 定义为: $f = \{\langle 1, a\rangle, \langle 2, c\rangle, \langle 3, b\rangle\}$.

(3)设 $A = \{1, 2, 3\}$, $B = \{1, 2, 3\}$. f: $A \rightarrow B$ 定义为 $f = \{\langle 1, 2\rangle, \langle 2, 3\rangle, \langle 3, 1\rangle\}$.

解　(1)因为对 $\forall y \in B$, 都存在 $x \in B$, 使得 $\langle x, y\rangle \in f$, 所以 f 是满射函数;

(2)因为 A 中不同的元素对应不同的像, 所以 f 是单射函数;

(3)因为 f 既是单射函数, 又是满射函数, 所以 f 是双射函数. 又因为 $A = B$, 所以 f 还是变换.

容易看出, 若 A, B 为有限集合, 且 $|A| = m$, $|B| = n$, 如果存在函数 f: $A \rightarrow B$, 满足:

(1) f 是单射的, 则 $m \leqslant n$.

(2) f 是满射的, 则 $m \geqslant n$.

(3) f 为双射的, 则 $m = n$.

例5.4　设 $A = \{0, 1, 2, \cdots\}$, $B = \{1, 1/2, 1/3, \cdots\}$, A 到 B 的定义如下, 试判断它们的类型.

(1) $f_1 = \{\langle 0, 1/2\rangle, \langle 1, 1/3\rangle, \cdots, \langle n, 1/(n+2)\rangle, \cdots\}$.

(2) $f_2 = \{\langle 0, 1\rangle, \langle 1, 1\rangle, \langle 2, 1/2\rangle, \cdots, \langle n, 1/n\rangle, \cdots\}$.

(3) $f_3 = \{\langle 0, 1\rangle, \langle 1, 1/2\rangle, \cdots, \langle n, 1/(n+1)\rangle, \cdots\}$.

解　(1)由已知得, $f_1(n) = \dfrac{1}{n+2}$ $(n = 0,1,2,\cdots)$, 根据函数 $f_1(n)$ 的表达式和单射函数的定义知, f_1 是单射函数; 但是, B 中元素 1 没有原像, 所以 f_1 不是满射函数;

(2)由已知得, $f_2(n) = \begin{cases} 1, & n = 0,1, \\ \dfrac{1}{n}, & n = 2,3,\cdots, \end{cases}$ 显然 f_2 是满射函数. 但是, A 中元素 0 和 1 有相同的像 1, 所以 f_2 不是单射函数;

(3)由已知得, $f_3(n) = \dfrac{1}{n+1}$ $(n = 0,1,2,\cdots)$, 显然 f_3 是双射函数.

例5.5　判断下列函数的类型.

(1) f: $\mathbf{R} \rightarrow \mathbf{R}$, $f(x) = -x^2 + 2x - 1$.

(2) f: $\mathbf{Z}^+ \rightarrow \mathbf{R}$, $f(x) = \ln x$.

(3) f: $\mathbf{R} \rightarrow \mathbf{Z}$, $f(x) = \lfloor x \rfloor$.

(4) f: $\mathbf{R} \rightarrow \mathbf{R}$, $f(x) = 2x + 1$.

(5) f: $\mathbf{R}^+ \rightarrow \mathbf{R}^+$, $f(x) = (x^2 + 1)/x$.

解　(1) f: $\mathbf{R} \rightarrow \mathbf{R}$, $f(x) = -x^2 + 2x - 1$ 是开口向下的抛物线, 不是单调函数, 并且在 $x = 1$ 时取得极大值 0. 因此它既不是单射也不是满射的.

(2) f: $\mathbf{Z}^+ \rightarrow \mathbf{R}$, $f(x) = \ln x$ 是单调上升的, 因此是单射的. 但不是满射的, 因为 $\mathrm{ran} f = \{\ln 1, \ln 2, \cdots\} \subset \mathbf{R}$.

(3) f: $\mathbf{R} \rightarrow \mathbf{Z}$, $f(x) = \lfloor x \rfloor$ 是满射的, 但不是单射的, 例如, $f(1.5) = f(1.2) = 1$.

(4) f: $\mathbf{R} \rightarrow \mathbf{R}$, $f(x) = 2x + 1$ 是满射, 单射, 双射的, 因为它是单调函数并且 $\mathrm{ran} f = \mathbf{R}$.

(5) f: $\mathbf{R}^+ \rightarrow \mathbf{R}^+$, $f(x) = (x^2 + 1)/x$ 不是单射的, 也不是满射的, 当 $x \rightarrow 0$ 时, $f(x) \rightarrow +\infty$; 而当 $x \rightarrow +\infty$ 时, $f(x) \rightarrow +\infty$. 在 $x = 1$ 处函数 $f(x)$ 取得极小值 $f(1) = 2$. 所以该函数既不是单射的也不是满射的.

5.1.3　常用函数

下面给出一些常用的函数.

定义 5.4　(1) 设函数 $f: A \to A$, 若对 $\forall x \in A$, 都有 $f(x) = x$, 则称 f 为 A 上的恒等函数, 记为 I_A.

(2) 设函数 $f: A \to B$, 如果 $\exists b \in B$, 且对 $\forall x \in A$, 都有 $f(x) = b$, 则称 f 为常值函数.

(3) 对实数 $x, f(x)$ 为大于等于 x 的最小整数, 则称 $f(x)$ 为上取整函数, 记为 $f(x) = \lceil x \rceil$.

(4) 对实数 $x, f(x)$ 为小于等于 x 的最大整数, 则称 $f(x)$ 为下取整函数, 记为 $f(x) = \lfloor x \rfloor$.

(5) 如果 $f(x)$ 是集合 A 到集合 $B = \{0, 1\}$ 上的函数, 则称 $f(x)$ 为布尔函数.

(6) 设 E 为全集, 对于任意的 $A \subseteq E$, 集合 A 的特征函数定义为从 E 到 $\{0, 1\}$ 的一个函数 χ_A, 且 $\chi_A(x) = \begin{cases} 0, & x \notin A, \\ 1, & x \in A. \end{cases}$

(7) 设 R 是 A 上的等价关系, 令 $g: A \to A/R$, $g(a) = [a]$ $(a \in A)$, 称 g 是从 A 到商集 A/R 的自然映射.

可以设计全集 E 到集合 $\{0, 1\}$ 的函数. 这种函数与全集的子集之间能够建立一一对应关系. 利用这些函数, 把集合的性质和它们的运算在计算机上用二进制数来表示, 将很容易对它们进行变换.

例 5.6　设 $E = \{a, b, c\}$, 写出 E 的每个子集的特征函数.

解　$E = \{a, b, c\}$ 的子集有 8 个, 对应的特征函数如下:

$$\chi_\varnothing = \{\langle a, 0 \rangle, \langle b, 0 \rangle, \langle c, 0 \rangle\}, \qquad \chi_{\{a\}} = \{\langle a, 1 \rangle, \langle b, 0 \rangle, \langle c, 0 \rangle\}$$
$$\chi_{\{b\}} = \{\langle a, 0 \rangle, \langle b, 1 \rangle, \langle c, 0 \rangle\}, \qquad \chi_{\{c\}} = \{\langle a, 0 \rangle, \langle b, 0 \rangle, \langle c, 1 \rangle\}$$
$$\chi_{\{a, b\}} = \{\langle a, 1 \rangle, \langle b, 1 \rangle, \langle c, 0 \rangle\}, \qquad \chi_{\{a, c\}} = \{\langle a, 1 \rangle, \langle b, 0 \rangle, \langle c, 1 \rangle\}$$
$$\chi_{\{b, c\}} = \{\langle a, 0 \rangle, \langle b, 1 \rangle, \langle c, 1 \rangle\}, \qquad \chi_{\{a, b, c\}} = \{\langle a, 1 \rangle, \langle b, 1 \rangle, \langle c, 1 \rangle\}$$

由于 A 的子集与特征函数的对应关系, 可以用特征函数来标记 A 的不同的子集.

下面是特征函数的一些性质, 这些性质说明了如何利用集合的特征函数来确定集合的关系和运算.

(1) $\forall x (\chi_A(x) = 0) \Leftrightarrow A = \varnothing$.

(2) $\forall x (\chi_A(x) = 1) \Leftrightarrow A = E$.

(3) $\forall x (\chi_A(x) \leqslant \chi_B(x)) \Leftrightarrow A \subseteq B$.

(4) $\forall x (\chi_A(x) = \chi_B(x)) \Leftrightarrow A = B$.

(5) $\chi_{A \cap B}(x) = \chi_A(x) \cdot \chi_B(x)$.

(6) $\chi_{A \cup B}(x) = \chi_A(x) + \chi_B(x) - \chi_{A \cap B}(x)$.

(7) $\chi_{\bar{A}}(x) = 1 - \chi_A(x)$.

例 5.7　设 $A = \{1, 2, 3\}$, $R = \{\langle 1, 2 \rangle, \langle 2, 1 \rangle\} \cup I_A$ 是 A 上的等价关系, 写出 A 到商集 A/R 的自然映射 g.

解　根据定义有 A 到商集 A/R 的自然映射 g: $g(1) = g(2) = \{1, 2\}$, $g(3) = \{3\}$.

注意 不同的等价关系将确定不同的自然映射, 其中相等关系所确定的自然映射是双射, 而其他的自然映射一般来说只是满射.

有限集合上的双射函数在数学、计算机科学和物理学中有着非常广泛的应用. 下面进行简单讨论.

定义 5.5 设有限集合 $A = \{a_1, a_2, \cdots, a_n\}$. 从 A 到 A 的双射函数称为 A 上的置换或排列, 记为 $P: A \to A$, n 称为置换的阶.

n 阶置换 $P: A \to A$ 常表示为: $P = \begin{pmatrix} a_1 & a_2 & a_3 & \cdots & a_n \\ P(a_1) & P(a_2) & P(a_3) & \cdots & P(a_n) \end{pmatrix}$, 其中: 第一行是集合 A 的元素按顺序列出, 第二行是 A 中元素对应的函数值. 显然序列 $P(a_1), P(a_2), \cdots, P(a_n)$ 恰好是 A 中元素的一个全排列.

例 5.8 设 $A = \{1, 2, 3\}$, 写出 A 上所有的置换.

解 A 上的所有置换如下

$$P_1 = \begin{pmatrix} 1 & 2 & 3 \\ 1 & 2 & 3 \end{pmatrix}, \quad P_2 = \begin{pmatrix} 1 & 2 & 3 \\ 1 & 3 & 2 \end{pmatrix}, \quad P_3 = \begin{pmatrix} 1 & 2 & 3 \\ 2 & 1 & 3 \end{pmatrix}$$

$$P_4 = \begin{pmatrix} 1 & 2 & 3 \\ 2 & 3 & 1 \end{pmatrix}, \quad P_5 = \begin{pmatrix} 1 & 2 & 3 \\ 3 & 1 & 2 \end{pmatrix}, \quad P_6 = \begin{pmatrix} 1 & 2 & 3 \\ 3 & 2 & 1 \end{pmatrix}$$

5.2 函数的运算

5.2.1 函数的复合

函数是一种特殊的二元关系, 函数的复合就是关系的复合. 一切和关系复合有关的定理都适用于函数的复合. 下面着重考虑函数复合的一些性质.

定义 5.6 设 $f: A \to B$, $g: B \to C$ 是两个函数, 则 f 与 g 的复合运算
$$f \circ g = \{\langle x, z \rangle \mid x \in A \land z \in C \land \exists y(y \in B \land \langle x, y \rangle \in f \land \langle y, z \rangle \in g)\}$$
是从 A 到 C 的函数, 记为 $f \circ g: A \to C$, 称为函数 f 与 g 的复合函数.

注意 (1) $\mathrm{dom}(f \circ g) = \mathrm{dom} f$, $\mathrm{ran}(f \circ g) = \mathrm{ran} g$;

(2) 对任意 $x \in A$, 有 $f \circ g(x) = g(f(x))$.

例 5.9 设 $A = \{1, 2, 3, 4, 5\}$, $B = \{a, b, c, d\}$, $C = \{v, w, x, y, z\}$, 函数 $f: A \to B$, $g: B \to C$ 定义如下

$$f = \{\langle 1, a \rangle, \langle 2, a \rangle, \langle 3, d \rangle, \langle 4, c \rangle, \langle 5, b \rangle\}$$

$$g = \{\langle a, v \rangle, \langle b, x \rangle, \langle c, z \rangle, \langle d, w \rangle\}$$

求 $f \circ g$.

解 $$f \circ g = \{\langle 1, v \rangle, \langle 2, v \rangle, \langle 3, w \rangle, \langle 4, z \rangle, \langle 5, x \rangle\}$$

例 5.10 设 $f: \mathbf{R} \to \mathbf{R}$, $g: \mathbf{R} \to \mathbf{R}$, $h: \mathbf{R} \to \mathbf{R}$, 满足 $f(x) = 2x$, $g(x) = (x+1)^2$, $h(x) = x/2$. 计算:

(1) $f \circ g$，$g \circ f$；

(2) $(f \circ g) \circ h, f \circ (g \circ h)$;

(3) $f \circ h, h \circ f$.

解　(1) $f \circ g\ (x) = g(f(x)) = g(2x) = (2x+1)^2$.

$g \circ f\ (x) = f(g(x)) = f((x+1)^2) = 2(x+1)^2$.

(2) $(f \circ g) \circ h\ (x) = h((f \circ g)(x)) = h(g(f(x))) = h(g(2x)) = h((2x+1)^2) = (2x+1)^2/2$.

$f \circ (g \circ h)\ (x) = (g \circ h)(f(x)) = h(g(f(x))) = h(g(2x)) = h((2x+1)^2) = (2x+1)^2/2$.

(3) $f \circ h\ (x) = h(f(x)) = h(2x) = x$;　$h \circ f\ (x) = f(h(x)) = f(x/2) = x$.

注意　函数的复合不满足交换律，但满足结合律. 证明留给读者完成.

定理 5.1　设 $f: A \to B, g: B \to C$，则:

(1) 如果 f, g 是满射，则 $f \circ g$ 也是从 A 到 C 满射.

(2) 如果 f, g 是单射，则 $f \circ g$ 也是从 A 到 C 单射.

(3) 如果 f, g 是双射，则 $f \circ g$ 也是从 A 到 C 双射.

证明　(1) 对 $\forall c \in C$，由于 g 是满射，所以存在 $b \in B$，使得 $g(b) = c$. 对于 $b \in B$，又因 f 是满射，所以存在 $a \in A$，使得 $f(a) = b$. 从而有 $f \circ g\ (a) = g(f(a)) = g(b) = c$，即存在 $a \in A$，使得: $f \circ g\ (a) = c$，所以 $f \circ g$ 是满射.

(2) 任意 $a_1, a_2 \in A, a_1 \neq a_2$，由于 f 是单射，所以 $f(a_1) \neq f(a_2)$. 令 $b_1 = f(a_1), b_2 = f(a_2)$，由于 g 是单射，所以 $g(b_1) \neq g(b_2)$，即 $g(f(a_1)) \neq g(f(a_2))$. 从而有 $f \circ g\ (a_1) \neq f \circ g\ (a_2)$，所以 $f \circ g$ 是单射.

(3) 是 (1) 和 (2) 的直接结果.

5.2.2　函数的逆运算

定义 5.7　设 f 是 A 到 B 的函数. 如果 $f^{-1} = \{\langle y, x \rangle \mid x \in A \wedge y \in B \wedge \langle x, y \rangle \in f\}$ 是 B 到 A 的函数，则称 $f^{-1}: B \to A$ 是函数 f 的反函数.

任给函数 f，它的逆 f^{-1} 不一定是函数，只是一个二元关系. 例如 $f = \{\langle x_1, y_1 \rangle, \langle x_2, y_1 \rangle\}$，则有 $f^{-1} = \{\langle y_1, x_1 \rangle, \langle y_1, x_2 \rangle\}$，显然，$f^{-1}$ 不是函数. 因为对于 $y_1 \in \operatorname{dom} f^{-1}$ 有 x_1 和 x_2 两个值与之对应，破坏了函数的单值性.

任给单射函数 $f: A \to B$，则 f^{-1} 是函数，且是从 $\operatorname{ran} f$ 到 A 的双射函数，但不一定是从 B 到 A 的双射函数. 因为对于某些 $y \in B - \operatorname{ran} f, f^{-1}$ 没有值与之对应.

对于什么样的函数 $f: A \to B$，它的逆 f^{-1} 是 B 到 A 的函数呢? 我们有以下定理.

定理 5.2　设 $f: A \to B$ 是双射的，则 $f^{-1}: B \to A$ 也是双射的.

证明　(1) 先证明 f^{-1} 是从 B 到 A 的函数 $f^{-1}: B \to A$.

因为 f 是函数，所以 f^{-1} 是关系，且由定理 5.1 得

$$\operatorname{dom} f^{-1} = \operatorname{ran} f = B$$

$$\operatorname{ran} f^{-1} = \operatorname{dom} f = A$$

对于任意的 $x \in B = \mathrm{dom}f^{-1}$, 假设有 $y_1, y_2 \in A$ 使得 $\langle x, y_1 \rangle \in f^{-1} \wedge \langle x, y_2 \rangle \in f^{-1}$ 成立, 则由逆的定义有 $\langle y_1, x \rangle \in f \wedge \langle y_2, x \rangle \in f$.

根据 f 的单射性可得 $y_1 = y_2$, 从而证明了 f^{-1} 是函数.

综上所述, $f^{-1}: B \to A$ 是满射的函数.

(2) 再证明 $f^{-1}: B \to A$ 的单射性.

若存在 $x_1, x_2 \in B$ 使得 $f^{-1}(x_1) = f^{-1}(x_2) = y$, 从而有

$$\langle x_1, y \rangle \in f^{-1} \wedge \langle x_2, y \rangle \in f^{-1}$$

$$\Rightarrow \langle y, x_1 \rangle \in f \wedge \langle y, x_2 \rangle \in f$$

$$\Rightarrow x_1 = x_2 \quad (因为 f 是函数)$$

对于双射函数 $f: A \to B$, 称 $f^{-1}: B \to A$ 是它的反函数.

例 5.11 试求出下列函数的反函数.

(1) 设 $A = \{1, 2, 3\}$, $B = \{1, 2, 3\}$, $f_1: A \to B$ 定义为 $f_1 = \{\langle 1, 2 \rangle, \langle 2, 3 \rangle, \langle 3, 1 \rangle\}$;

(2) $f_2 = \{\langle 0, 1 \rangle, \langle 1, 1/2 \rangle, \cdots, \langle n, 1/(n+1) \rangle, \cdots\}$;

(3) $f_3 = \{\langle x, x+1 \rangle | x \in \mathbf{R}\}$.

解 (1) 因为 $f_1 = \{\langle 1, 2 \rangle, \langle 2, 3 \rangle, \langle 3, 1 \rangle\}$, 所以 $f_1^{-1} = \{\langle 2, 1 \rangle, \langle 3, 2 \rangle, \langle 1, 3 \rangle\}$;

(2) 因为 $f_2 = \{\langle 0, 1 \rangle, \langle 1, 1/2 \rangle, \cdots, \langle n, 1/(n+1) \rangle, \cdots\}$, 所以 $f_2^{-1} = \{\langle 1, 0 \rangle, \langle 1/2, 1 \rangle, \cdots, \langle n, 1/(n+1) \rangle, \cdots\}$;

(3) 因为 $f_3 = \{\langle x, x+1 \rangle | x \in \mathbf{R}\}$, 所以 $f_3^{-1} = \{\langle x+1, x \rangle | x \in \mathbf{R}\}$.

例 5.12 试求出例 5.8 中的置换 P_2, P_4 的逆置换, 并计算 P_2, P_4 的复合运算以及它们的逆的复合运算.

解 根据已知有 $P_2 = \{\langle 1, 1 \rangle, \langle 2, 3 \rangle, \langle 3, 2 \rangle\}$, $P_4 = \{\langle 1, 2 \rangle, \langle 2, 3 \rangle, \langle 3, 1 \rangle\}$, 因而:

(1) $P_2^{-1} = \begin{pmatrix} 1 & 2 & 3 \\ 1 & 3 & 2 \end{pmatrix}$, $P_4^{-1} = \begin{pmatrix} 1 & 2 & 3 \\ 3 & 1 & 2 \end{pmatrix}$.

(2) $P_2 \circ P_4 = \begin{pmatrix} 1 & 2 & 3 \\ 2 & 1 & 3 \end{pmatrix}$, $P_2^{-1} \circ P_4^{-1} = \begin{pmatrix} 1 & 2 & 3 \\ 3 & 2 & 1 \end{pmatrix}$.

5.3 集 合 的 势

本节讨论集合的度量和比较集合大小的方法. 对任意集合 A 和 B, A 的元素和 B 的元素相比是多、少, 还是相等的问题, 对于有限集来说并不复杂, 只要数一数两个集合的元素个数, 然后比较结果就行. 而无限集无法用确切的个数来描述, 因此, 无限集有许多有限集所没有的一些特征, 而有限集的一些特征也不能任意推广到无限集中去, 即使有的能推广, 也要做某些意义上的修改. 19 世纪, 康托尔研究了无限集的度量问题, 并解决了关于无限集的定义和特征等问题. 关于集合的度量和比较集合大小的根本方法就是建立函数(映射), 设 A 和 B 为任意集合, 若存在函数 $f: A \to B$, 满足:

(1) f 是单射的, 则 $|A| \leqslant |B|$.

(2) f 是满射的, 则 $|A| \geqslant |B|$.

(3)f 为双射的, 则 $|A| = |B|$.

这个方法不仅适合于有限集, 也适合于无限集.

5.3.1　集合的等势

定义 5.8　设 A, B 是集合, 如果存在着从 A 到 B 的双射函数, 则称 A 和 B 是等势的, 记作 $A \approx B$. 如果 A 不与 B 等势, 则记作 $A \napprox B$.

集合 $A \approx B$, 意味着 A 和 B 的元素间是一一对应的.

定理 5.3　设 A, B, C 是任意集合.

(1)$A \approx A$.

(2)若 $A \approx B$, 则 $B \approx A$.

(3)若 $A \approx B, B \approx C$, 则 $A \approx C$.

定理的证明留作练习.

等势关系具有自反性、对称性和传递性, 是集合族上的等价关系.

例 5.13　设 $A = \{1, 2, 3\}, B = \{a, b, c\}$, 证明 $A \approx B$.

证明　令 $f: A \to B$, 且 $f = \{\langle 1, a \rangle, \langle 2, b \rangle, \langle 3, c \rangle\}$, 显然 f 是从 A 到 B 的双射函数, 故 $A \approx B$.

设 $m \in \mathbf{N}$, $\mathbf{N}_m$ 为不超过 m 的自然数的集合, 即 $\mathbf{N}_m = \{0, 1, 2, 3, \cdots, m-1\}$.

定义 5.9　设 A 是一个集合, 如果存在某个自然数 m, 使得 $A \approx \mathbf{N}_m$, 则称 A 为有限集, 并称 m 为 A 的基数或势. 通常用 $|A|$ 表示集合的基数或势. 若 A 不是有限集, 则称 A 为无限集.

例如: 集合 $A = \{a, b, c\}$, 则 A 与集合 $\mathbf{N}_3 = \{0, 1, 2\}$ 之间可建立一一对应, 因此 A 为有限集, 且 $|A| = 3$. 显然, $\mathbf{N}, \mathbf{Z}, \mathbf{Q}, \mathbf{N} \times \mathbf{N}, \mathbf{R}$ 等都是无限集.

例 5.14　证明 $\mathbf{Z} \approx \mathbf{N}$.

证明　$\mathbf{N} = \{0, 1, 2, 3, \cdots\}$, 为了要证明 $\mathbf{Z} \approx \mathbf{N}$, 只需将 $\mathbf{Z}$ 与 $\mathbf{N}$ 建立一个一一对应关系. 如表 5.1 所示.

表 5.1

Z	0	−1	1	−2	2	−3	3	⋯
N	0	1	2	3	4	5	6	⋯

一般地, 令 $f: \mathbf{Z} \to \mathbf{N}$, $f(x) = \begin{cases} 2x, & x \geq 0, \\ -2x-1, & x < 0. \end{cases}$

显然 f 是 $\mathbf{Z}$ 到 $\mathbf{N}$ 的双射函数, 因此 $\mathbf{Z} \approx \mathbf{N}$.

例 5.15　证明 $\mathbf{N} \times \mathbf{N} \approx \mathbf{N}$.

证明　为建立 $\mathbf{N} \times \mathbf{N}$ 到 $\mathbf{N}$ 的双射函数, 只需把 $\mathbf{N} \times \mathbf{N}$ 中所有的元素排成一个有序图形, 如图 5.1 所示.

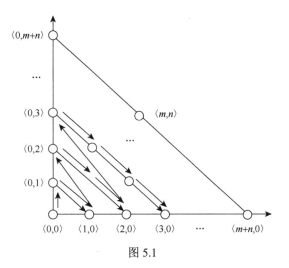

图 5.1

N×N 中的元素恰好是坐标平面上第一象限(含坐标轴在内)中所有整数坐标的点. 如果能够找到"数遍"这些点的方法, 这个计数过程就是建立 **N×N** 到 **N** 的双射函数的过程. 按照图中箭头所标明的顺序, 从 $\langle 0, 0 \rangle$ 开始数起, 依次得到下面的序列(表 5.2).

表 5.2

N×N	$\langle 0, 0 \rangle$	$\langle 0, 1 \rangle$	$\langle 1, 0 \rangle$	$\langle 0, 2 \rangle$	$\langle 1, 1 \rangle$	$\langle 2, 0 \rangle$	$\langle 0, 3 \rangle$	⋯
N	0	1	2	3	4	5	6	⋯

一般地, 设 $\langle m, n \rangle$ 是一个点, 并且它所对应的自然数是 k. 考察 m, n, k 之间的关系. 首先计数 $\langle m, n \rangle$ 点所在斜线下方的平面上所有的点数 $= 1 + 2 + \cdots + (m+n) = \dfrac{(m+n+1)(m+n)}{2}$. 然后计数 $\langle m, n \rangle$ 所在的斜线上按照箭头标明的顺序位于 $\langle m, n \rangle$ 点之前的点数为 m. 因此 $\langle m, n \rangle$ 点是第 $\dfrac{(m+n+1)(m+n)}{2} + m + 1$ 个点. 这就得到 $k = \dfrac{(m+n+1)(m+n)}{2} + m$.

根据上面的分析, 不难给出 **N×N** 到 **N** 的双射函数 f, 即

$$f: \mathbf{N} \times \mathbf{N} \to \mathbf{N}, \quad f(\langle m, n \rangle) = \frac{(m+n+1)(m+n)}{2} + m$$

因此, **N×N≈N**.

5.3.2 可数集合与不可数集合

定义 5.10 自然数集合 **N** 的基数记作 $\aleph_0$ 表示($\aleph_0$ 读作阿列夫零), 即 $|\mathbf{N}| = \aleph_0$.

定义 5.11 设 A 是一个集合, 若 $|A| \leqslant \aleph_0$, 则称 A 为可数集(或可列集), 否则称 A 为不可数集.

例如, $\{a, b, c\}$, $\{5\}$, 整数集 **Z**, 有理数集 **Q**, 以及 **N×N** 等都是可数集, 但实数集 **R** 不是可数集, 与 **R** 等势的集合也不是可数集. 对于任何的可数集, 它的元素都可以排列成一个有序图形. 换句话说, 都可以找到一个"数遍"集合中全体元素的顺序.

定理 5.4　开区间 $(0, 1) = \{x | x \in \mathbf{R} \land 0 < x < 1\}$ 是不可数集合.

证明　假定 $(0, 1)$ 是可数集合, 则可将 $(0, 1)$ 的所有元素排成一个无穷序列, 设 $(0, 1) = \{x_0, x_1, x_2, \cdots, x_i, \cdots\}$ $(i = 0, 1, 2, \cdots)$.

设 $x_i = 0.a_{i0}a_{i1}a_{i2}\cdots a_{ik}\cdots$ (其中 $a_{ik} \in \{0, 1, 2, 3, \cdots, 9\}$), 约定不允许自某个 a_{ik} 后全是 0, 则每个 x_i 的表示是唯一的. 这样可以分别把开区间 $(0, 1)$ 的元素表示为

$$x_0 = 0.a_{00}a_{01}a_{02}\cdots$$
$$x_1 = 0.a_{10}a_{11}a_{12}\cdots$$
$$x_2 = 0.a_{20}a_{21}a_{22}\cdots$$
$$\cdots\cdots$$
$$x_i = 0.a_{i0}a_{i1}a_{i2}\cdots a_{ii}\cdots$$
$$\cdots\cdots$$

现在构造一个实数 $y = b_0b_1b_2, \cdots, b_i, \cdots$, 其中 $b_i = \begin{cases} 1, & a_{ii} \neq 1 \\ 2, & a_{ii} = 1 \end{cases}$ $(i = 0, 1, 2, \cdots)$, 显然 $y \in (0, 1)$, 但 y 不在序列 $\{x_0, x_1, x_2, \cdots, x_i, \cdots\}$ 中, 这与假设相矛盾.

因此, 开区间 $(0, 1)$ 是不可数集合.

例 5.16　证明 $(0, 1) \approx (a, b)$ (其中: $(a, b) = \{x | x \in \mathbf{R} \land a < x < b\}$).

证明　构造双射函数 f: $(0, 1) \to (a, b)$, $f(x) = (b-a)x + a$, 即: 对任何 $a, b \in \mathbf{R}$, $a < b$, 有 $(0, 1) \approx (a, b)$. 类似地可以证明 $[0, 1) \approx [a, b)$, $(0, 1] \approx (a, b]$, $[0, 1] \approx [a, b]$.

例 5.17　证明 $[0, 1] \approx (0, 1)$ (其中 $[0, 1] = \{x | x \in \mathbf{R} \land 0 \leqslant x \leqslant 1\}$).

解　构造函数 $f: (0, 1) \to [0, 1]$,

$$f(x) = \begin{cases} \dfrac{1}{2}, & x = 0 \\ \dfrac{1}{2^2}, & x = 1 \\ \dfrac{1}{2^{n+2}}, & x = \dfrac{1}{2^n}, \quad n = 1, 2, \cdots \\ x, & \text{其他} \end{cases}$$

显然 f 为双射函数, 因而 $[0, 1] \approx (0, 1)$.

例 5.18　证明 $(0, 1) \approx \mathbf{R}$.

分析: 要证明 $(0, 1) \approx \mathbf{R}$, 即构造 $(0, 1)$ 到 $\mathbf{R}$ 的双射函数. 因为直接构造比较困难, 所以可以考虑在 $(0, 1)$ 和 $\mathbf{R}$ 之间寻找一个中间集合 X, 然后分别构造 $(0, 1)$ 到 X 的双射函数 f, 以及 X 到 $\mathbf{R}$ 的双射函数 g, 则 $f \circ g: (0, 1) \to \mathbf{R}$ 为双射函数.

证明　选择一个中间集合 $\left(-\dfrac{\pi}{2}, \dfrac{\pi}{2}\right)$.

首先构造双射函数 $f: (0, 1) \to \left(-\dfrac{\pi}{2}, \dfrac{\pi}{2}\right)$, $f(x) = \pi x - \dfrac{\pi}{2}$, 然后构造双射函数 $g: \left(-\dfrac{\pi}{2}, \dfrac{\pi}{2}\right) \to \mathbf{R}$, $g(x) = \tan(x)$.

于是 $f \circ g:(0,1) \to \mathbf{R}, f \circ g(x)=g(f(x))=\tan\left(\pi x-\dfrac{\pi}{2}\right)$ 为双射函数.

因此 $(0,1) \approx \mathbf{R}$ 成立.

定义 5.12 开区间 $(0,1)=\{x|x\in\mathbf{R} \wedge 0<x<1\}$ 的基数记作 $\aleph$ ($\aleph$ 读作阿列夫), 即 $|(0,1)|=\aleph$.

可以证明任意实数区间 (a,b), $(a,b]$, $[a,b)$, $[a,b]$ $(a<b)$ 以及实数集合 $\mathbf{R}$ 都和开区间 $(0,1)$ 等势的, 它们的基数都是 $\aleph$.

到目前为止, 我们讨论了有限集及其基数, 以及基数为 $\aleph_0$ 的可数无限集和基数为 $\aleph$ 的不可数无限集. 那么是否存在基数不同于 $\aleph_0$ 和 $\aleph$ 的无限集呢? 能否对基数进行比较, 并且按照某种顺序排列呢? 下面将讨论这些问题.

5.3.3 集合的优势

定义 5.13 设 A,B 是集合, 如果存在着从 A 到 B 的单射函数, 则称 B 优势于 A, 记作 $A \preccurlyeq B$. 如果 $A \preccurlyeq B$, 且 $A \not\approx B$, 则称 B 真优势于 A, 记作 $A \prec B$.

定理 5.5(康托尔定理) (1) $\mathbf{N} \prec \mathbf{R}$.

(2) 对任意集合 A, 都有 $A \prec P(A)$.

证明 (1) 一方面: 构造 $f: \mathbf{N}\to\mathbf{R}, f(x)=x$, 显然 f 为单射函数, 故 $\mathbf{N} \preccurlyeq \mathbf{R}$.

另一方面: 由于 $(0,1) \approx \mathbf{R}$, 故只需证明 $\mathbf{N}$ 与 $(0,1)$ 不等势, 即证明不存在 $\mathbf{N}$ 到 $(0,1)$ 的双射函数, 实际上只需证明任何 $\mathbf{N}$ 到 $(0,1)$ 的函数都不是满射即可.

设 $f: \mathbf{N}\to(0,1)$ 是从 $\mathbf{N}$ 到 $(0,1)$ 的任意函数, 令 $f(i)=x_i$, 其中

$$x_0=0.a_{00}a_{01}a_{02}\cdots$$
$$x_1=0.a_{10}a_{11}a_{12}\cdots$$
$$x_2=0.a_{20}a_{21}a_{22}\cdots$$
$$\cdots\cdots$$
$$x_i=0.a_{i0}a_{i1}a_{i2}\cdots a_{ii}\cdots$$
$$\cdots\cdots$$

这里需要规定无限小数 $x_i=0.a_{i0}a_{i1}a_{i2}\cdots a_{ik}\cdots$ 表示方法的唯一性. 约定不允许自某个 a_{ik} 后全是 0, 则每个 x_i 表示是唯一的.

现在构造一个实数 $y=b_0b_1b_2\cdots b_i\cdots$ $(b_i\neq a_{ii}, i=0, 1, 2,\cdots)$, 显然 $y\in(0,1)$, 但 $y\notin\mathrm{ran}(f)=\{x_0,x_1,x_2,\cdots,x_i,\cdots\}$ 中, 即 f 不是满射. 由 f 的任意性可知, 不存在 $\mathbf{N}$ 到 $(0,1)$ 的双射函数, 故 $\mathbf{N}\not\approx(0,1)$.

因此 $\mathbf{N}\prec\mathbf{R}$ 成立.

(2) 与 (1) 的证明类似, 下面证明从 A 到 $P(A)$ 的函数都不是满射.

一方面: 构造 $f: A\to P(A), f(x)=\{x\}$, 显然 f 为单射函数, 故 $A\prec P(A)$.

另一方面: 证明 $A\not\approx P(A)$, 即证明不存在 A 到 $P(A)$ 的双射函数, 实际上只需证明任何 A 到 $P(A)$ 的函数都不是满射即可.

设 $g: A\to P(A)$ 是从 A 到 $P(A)$ 的任意函数, 构造集合 $B=\{x|x\in A \wedge x\notin g(x)\}$, 则 $B\in$

$P(A)$，但 $B \notin \mathrm{ran}(g)$，即 g 不是满射. 由 g 的任意性可知，不存在 A 到 $P(A)$ 的双射函数，故 $A \prec P(A)$.

上述定理说明不存在最大的基数. 将已知的基数按从小到大的顺序排列就得到: 0, 1, 2,$\cdots$, n,$\cdots$, $\aleph_0$, $\aleph$,$\cdots$, 其中 0, 1, 2,$\cdots$, n 是有限集的基数, 称为有穷基数, 而 $\aleph_0$, $\aleph$,$\cdots$ 是无限集的基数, 称为无穷基数.

习　题　5

1. 设 $A = \{x, y, z\}$, $B = \{1, 2, 3\}$, 试说明下列 A 到 B 的二元关系中, 哪些能构成 A 到 B 的函数?

(1) $\{\langle x, 1\rangle, \langle y, 1\rangle, \langle z, 1\rangle\}$.

(2) $\{\langle x, 2\rangle, \langle y, 3\rangle\}$.

(3) $\{\langle x, 3\rangle, \langle y, 2\rangle, \langle z, 3\rangle, \langle y, 3\rangle\}$.

(4) $\{\langle x, 2\rangle, \langle y, 1\rangle, \langle z, 3\rangle\}$.

2. 设 $A = \{a, b, c\}$, $B = \{1, 2\}$, 求 B^A.

3. 设 $E = \{a, b, c, d\}$, $A = \{a, d\}$, 求 χ_A.

4. 设 $A = \{a, b, c, d\}$, R 是 A 上的等价关系, 其中 $R = \{\langle a, b\rangle, \langle b, a\rangle\} \cup I_A$, 写出 A 到 A/R 的自然映射 g.

5. 设 $A = \{1, 2, 3, 4\}$, 写出 A 上的所有置换.

6. 对于以下的集合 A 和 B, 构造 A 到 B 的双射函数.

(1) $A = \{1, 2, 3\}$, $B = \{x, y, z\}$.

(2) $A = [0, 1]$, $B = [2, 4]$.

(3) $A = \mathbf{R}$, $B = \mathbf{R}^+$.

(4) $A = \mathbf{Z}^-$, $B = \mathbf{N}$.

7. 证明下列集合是可数集合.

(1) $\{k|k = 2n, n \in \mathbf{N}\}$.

(2) $\{k|k = n^2, n \in \mathbf{N}\}$.

(3) $\{k|k = 3n-2, n \in \mathbf{N}\}$.

(4) 整数集合 $\mathbf{Z}$.

8. 计算下列集合的基数.

(1) $\{u, v, w, x, y, z\}$.

(2) $\{x|x = n^2, n \in \mathbf{N}\}$.

(3) $\{x|x = n^{108}, n \in \mathbf{N}\}$.

(4) 实数区间 $[0, 1)$.

拓展练习 5

1. 设 $A_n = \{a_1, a_2, a_3, \cdots, a_n\}$ 是有 n 个元素的有限集, $B_n = \{b_1 b_2 b_3 \cdots b_n | b_i \in \{0, 1\}\}$, 试建立 $P(A_n)$ 到 B_n 的一个双射函数.

2. 设 $A = \{1, 2, 3, 4\}$，试给出 A 上的一个单射函数 $f (f \neq I_A)$，求出 $f^2, f^3, f^{-1}, f^{-1} \circ f$, $f \circ f^{-1}$，并用程序验证结论.

3. 设实数集 **R** 上的函数 f, g, h 的定义分别如下：$f(x) = x+3, g(x) = 2x+1, h(x) = x/2$，试编程求解复合函数 $f \circ g, f \circ f, h \circ g, f \circ h \circ g$.

4. 用 H 代表硬币正面，T 代表硬币反面. 试写出当扔出三个硬币时可能出现的结果所组成的集合.

5. 设 f 是字符集上的映射，映射的表格表示如表 5.3 所示.

表 **5.3**

A	B	C	D	E	F	G	H	I	J	K	L	M
D	E	S	T	I	N	Y	A	B	C	F	G	H
N	O	P	Q	R	S	T	U	V	W	X	Y	Z
J	K	L	M·	O	P	Q	R	U	V	W	X	Z

即 $f(A) = D, f(B) = E, f(C) = S, \cdots, f(X) = W, f(Y) = X, f(Z) = Z$.

试找出给定密文 "*AIQORSFDOOBUIPQKJBYAQABC*" 对应的明文.

6. 一个正三角形被均分为 3 个小三角形，如图 5.2(a) 所示. 现用黑、白二色对其小三角形着色，假设经旋转能使之重合的图像算一种（如图 5.2(b) 所示三种图像算一种）. 试写出由不同图像构成的集合.

(a)　　　　　　　　　(b)

图 5.2

7. 设按顺序排列的 13 张红心纸牌 A 2 3 4 5 6 7 8 9 10 J Q K，经过一次洗牌后牌的顺序变为 3 8 K A 4 10 Q J 5 7 6 2 9，问：再经两次同样方式的洗牌后牌的顺序是怎样的？

第三部分 代 数 系 统

代数系统，也叫做抽象代数，简称代数，是数学的一个分支. 它用代数的方法从不同的研究对象中概括出一般的数学模型并研究其规律、性质和结构. 代数系统也是一种数学模型，可以用它表示实际世界中的离散结构.

代数系统就是在集合上赋予某些运算，从而形成某种代数结构，揭示了事物之间的关系与变化规律. 构成一个代数系统有三方面的要素：集合、集合上的运算以及说明运算性质或运算之间关系的公理. 按照现代数学观点，数学各分支的研究对象或者是带有某种特定结构的集合(如群、环、域等)，或者是可以通过集合来定义的(如自然数集、实数集、矩阵集合等). 从这个意义上说，集合论的基本概念已渗透到数学的所有领域，可以说是整个现代数学的基础.

代数系统是建立在集合论基础上以代数运算为研究对象的学科. 代数系统的种类很多，它们在计算机科学的自动机理论、编码理论、形式语言、时序电路、开关线路计数问题以及计算机网络纠错能力的判断、密码学、计算机理论科学等方面有着非常广泛的应用.

本部分将介绍代数系统的基本概念和几个典型的代数系统，包括两章：

(1)第 6 章代数系统的基本概念：介绍运算的定义和表示方法、二元运算的特殊元素和消去律、代数系统的基本概念等.

(2)第 7 章几个典型的代数系统：介绍半群、独异点、群、环与域、格与布尔代数等.

第6章 代数系统的基本概念

6.1 运 算

6.1.1 运算的定义与表示方法

称自然数集合 $\mathbf{N}$ 上的加法"+"为运算, 这是因为给定两个自然数 a 和 b, 由加法"+", 可以得到唯一的自然数 $c = a+b$. 其实 $\mathbf{N}$ 上的加法运算"+"本质上是一个 $\mathbf{N} \times \mathbf{N} \to \mathbf{N}$ 的映射. 下面将介绍运算的定义及表示方法.

1. 二元运算的定义和表示方法

定义 6.1 设 S 是一个集合, 函数 $f: S \times S \to S$ 称为 S 上的一个二元运算, 简称为二元运算.

例 6.1 (1) 自然数集合 $\mathbf{N}$ 上的加法和乘法, 都是集合 $\mathbf{N}$ 上的二元运算, 但减法和除法不是.

(2) 整数集合 $\mathbf{Z}$ 上的加法、减法、乘法都是集合 $\mathbf{Z}$ 上的二元运算, 但除法不是.

(3) 非零实数集合 $\mathbf{R}^*$ 上的乘法和除法都是集合 $\mathbf{R}^*$ 上的二元运算, 但加法和减法不是.

(4) n 阶所有实数矩阵的集合 $M_n(\mathbf{R})$ 上的矩阵加法和乘法都是集合 $M_n(\mathbf{R})$ 上的二元运算.

(5) 设 S 为任何集合, 在 S 的幂集合 $P(S)$ 上的 $\cup$、$\cap$、$-$ 和 $\oplus$ 都是幂集合 $P(S)$ 上的二元运算.

从二元运算的定义不难看出, 验证一个运算是否为集合 S 上的二元运算主要考虑两点:

(1) S 中任何两个元素都可以进行这种运算, 且运算的结果是唯一的.

(2) S 中任何两个元素的运算结果都属于 S, 即 S 对该运算是封闭的.

一般地, 二元运算有如下 3 种表示方法:

1) 函数表示法

设 $f: S \times S \to S$ 是 S 上的二元运算, 对 $\forall x, y \in S$, 如果 x 和 y 的运算结果是 z, 即 $f(\langle x, y \rangle) = z$, 也可以记为 $f(x, y) = z$.

2) 算符表示法

用符号"+""−""*""/""$\cap$""$\cup$""$\wedge$""$\vee$""$\neg$""★""☆""$\circ$""$\oplus$""×""÷"等抽象的符号表示运算.

例如, 设 $f: S \times S \to S$ 是 S 上的二元运算, 对 $\forall x, y \in S$, 如果 x 和 y 的运算结果是 z, 即 $f(\langle x, y \rangle) = z$, 可以用算符"$\circ$"表示为

$$\circ(x, y) = z \quad \text{(前缀表示法)}$$

$$x \circ y = z \quad （中缀表示法）$$
$$(x, y) \circ = z \quad （后缀表示法）$$

3）运算表表示法

设 $\circ$ 是有限集 S 上的二元运算, $S = \{a_1, a_2, \cdots, a_n\}$, 则运算 "$\circ$" 可以用如表 6.1 所示的运算表表示.

表 6.1

$\circ$	a_1	a_2	$\cdots$	a_n
a_1	$a_1 \circ a_1$	$a_1 \circ a_2$	$\cdots$	$a_1 \circ a_n$
a_2	$a_2 \circ a_1$	$a_2 \circ a_2$	$\cdots$	$a_2 \circ a_n$
$\cdots$	$\cdots$	$\cdots$	$\cdots$	$\cdots$
a_n	$a_n \circ a_1$	$a_n \circ a_2$	$\cdots$	$a_n \circ a_n$

例 6.2　设 $\mathbf{Z}_5 = \{0, 1, 2, 3, 4\}$, 定义 $\mathbf{Z}_5$ 上的 $\oplus_5$ 和 $\otimes_5$ 运算为
$$x \oplus_5 y = (x+y) \bmod 5, \quad x \otimes_5 y = (x \cdot y) \bmod 5$$
运算表如表 6.2 和表 6.3 所示.

表 6.2

$\oplus_5$	0	1	2	3	4
0	0	1	2	3	4
1	1	2	3	4	0
2	2	3	4	0	1
3	3	4	0	1	2
4	4	0	1	2	3

表 6.3

$\otimes_5$	0	1	2	3	4
0	0	0	0	0	0
1	0	1	2	3	4
2	0	2	4	1	3
3	0	3	1	4	2
4	0	4	3	2	1

一般地 $\mathbf{Z}_n = \{0, 1, 2, \cdots, n-1\}$, 定义 $\mathbf{Z}_n$ 上的 $\oplus_n$ 和 $\otimes_n$ 运算为 $x \oplus_n y = (x+y) \bmod n, x \otimes_n y = (x \cdot y) \bmod n$, 分别称为 $\mathbf{Z}_n$ 上的模 n 加法和模 n 乘法.

2. 一元运算的定义和表示方法

定义 6.2　设 S 是一个集合, 函数 $f: S \rightarrow S$ 称为 S 上的一个一元运算, 简称为一元运算.

例 6.3　(1)求一个数的相反数是整数集 **Z**、有理数集 **Q** 和实数集 **R** 上的一元运算.

(2)求一个数的倒数是非零有理数集 $\mathbf{Q}^*$ 和非零实数集 $\mathbf{R}^*$ 上的一元运算.

(3)求一个复数的共轭复数是复数集 **C** 上的一元运算.

(4)若规定全集为 S, 则求 $A(A \subseteq S)$ 的绝对补运算 $\overline{A}$ 是 S 的幂集 $P(S)$ 上的一元运算.

(5)在 n 阶 $(n \geqslant 2)$ 实矩阵的集合 $M_n(\mathbf{R})$ 上, 求一个矩阵的转置矩阵是 $M_n(\mathbf{R})$ 上的一元运算.

一般地, 一元运算有如下 3 种表示方法.

1)函数表示法

设 $f: S \to S$ 是 S 上的一元运算, 对 $\forall x \in S$, 如果 x 的运算结果是 y, 即 $f(x) = y$.

2)算符表示法

用抽象的符号如 "∘" "⊕" "×" "÷" 等表示运算.

例如, 设 $f: S \to S$ 是 S 上的一元运算, 对 $\forall x \in S$, 如果 x 的运算结果是 y, 可以用算符 "∘" 表示为 $\circ(x) = y$.

3)运算表表示法

设 ∘ 是有限集 S 上的一元运算, $S = \{a_1, a_2, \cdots, a_n\}$, 则运算 "∘" 可以用如表 6.4 所示的运算表表示.

表 6.4

a_i	$\circ a_i$
a_1	$\circ a_1$
a_2	$\circ a_2$
…	…
a_n	$\circ a_n$

3. n 元运算的定义和表示方法

定义 6.3　设 S 是一个集合, 函数 $f: S^n \to S$ 称为 S 上的一个 n 元运算, 简称为 n 元运算 (其中: $S^n = \overbrace{S \times S \times \cdots \times S}^{n\text{个}}$).

一般地, n 元运算有如下两种表示方法.

1)函数表示法

设函数 $f: S^n \to S$ 是 S 上的 n 元运算, 对 $\forall x_1, x_2, \cdots, x_n \in S$, 如果 $x_1, x_2, \cdots, x_n$ 的运算结果是 y, 即 $f(x_1, x_2, \cdots, x_n) = y$.

2)算符表示法

设函数 $f: S^n \to S$ 是 S 上的 n 元运算, 对 $\forall x_1, x_2, \cdots, x_n \in S$, 如果 $x_1, x_2, \cdots, x_n$ 的运算结果是 y, 可以用算符 "∘" 表示为

$$\circ(x_1, x_2, \cdots, x_n) = y \qquad \text{(前缀表示法)}$$

$$x_1 \circ x_2 \circ \cdots \circ x_n = y \qquad \text{(中缀表示法)}$$

$$(x_1, x_2, \cdots, x_n)_\circ = y \qquad (\text{后缀表示法})$$

6.1.2　二元运算的性质

1. 交换律、结合律和幂等律

定义 6.4　设 $\circ$ 为 S 上的二元运算,

(1) 如果对于 $\forall x, y \in S$ 都有 $x \circ y = y \circ x$, 则称运算 $\circ$ 在 S 上是可交换的, 或称满足交换律.

(2) 如果对于 $\forall x, y, z \in S$ 都有 $(x \circ y) \circ z = x \circ (y \circ z)$, 则称运算 $\circ$ 在 S 上是可结合的, 或称满足结合律.

(3) 如果对于 $a \in S$, 满足 $a \circ a = a$, 则称 a 是 S 中关于运算 $\circ$ 的一个幂等元, 简称 a 为幂等元. 若 S 的每个元素都是幂等元, 则称运算 $\circ$ 在 S 中是幂等的, 或称 $\circ$ 在 S 上满足幂等律.

例 6.4　表 6.5 给出了一些集合上的二元运算的交换律、结合律和幂等律的判定情况. 其中 $M_n(\mathbf{R})$ 为 n 阶实矩阵的集合($n \geqslant 2$), S 为任意集合. 下文中同此, 不再说明.

表 6.5

集合	二元运算	交换律	结合律	幂等律
Z, Q, R	普通加法+	有	有	无
	普通乘法×	有	有	无
$M_n(\mathbf{R})$	矩阵加法+	有	有	无
	矩阵乘法×	无	有	无
$P(S)$	并∪	有	有	有
	交∩	有	有	有
	相对补−	无	无	无
	对称差⊕	有	有	无

2. 分配律和吸收律

定义 6.5　设 $\circ$ 和 $*$ 为 S 上的两个不同的二元运算,

(1) 若对 $\forall x, y, z \in S$ 都有

$$z \circ (x * y) = (z \circ x) * (z \circ y) \qquad (\text{左分配律})$$

$$(x * y) \circ z = (x \circ z) * (y \circ z) \qquad (\text{右分配律})$$

则称 $\circ$ 运算对 $*$ 运算满足分配律.

(2) 若 $\circ$ 和 $*$ 都可交换, 且对 $\forall x, y \in S$ 都有 $x \circ (x * y) = x$, $x * (x \circ y) = x$, 则称 $\circ$ 和 $*$ 运算满足吸收律.

例 6.5 表 6.6 给出了一些集合上的二元运算的分配律和吸收律的判定情况.

表 6.6

集合	二元运算	分配律	吸收律
Z, Q, R	普通加法+ 普通乘法×	×对+可分配	无
		+对×不可分配	
$M_n(\mathbf{R})$	矩阵加法+ 矩阵乘法×	×对+可分配	无
		+对×不可分配	
$P(S)$	并∪ 交∩	∪对∩可分配	有
		∩对∪可分配	

6.1.3 二元运算的特殊元素和消去律

定义 6.6 设∘为 S 上的二元运算,

(1) 如果 $\exists e_l$(或 e_r)$\in S$, 使得对 $\forall x \in S$ 都有 $e_l \circ x = x$($x \circ e_r = x$), 则称 e_l(或 e_r)是 S 中关于∘运算的左(或右)单位元(幺元).

若 $e \in S$, 关于∘运算既是左单位元又是右单位元, 则称 e 为 S 上关于∘运算的单位元(幺元).

(2) 如果 $\exists \theta_l$(或 θ_r)$\in S$, 使得对 $\forall x \in S$ 都有 $\theta_l \circ x = \theta_l$(或 $x \circ \theta_r = \theta_r$), 则称 θ_l(或 θ_r)是 S 中关于∘运算的左(或右)零元.

若 $\theta \in S$, 关于∘运算既是左零元又是右零元, 则称 θ 为 S 上关于∘运算的零元.

(3) 设 e 为 S 中关于运算∘的单位元. 对于 $x \in S$, 如果存在 y_l(或 y_r)$\in S$ 使得 $y_l \circ x = e$(或 $x \circ y_r = e$), 则称 y_l(或 y_r)是 x 的左逆元(或右逆元).

关于∘运算, 若 $y \in S$ 既是 x 的左逆元又是 x 的右逆元, 则称 y 为 x 的逆元. 如果 x 的逆元存在, 就称 x 是可逆的, x 的逆元记作 x^{-1}.

定理 6.1 设∘为 S 上的二元运算, e_l 和 e_r 分别为 S 中关于∘运算的左和右单位元, 则 $e_l = e_r = e$ 为 S 上关于∘运算的唯一的单位元.

证明 e_l 是左单位元, 则对 $\forall x \in S$ 都有 $e_l \circ x = x$, 此时, 取 $x = e_r$, 有

$$e_l * e_r = e_r$$

e_r 是右单位元, 则对 $\forall x \in S$ 都有 $x \circ e_r = x$, 此时, 取 $x = e_l$, 有

$$e_l * e_r = e_l$$

由上面两个等式可知 $e_l = e_r$, 即左、右单位元相等, 将这个单位元记作 e.

假设 e' 也是 S 中的单位元, 则有 $e' = e \circ e' = e$. 唯一性得证.

定理 6.2 设∘为 S 上的二元运算, θ_l 和 θ_r 分别为 S 中关于∘运算的左零元和右零元, 则 $\theta_l = \theta_r = \theta$ 为 S 上关于∘运算的唯一的零元.

证明 θ_l 是左零元, 则对 $\forall x \in S$ 都有 $\theta_l \circ x = \theta_l$, 此时, 取 $x = \theta_r$, 有

$$\theta_l * \theta_r = \theta_l$$

θ_r 是右零元, 则对 $\forall x \in S$ 都有 $x \circ \theta_r = \theta_r$, 此时, 取 $x = \theta_l$, 有

$$\theta_l * \theta_r = \theta_r$$

由上面的两个等式可知 $\theta_l = \theta_r$, 即左、右零元相等, 将这个零元记作 θ.

假设 θ' 也是 S 中的单位元, 则有 $\theta' = \theta \circ \theta' = \theta$. 唯一性得证.

例 6.6　表 6.7 给出了一些集合上的二元运算的特殊元素.

表 6.7

集合	二元运算	单位元	零元	逆元
Z, Q, R	普通加法+	0	无	x 的逆元为 $-x$
	普通乘法×	1	0	$x(x \neq 0)$ 的逆元为 $\frac{1}{x}$ $\left(\frac{1}{x} \in 给定集合\right)$
$M_n(\mathbf{R})$	矩阵加法+	n 阶全 0 矩阵	无	矩阵 X 的逆元为 $-X$
	矩阵乘法×	n 阶单位矩阵	n 阶全 0 矩阵	X 的逆元 X^{-1}(X 为可逆矩阵)
$P(S)$	并∪	∅	S	∅ 的逆元为 ∅
	交∩	S	∅	S 的逆元为 S
	对称差⊕	∅	无	X 的逆元为 $X(X \subseteq S)$

例 6.7　求表 6.2 和表 6.3 所示的 $\mathbf{Z}_5 = \{0, 1, 2, 3, 4\}$ 上的模 5 加法 $\oplus_5$ 和模 5 乘法 $\otimes_5$ 的特殊元素.

解　(1) $\mathbf{Z}_5$ 上的模 5 加法 $\oplus_5$ 的单位元为 0, 无零元.

0 的逆元为 0, 1 的逆元为 4, 2 的逆元为 3, 3 的逆元为 2, 4 的逆元为 1.

(2) $\mathbf{Z}_5$ 上的模 5 乘法 $\otimes_5$ 的单位元为 1, 零元为 0.

0 无逆元, 1 的逆元为 1, 2 的逆元为 3, 3 的逆元为 2, 4 的逆元为 4,

注　计算单位元可根据定义直接进行, 即首先假设单位元存在, 并根据定义计算, 然后进行验证. 还可以直接从运算表中看出运算是否有左单位元或右单位元. 具体方法是:

(i) 如果元素 x 所在的行上的元素与行表头完全相同, 则 x 是一个左单位元;

(ii) 如果元素 x 所在的列上的元素与列表头完全相同, 则 x 是一个右单位元;

(iii) 如果元素 x 同时满足 (i) 和 (ii), 则 x 是单位元.

计算零元可根据定义直接进行, 即首先假设零元存在, 并根据定义计算, 然后进行验证. 还可以直接从运算表中看出运算是否有左零元或右零元. 具体方法是:

(i) 如果元素 x 所在的行上的元素都为 x, 则 x 是一个左零元;

(ii) 如果元素 x 所在的列上的元素都为 x, 则 x 是一个右零元;

(iii) 如果元素 x 同时满足 (i) 和 (ii), 则 x 是零元.

例 6.8　设 ∘ 为有理数集 **Q** 上的二元运算, $\forall x, y \in \mathbf{Q}, x \circ y = x + y + 2xy$.

(1)判断∘运算是否满足交换律和结合律, 并说明理由.

(2)求出∘运算的单位元、零元和所有可逆元素的逆元.

解　(1) $\forall\, x, y \in \mathbf{Q}$, $x \circ y = x+y+2xy = y+x+2yx = y \circ x$, 所以∘运算可交换.

$\forall\, x, y, z \in \mathbf{Q}$

$$(x \circ y) \circ z = (x+y+2xy)+z+2(x+y+2xy)z = x+y+z+2xy+2xz+2yz+4xyz$$

$$x \circ (y \circ z) = x+(y+z+2yz)+2x(y+z+2yz) = x+y+z+2xy+2xz+2yz+4xyz$$

即 $(x \circ y) \circ z = x \circ (y \circ z)$, 所以∘运算可结合.

(2)设∘运算的单位元和零元分别为 e 和 θ, 于是:

对于 $\forall\, x \in \mathbf{Q}$, 有 $x \circ e = x$ 成立, 即 $x+e+2xe = x \Rightarrow e = 0$. 由于∘运算可交换, 所以 0 是单位元.

对于 $\forall\, x \in \mathbf{Q}$, 有 $x \circ \theta = \theta$ 成立, 即 $x+\theta+2x\theta = \theta$, 即 $x + 2x\theta = 0 \Rightarrow \theta = -1/2$. 由于∘运算可交换, 所以 $-1/2$ 是零元.

(3)给定 x, 设 x 的逆元为 y, 则有 $x \circ y = 0$ 成立, 即 $x+y+2xy = 0 \Rightarrow y = -\dfrac{x}{1+2x}\ (x \neq -1/2)$, $y = -\dfrac{x}{1+2x}$ 是 x 的逆元 $(x \neq -1/2)$.

例 6.9　设 $A=\{a,b,c\}$, A 上的三个运算 $*$, ∘和•如表 6.8 所示:

(1)说明 $*$, ∘和•是否满足交换律、幂等律.

(2)求出关于 $*$, ∘和•运算的单位元、零元、所有可逆元素的逆元.

表 6.8

(1)				(2)				(3)			
$*$	a	b	c	∘	a	b	c	•	a	b	c
a	c	a	b	a	a	a	a	a	a	b	c
b	a	b	c	b	b	b	b	b	b	c	c
c	b	c	a	c	c	c	c	c	c	c	c

解　(1) $*$ 运算满足交换律; ∘运算满足幂等律; •运算满足交换律.

(2) $*$ 运算的单位元为 b, 没有零元, $a^{-1} = c$, $b^{-1} = b$, $c^{-1} = a$;

∘运算的单位元和零元都不存在, 没有可逆元素;

•运算的单位元为 a, 零元为 c, $a^{-1} = a$, b, c 不是可逆元素.

定义 6.7　设∘为 S 上的二元运算, 如果对于任意元素 $\forall\, x, y, z \in S$, 满足以下条件:

若 $x \circ y = x \circ z$, 且 $x \neq \theta$, 则 $y = z$(左消去律);

若 $y \circ x = z \circ x$, 且 $x \neq \theta$, 则 $y = z$(右消去律),

则称∘运算满足消去律.

例如, $\mathbf{Z}$ 上的普通加法和乘法满足消去律, n 阶所有实数矩阵的集合 $M_n(\mathbf{R})$ 上的矩阵加法满足消去律, 矩阵乘法不满足消去律. 集合 S 的幂集合 $P(S)$ 上集合的并和交运算也不满足消去律, 例如, $\{1\} \cup \{1, 2\} = \{2\} \cup \{1, 2\}$, 但是 $\{1\} \neq \{2\}$.

6.2　代数系统简介

6.2.1　代数系统的定义

定义 6.8　非空集合 S 和 S 上的 k 个一元或二元运算 $f_1, f_2, \cdots, f_k$ 组成的系统称为一个代数系统, 简称代数, 记作 $\langle S, f_1, f_2, \cdots, f_k \rangle$.

例 6.10　(1) $\langle \mathbf{N}, + \rangle, \langle \mathbf{Z}, +, \circ \rangle, \langle \mathbf{R}, +, \cdot \rangle$ 是代数系统. 其中 + 和 ∘ 分别表示普通加法和乘法.

(2) $\langle M_n(\mathbf{R}), +, \circ \rangle$ 是代数系统. 其中 + 和 ∘ 分别表示 n 阶 ($n \geqslant 2$) 实矩阵的加法和乘法.

(3) $\langle \mathbf{Z}_n, \oplus_n, \otimes_n \rangle$ 是代数系统. 其中 $\mathbf{Z}_n = \{0, 1, 2, \cdots, n-1\}$, $\oplus_n$ 和 $\otimes_n$ 运算分别表示模 n 的加法和乘法.

(4) $\langle P(S), \cup, \cap, \sim \rangle$ 也是代数系统. 其中 ∪ 和 ∩ 为集合的并和交运算, ~ 为绝对补运算.

从定义 6.8 不难看出, 构成代数系统有三个成分:

(1) 集合(也叫载体, 规定了参与运算的元素).

(2) 运算(这里只讨论有限个二元和一元运算).

(3) 代数常数(通常是与运算相关的特殊元素, 如单位元、零元等).

研究代数系统时, 如果把运算具有的特殊元素也作为系统的性质之一, 那么这些特殊元素可以作为系统的成分, 叫做代数常数. 例如, 代数系统 $\langle \mathbf{Z}, +, 0 \rangle$ 表示整数集 $\mathbf{Z}$ 上的加法运算 +, 带有代数常数 0; 代数系统 $\langle P(S), \cup, \cap \rangle$ 表示集合 $P(S)$ 上有两个运算 ∪ 和 ∩, 无代数常数.

代数系统的表示通常有如下几种形式:

(1) 列出所有的成分, 集合、运算、代数常数(如果存在), 如 $\langle \mathbf{Z}, +, 0 \rangle, \langle P(S), \cup, \cap, *, S \rangle$.

(2) 只列出集合和运算, 在规定系统性质时不涉及具有特殊性质的元素(即无代数常数), 如 $\langle \mathbf{Z}, + \rangle, \langle P(S), \cup, \cap \rangle$.

(3) 用集合名称简单标记代数系统. 如果在前面已经对代数系统作了说明的前提下使用, 如代数系统 $\mathbf{Z}, P(S)$.

定义 6.9　(1) 如果两个代数系统中运算的个数相同, 对应运算的元数相同, 且代数常数的个数也相同, 则称它们是同类型的代数系统.

(2) 如果两个同类型的代数系统对应的运算所规定的运算性质也相同, 则称为同种的代数系统.

例 6.11　对代数系统 $V_1 = \langle \mathbf{R}, +, \cdot, 0, 1 \rangle$, $V_2 = \langle M_n(\mathbf{R}), +, \cdot, \boldsymbol{\theta}, \boldsymbol{E} \rangle$ ($\boldsymbol{\theta}$ 为 n 阶零矩阵, $\boldsymbol{E}$ 为 n 阶单位矩阵) 和 $V_3 = \langle P(S), \cup, \cap, \varnothing, S \rangle$, 判别哪些是同类型的代数系统? 哪些是不同类型的代数系统?

解　因为 V_1, V_2, V_3 都含有两个二元运算、一个一元运算和两个代数常数, 它们是同类型的代数系统.

再将 V_1, V_2, V_3 的运算性质进行比较, 如表 6.9 所示.

表 6.9

$V_1 = \langle \mathbf{R}, +, \cdot, 0, 1 \rangle$	$V_2 = \langle M_n(\mathbf{R}), +, \cdot, \theta, E \rangle$	$V_3 = \langle P(S), \cup, \cap, \varnothing, S \rangle$
+可交换, 可结合	+可交换, 可结合	$\cup$可交换, 可结合
·可交换, 可结合	·可交换, 可结合	$\cap$可交换, 可结合
+满足消去律	+满足消去律	$\cup$不满足消去律
·满足消去律	·满足消去律	$\cap$不满足消去律阵
·对+可分配	·对+可分配	$\cap$对$\cup$可分配
+对·不可分配	+对·不可分配	$\cup$对$\cap$可分配
+与·没有吸收律	+与·没有吸收律	$\cup$与$\cap$满足吸收律

从表 6.9 中不难看出, V_1, V_2 是同种的代数系统, V_1, V_2 与 V_3 不是同种的代数系统.

6.2.2 子代数和积代数

1. 子代数的定义和性质

定义 6.10 设 $V = \langle S, f_1, f_2, \cdots, f_k \rangle$ 是代数系统, B 是 S 的非空子集, 如果 B 对 $f_1, f_2, \cdots, f_k$ 都是封闭的, 且 B 和 S 含有相同的代数常数, 则称 $\langle B, f_1, f_2, \cdots, f_k \rangle$ 是 V 的子代数系统, 简称子代数. 有时将子代数系统简记为 B.

例如, $\mathbf{N}$ 是 $\langle \mathbf{Z}, + \rangle$ 的子代数, 因为 $\mathbf{N}$ 对加法运算+是封闭的. $\mathbf{N}$ 也是 $\langle \mathbf{Z}, +, 0 \rangle$ 的子代数, 因为 $\mathbf{N}$ 对加法运算+是封闭的, 且 $\mathbf{N}$ 中含有代数常数 0. $\mathbf{N}-\{0\}$ 是 $\langle \mathbf{Z}, + \rangle$ 的子代数, 但不是 $\langle \mathbf{Z}, +, 0 \rangle$ 的子代数, 因为 $\langle \mathbf{Z}, +, 0 \rangle$ 的代数常数 $0 \notin \mathbf{N}-\{0\}$.

从子代数定义不难看出, 子代数和原代数不仅具有相同的构成成分, 是同类型的代数系统, 而且对应的二元运算都具有相同的运算性质. 因为任何二元运算的性质如果在原代数上成立, 所以在它的子集上显然也是成立的. 在这个意义上讲, 子代数在许多方面与原代数非常相似, 不过可能小一些.

对于任何代数系统 $V = \langle S, f_1, f_2, \cdots, f_k \rangle$, 其子代数一定存在. 最大的子代数就是 V 本身. 如果令 V 中所有代数常数构成的集合是 B, 且 B 对 V 中所有的运算都是封闭的, 则 B 就构成了 V 的最小的子代数. 这种最大和最小的子代数称为 V 的平凡的子代数. 若 B 是 S 的真子集, 则 B 构成的子代数称为 V 的真子代数.

例 6.12 设 $V = \langle \mathbf{Z}, +, 0 \rangle$, 令 $n\mathbf{Z} = \{nz | z \in \mathbf{Z}\}$, n 为自然数, 则 $n\mathbf{Z}$ 是 V 的子代数.

证明　任取 $n\mathbf{Z}$ 中的两个元素 nz_1, nz_2 $(z_1, z_2\in\mathbf{Z})$，则有 $nz_1+nz_2=n(z_1+z_2)\in n\mathbf{Z}$，即 $n\mathbf{Z}$ 对+运算是封闭的. 又 $0=n\cdot 0\in n\mathbf{Z}$，所以 $n\mathbf{Z}$ 是 V 的子代数.

当 $n=1$ 和 0 时，$n\mathbf{Z}$ 是 V 的平凡的子代数，其他的都是 V 的非平凡的真子代数.

2. 积代数的定义和性质

定义 6.11　设 $V_1=\langle S_1, \circ\rangle$, $V_2=\langle S_2, *\rangle$ 是代数系统，$\circ$ 和 $*$ 为二元运算. V_1 与 V_2 的积代数 $V=\langle S_1\times S_2, \bullet\rangle$, $\forall\langle x_1, y_1\rangle, \langle x_2, y_2\rangle\in S_1\times S_2$，有 $\langle x_1, y_1\rangle\bullet\langle x_2, y_2\rangle=\langle x_1\circ x_2, y_1 * y_2\rangle$.

积代数具有如下性质:

设 $V_1=\langle S_1, \circ\rangle$, $V_2=\langle S_2, *\rangle$ 是代数系统，$\circ$ 和 $*$ 为二元运算. V_1 与 V_2 的积代数是 $V=\langle S_1\times S_2, \bullet\rangle$，则:

(1)如果 $\circ$ 和 $*$ 运算是可交换(可结合、幂等)的，那么 $\bullet$ 运算也是可交换(可结合、幂等)的;

(2)如果 e_1 和 e_2 分别为 $\circ$ 和 $*$ 运算的单位元，那么 $\langle e_1, e_2\rangle$ 也是 $\bullet$ 运算的单位元;

(3)如果 θ_1 和 θ_2 分别为 $\circ$ 和 $*$ 运算的零元，那么 $\langle\theta_1, \theta_2\rangle$ 也是 $\bullet$ 运算的零元;

(4)若 x 关于 $\circ$ 的逆元为 x^{-1}，y 关于 $*$ 的逆元为 y^{-1}，那么 $\langle x, y\rangle$ 关于 $\bullet$ 运算也具有逆元 $\langle x^{-1}, y^{-1}\rangle$.

6.2.3　代数系统的同态与同构

定义 6.12　设 $V_1=\langle S_1, \circ\rangle$, $V_2=\langle S_2, *\rangle$ 是代数系统，$\circ$ 和 $*$ 为二元运算，$f: S_1\to S_2$，且 $\forall x, y\in A$ 有 $f(x\circ y)=f(x)*f(y)$，则称 f 是 V_1 到 V_2 的同态映射，简称同态.

例 6.13　设代数系统 $V=\langle R^*, \cdot\rangle$，其中: R^* 为非零实数集合，$\cdot$ 为普通乘法. 判断下面的哪些函数是 V 的同态?

(1)$f(x)=|x|$.

(2)$f(x)=2x$.

(3)$(x)=x^2$.

(4)$f(x)=1/x$.

(5)$f(x)=-x$.

(6)$f(x)=x+1$.

解　(1)是同态，$f(x\cdot y)=|x\cdot y|=|x|\cdot|y|=f(x)\cdot f(y)$.

(2)不是同态，$f(2\cdot 2)=f(4)=8$, $f(2)\cdot f(2)=4\cdot 4=16$.

(3)是同态，$f(x\cdot y)=(x\cdot y)^2=x^2 y^2=f(x)\cdot f(y)$.

(4)是同态，$f(x\cdot y)=1/(x\cdot y)=1/x\cdot 1/y=f(x)\cdot f(y)$.

(5)不是同态，$f(1\cdot 1)=f(1)=-1$, $f(1)\cdot f(1)=(-1)\cdot(-1)=1$.

(6)不是同态，$f(1\cdot 1)=f(1)=2$, $f(1)\cdot f(1)=2\cdot 2=4$.

根据同态映射 f 的性质可以将同态分为单同态、满同态和同构.

(1)若 f 是单射的，则称为单同态;

(2) 若 f 是满射, 则称为满同态, 这时也称 V_2 是 V_1 的同态像, 记作 $V_1 \sim V_2$;

(3) 若 f 是双射的, 则称为同构, 也称代数系统 V_1 同构于 V_2, 记作 $V_1 \cong V_2$.

若同态映射 f 是 V 到 V 的, 则称 f 为自同态. 类似的可以定义满自同态、单自同态和自同构.

例 6.14　(1) 设 $V = \langle \mathbf{Z}, + \rangle$, 其中 $\mathbf{Z}$ 为整数集, $+$ 为普通加法. $\forall a \in \mathbf{Z}$, 令
$$f_a: \mathbf{Z} \to \mathbf{Z}, \quad f_a(x) = ax$$
因为 $\forall x, y \in \mathbf{Z}$, 有 $f_a(x+y) = a(x+y) = ax+ay = f_a(x)+f_a(y)$, 所以 f_a 是 V 的自同态. 当 $a = 0$ 时, 称 f_0 为零同态; 当 $a = \pm 1$ 时, 称 f_a 为自同构; 除此之外其他的 f_a 都是单自同态.

(2) 设 $V_1 = \langle \mathbf{Q}, + \rangle$, $V_2 = \langle \mathbf{Q}^*, \cdot \rangle$, 其中 $\mathbf{Q}$ 和 $\mathbf{Q}^*$ 分别为有理数集与非零有理数集, $+$ 和 $\cdot$ 为普通加法和乘法.

令 $f: \mathbf{Q} \to \mathbf{Q}^*$, $f(x) = \mathrm{e}^x$, 因为 $\forall x, y \in \mathbf{Q}$ 有 $f(x+y) = \mathrm{e}^{x+y} = \mathrm{e}^x \cdot \mathrm{e}^y = f(x) \cdot f(y)$, 所以 f 是 V_1 到 V_2 的同态映射, 不难看出 f 是单同态.

(3) 设 $V_1 = \langle \mathbf{Z}, + \rangle$, $V_2 = \langle \mathbf{Z}_n, \oplus \rangle$, 其中 $\mathbf{Z}$ 为整数集, $\mathbf{Z}_n = \{0, 1, 2, \cdots, n-1\}$, $+$ 和 $\oplus$ 分别为普通加法和模 n 加法.

令 $f: \mathbf{Z} \to \mathbf{Z}_n$, $f(x) = (x) \bmod n$, 因 $\forall x, y \in \mathbf{Z}$, $f(x+y) = (x+y) \bmod n = (x) \bmod n \oplus (y) \bmod n = f(x) \oplus f(y)$. 不难看出 f 为满同态.

设 f 是 V_1 到 V_2 的同态映射, 那么 f 具有许多良好的性质:

(1) 如果 $\circ$ 运算是可交换 (可结合、幂等) 的, 那么在同态像 $f(V_1)$ 中, $*$ 运算也是可交换 (可结合、幂等) 的.

(2) f 把 V_1 的单位元 e_1 映射到 V_2 的单位元 e_2, 即 $f(e_1) = e_2$.

(3) f 把 V_1 的零元 θ_1 映射到 V_2 的零元 θ_2, 即 $f(\theta_1) = \theta_2$.

(4) f 把 V_1 中 x 的逆元 x^{-1} 映射到 V_2 中 $f(x)$ 的逆元, 即 $f(x^{-1}) = f(x)^{-1}$.

上述关于同态映射的定义和性质可以推广到具有有限多个运算的代数系统.

通过同态和同构映射, 可以在同一种代数系统的不同实例之间建立联系, 它是研究不同系统之间关系的有力工具.

习　题　6

1. 列出以下运算的运算表:

(1) $A = \left\{ 1, 2, \dfrac{1}{2} \right\}$, $\forall x \in A$, $\circ x$ 是 x 的倒数, 即 $\circ x = \dfrac{1}{x}$.

(2) $A = \{1, 2, 3, 4\}$, $\forall x, y \in A$ 有 $x \circ y = \max(x, y)$ ($\max(x, y)$ 是 x 和 y 之中较大的数).

2. 判断下列集合对所给的二元运算是否封闭?

(1) 整数集合 $\mathbf{Z}$ 和普通的减法运算.

(2) 非零整数集合 $\mathbf{Z}^*$ 和普通的除法运算.

(3) 全体 n 阶实矩阵集合 $M_n(\mathbf{R})$ 和矩阵加法及乘法运算, 其中 $n \geq 2$.

(4) 全体 n 阶实可逆矩阵集合关于矩阵加法和乘法运算, 其中 $n \geq 2$.

(5) 正实数集合 $\mathbf{R}^+$ 和 $\circ$ 运算, 其中 $\circ$ 运算定义为: $\forall a, b \in \mathbf{R}^+$, $a \circ b = ab - a - b$.

(6) $n \in \mathbf{Z}^+$, $n\mathbf{Z} = \{nz | z \in \mathbf{Z}\}$, $n\mathbf{Z}$ 关于普通的加法和乘法运算.

(7) $A = \{a_1, a_2, \cdots, a_n\}$, $\circ$ 运算定义如下: $\forall a_i, a_j \in A$, $a_i \circ a_j = a_i$, 其中 $n \geqslant 2$.

(8) $S = \{2x-1 | x \in \mathbf{Z}^+\}$ 关于普通的加法和乘法运算.

(9) $S = \{0, 1\}$, S 关于普通的加法和乘法运算.

(10) $S = \{x | x = 2^n, n \in \mathbf{Z}^+\}$, S 关于普通的加法和乘法运算.

3. $\mathbf{R}$ 为实数集, 定义 $\mathbf{R}$ 上的如下 6 个函数 $f_1, \cdots, f_6$. $\forall x, y \in \mathbf{R}$ 有: $f_1(\langle x, y\rangle) = x+y$, $f_2(\langle x, y\rangle) = x-y$, $f_3(\langle x, y\rangle) = x \cdot y$, $f_4(\langle x, y\rangle) = \max(x, y)$, $f_5(\langle x, y\rangle) = \min(x, y)$, $f_6(\langle x, y\rangle) = |x-y|$.

(1) 指出哪些函数是 $\mathbf{R}$ 上的二元运算.

(2) 对所有 $\mathbf{R}$ 上的二元运算说明是否为可交换、可结合、幂等的.

(3) 求所有 $\mathbf{R}$ 上二元运算的单位元、零元以及每一个可逆元素的逆元.

4. 设集合 $A = \{a, b, c, d\}$, A 上的二元运算*的运算表如表 6.10 所示.

表 6.10

*	a	b	c	d
a	a	b	c	d
b	b	a	d	d
c	c	d	a	d
d	d	d	d	d

(1) 说明*运算是否满足交换律、幂等律.

(2) 求*运算的单位元、零元和所有可逆元素的逆元.

5. 设 $S = \{1, 2, 5, 6, 8, 9, 10\}$, 说明 S 对于下面定义的运算能否构成代数系统, 为什么?

(1) 求最大公约数.

(2) 求最小公倍数.

(3) 求两个数之中较大的数.

6. 判断如下的集合 A 能否构成代数系统 $V = \langle \mathbf{N}, +\rangle$ 的子代数?

(1) $A = \{x | x \in \mathbf{N} \wedge x$ 的某个幂可以被 16 整除$\}$.

(2) $A = \{x | x \in \mathbf{N} \wedge x$ 与 5 互质$\}$.

(3) $A = \{x | x \in \mathbf{N} \wedge x$ 是 30 的因子$\}$.

7. 设 $V = \langle \mathbf{Z}, +, \cdot \rangle$, 其中+和·分别代表普通加法和乘法, 对下面给定的每个集合确定它是否构成 V 的子代数, 为什么?

(1) $S_1 = \{2n | n \in \mathbf{Z}\}$.

(2) $S_2 = \{2n+1 | n \in \mathbf{Z}\}$.

(3) $S_3 = \{-1, 0, 1\}$.

8. 设 $V_1 = \langle \{1, 2, 3\}, \circ, 1\rangle$, 其中 $x \circ y = \max(x, y)$. $V_2 = \langle \{5, 6\}, *, 6\rangle$, 其中 $x*y = \min(x, y)$. 求出 V_1 和 V_2 的所有子代数. 指出哪些是平凡子代数, 哪些是真子代数.

9. 设两个代数系统 $V_1 = \langle\{0, 1\}, \oplus_2\rangle$, $V_2 = \langle\{0, 1, 2\}, \otimes_3\rangle$, 其中: $\oplus_2$ 和 $\otimes_3$ 分别为模 2 加法和模 3 乘法运算. 试构造 V_1 与 V_2 的积代数的运算表.

10. 设 **Q** 为有理数集, $*$ 为 $\mathbf{Q}\times\mathbf{Q}$ 上的二元运算, 对于 $\forall \langle a, b\rangle$, $\langle x, y\rangle\in\mathbf{Q}\times\mathbf{Q}$, 有 $\langle a, b\rangle*\langle x, y\rangle = \langle ax, ay+b\rangle$, 求 $*$ 的单位元和逆元.

11. 设 $\langle\mathbf{R}, -\rangle$ 和 $\langle\mathbf{R}^+, \div\rangle$ 是两个代数系统, 其中 **R** 和 $\mathbf{R}^+$ 分别是实数集与正实数集, $-$ 和 $\div$ 分别是普通减法与除法, 证明 $\langle\mathbf{R}, -\rangle$ 和 $\langle\mathbf{R}^+, \div\rangle$ 同构.

拓展练习 6

1. 对集合 $\{a_1, a_2, \cdots, a_n\}$ 上关于 ∘ 的运算如表 6.11 所示.

表 6.11

∘	a_1	a_2	$\cdots$	a_n
a_1	x_{11}	x_{12}	$\cdots$	x_{1n}
a_2	x_{21}	x_{22}	$\cdots$	x_{2n}
$\cdots$	$\cdots$	$\cdots$		$\cdots$
a_n	x_{n1}	x_{n2}	$\cdots$	x_{nn}

试设计通用算法, 判断运算

(1) 是否是封闭的?

(2) 是否可交换?

(3) 是否可结合?

(4) 是否满足幂等律?

(5) 是否有单位元? 如果有的话, 找出单位元, 并给出可逆元素的逆元.

(6) 是否有零元? 如果有的话, 找出零元.

并用表 6.8 所示的三个运算表分别验证算法的正确性.

2. 给定两个代数系统 $V_1 = \langle S_1, \circ\rangle$, $V_2 = \langle S, *\rangle$, 其中: ∘ 和 $*$ 为二元运算. 构造 V_1 与 V_2 的积代数 $V = \langle S_1\times S_2, \cdot\rangle$ 的运算表的通用算法, 并用习题 9 中的数据进行验证.

3. 设 G 是所有 3 位二进制数构成的集合, 对于 G 上的异或运算, 求出单位元和零元, 以及所有可逆元素的逆元.

4. 设 $A = \{1, 2, 3\}$, B 是 A 上等价关系的集合.

(1) 列出 B 的元素;

(2) 给出代数系统 $V = \langle B, \cap\rangle$ 的运算表 ($\cap$ 为集合的交运算).

(3) 求出 $V = \langle B, \cap\rangle$ 的单位元、零元和所有可逆元素的逆元.

第7章 几个典型的代数系统

本章介绍一些典型的代数系统的基本概念, 主要包括:

(1)讨论具有一个二元运算的代数系统——半群和群. 群论是代数系统中发展最早、内容最丰富、应用最广泛的部分, 也是建立其他代数系统的基础. 群论在自动机理论、形式语言、语法分析、快速加法器设计和纠错码定制等方面均有卓有成效的应用.

(2)讨论具有两个二元运算的特殊代数——环和域. 环和域都是以群为基础的. 环在计算机科学和编码理论的研究中有许多应用.

(3)介绍格的一般知识及特殊格——分配格、有补格等. 在此基础上引入有补分配格——布尔代数. 布尔代数是一种重要的代数系统, 以 19 世纪英国数学家布尔的名字命名. 布尔代数在命题演算、开关理论中有着重要的应用. 不仅如此, 许多代数系统都与之同构. 可见, 格与布尔代数是代数系统的重要部分.

7.1 半 群 和 群

7.1.1 半群与独异点

1. 半群与独异点的定义

定义 7.1 设 $V = \langle S, \circ \rangle$ 是代数系统, $\circ$ 为二元运算.

(1)如果 $\circ$ 运算是可结合的, 则称 V 为半群.

(2)若 V 为半群, 且 $\forall x, y \in S, x \circ y = y \circ x$, 则称 V 为交换半群.

(3)若 V 是半群, $e \in S$ 是关于 $\circ$ 运算的单位元, 则称 V 是独异点(或含幺半群). 有时也将独异点记作 $V = \langle S, \circ, e \rangle$.

例 7.1 (1) $\langle \mathbf{Z}^+, + \rangle, \langle \mathbf{N}, + \rangle, \langle \mathbf{Z}, + \rangle, \langle \mathbf{Q}, + \rangle, \langle \mathbf{R}, + \rangle$ 都是半群, +是普通加法. 这些半群中除 $\langle \mathbf{Z}^+, + \rangle$ 外都是独异点.

(2)设 n 是大于 1 的正整数, $\langle M_n(\mathbf{R}), + \rangle$ 和 $\langle M_n(\mathbf{R}), \cdot \rangle$ 都是半群, 也都是独异点, 其中+和·分别表示矩阵加法和矩阵乘法.

(3) $\langle P(S), \oplus \rangle$ 为半群, 也是独异点, 其中 $\oplus$ 为集合的对乘差运算.

(4) $\langle \mathbf{Z}_n, \oplus_n \rangle$ 为半群, 也是独异点, 其中 $\mathbf{Z}_n = \{0, 1, \cdots, n-1\}$, $\oplus_n$ 为模 n 加法.

2. 半群与独异点的性质

1)半群中的幂

由于半群 $V = \langle S, \circ \rangle$ 中的运算 $\circ$ 是可结合的, 可以定义元素的幂, 对 $\forall x \in S$, 规定:

$$x^1 = x$$
$$x^{n+1} = x^n \circ x \quad (n \in \mathbf{Z}^+)$$

用数学归纳法不难证明 x 的幂遵从以下运算规则:

$$x^n \circ x^m = x^{n+m}$$

$$(x^n)^m = x^{nm} \quad (m, n \in \mathbf{Z}^+)$$

普通乘法的幂、关系的幂、矩阵乘法的幂等都遵从这个幂运算规则.

2) 独异点中的幂

独异点是特殊的半群, 可以把半群的幂运算推广到独异点中去. 由于独异点 V 中含有单位元 e, 对于任意的 $x \in S$, 可以定义 x 的零次幂, 即

$$x^0 = e$$

$$x^{n+1} = x^n \circ x \quad (n \in \mathbf{N})$$

不难证明独异点的幂运算也遵从半群的幂运算规则, 只不过 m 和 n 不一定限于正整数, 只要是自然数就成立.

3. 子半群与子独异点

半群的子代数叫做子半群, 独异点的子代数叫做子独异点.

根据子代数的定义不难看出, 如果 $V = \langle S, \circ \rangle$ 是半群, $T \subseteq S$, 只要 T 对 V 中的运算 $\circ$ 封闭, 那么 $\langle T, \circ \rangle$ 就是 V 的子半群. 而对独异点 $V = \langle S, \circ, e \rangle$ 来说, $T \subseteq S$, 不仅 T 要对 V 中的运算 $\circ$ 封闭, 而且 $e \in T$, 这时 $\langle T, \circ, e \rangle$ 才构成 V 的子独异点.

7.1.2 群

1. 群的定义、实例和术语

定义 7.2 设 $V = \langle G, \circ \rangle$ 是代数系统, $\circ$ 为二元运算. 若 $\circ$ 运算是可结合的, 存在单位元 $e \in G$, 若 $\forall x \in G$, 有逆元 $x^{-1} \in G$, 则称 V 为群.

或者说, 群是每个元素都可逆的独异点. 群常用字母 G 表示.

例 7.2 考虑例 7.1 中的例子:

(1) 中的 $\langle \mathbf{Z}, + \rangle$, $\langle \mathbf{Q}, + \rangle$, $\langle \mathbf{R}, + \rangle$ 都是群, 而 $\langle \mathbf{Z}^+, + \rangle$ 和 $\langle \mathbf{N}, + \rangle$ 不是群.

(2) 中的 $\langle M_n(\mathbf{R}), + \rangle$ 是群, 而 $\langle M_n(\mathbf{R}), \cdot \rangle$ 不是群. 因为并非所有的 n 阶实矩阵都有逆矩阵.

(3) 中的 $\langle P(S), \oplus \rangle$ 是群, 因为对任何 S 的子集 X, X 的逆元就是 X 自身.

(4) 中的 $\langle \mathbf{Z}_n, \oplus_n \rangle$ 也是群, 0 是 $\mathbf{Z}_n$ 中的单位元. $\forall x \in \mathbf{Z}_n$, 若 $x = 0$, x 的逆元就是 0; 若 $x \neq 0$, 则 $n-x$ 是 x 的逆元.

例 7.3 设 $G = \{e, a, b, c\}$, $\circ$ 为 G 上的二元运算, 由表 7.1 给出, 试判断 $\langle G, \circ \rangle$ 是否是群?

表 7.1

$\circ$	e	a	b	c
e	e	a	b	c
a	a	e	c	b
b	b	c	e	a
C	c	b	a	e

解　由表 7.1 中可以看出 G 的运算具有以下的特点.

e 为 G 中的单位元, ∘运算是可交换的和可结合的, G 中任何元素的逆元就是它自己, 在 a, b, c 三个元素中, 任何两个元素运算的结果都等于另一个元素. 因此 $\langle G, \circ \rangle$ 是群. 称该群为 Klein 四元群, 简称四元群.

定义 7.3　有限群、无限群.

(1) 若群 G 是有限集, 则称 G 是有限群, 否则称为无限群. 群 G 的基数称为群 G 的阶, 有限群 G 的阶记作 $|G|$.

(2) 只含单位元的群称为平凡群.

(3) 若群 G 中的二元运算是可交换的, 则称 G 为交换群或阿贝尔(Abel)群.

例如, $\langle \mathbf{Z}, + \rangle$, $\langle \mathbf{R}, + \rangle$ 是无限群, $\langle \mathbf{Z}_n, \oplus_n \rangle$ 是有限群, 也是 n 阶群. Klein 四元群是 4 阶群. $\langle \{0\}, + \rangle$ 是平凡群. 上述所有的群都是交换群, 但 n 阶 $(n \geqslant 2)$ 实可逆矩阵的集合 $M_n(\mathbf{R})$ 关于矩阵乘法构成的群是非交换群, 因为矩阵乘法不满足交换律.

定义 7.4　设 G 是群, $a \in G$, $n \in \mathbf{Z}$, 则 a 的 n 次幂定义如下

$$a^n = \begin{cases} e, & n=0 \\ a^{n-1}a, & n>0 \\ (a^{-1})^m, & n<0, n=-m \end{cases}$$

群的幂与半群、独异点的幂不同的是: 群中元素可以定义负整数次幂. 例如, 在 $\langle \mathbf{Z}_3, \oplus_3 \rangle$ 中有 $2^{-3} = (2^{-1})^3 = 1^3 = 1 \oplus_3 1 \oplus_3 1 = 0$, 而在 $\langle \mathbf{Z}, + \rangle$ 中有 $3^{-5} = (3^{-1})^5 = (-3)^5 = (-3) + (-3) + (-3) + (-3) + (-3) = -15$.

定义 7.5　设 G 是群, $a \in G$, 使得等式 $a^k = e$ 成立的最小正整数 k 称为 a 的阶, 记作 $|a| = k$, 这时也称 a 为 k 阶元. 若不存在这样的正整数 k, 则称 a 为无限阶元.

例如, $\langle \mathbf{Z}_6, \oplus_6 \rangle$ 中, 2 和 4 是 3 阶元, 3 是 2 阶元, 而 1 和 5 是 6 阶元, 0 是 1 阶元. 而在 $\langle \mathbf{Z}, + \rangle$ 中, 0 是 1 阶元, 其他的整数都是无限阶元. 在 Klein 四元群中 e 为 1 阶元, 其他元素都是 2 阶元.

2. 群的性质

定理 7.1　设 G 为群, 则 G 中的幂运算满足:

(1) $\forall a \in G$, $(a^{-1})^{-1} = a$.

(2) $\forall a, b \in G$, $(ab)^{-1} = b^{-1}a^{-1}$.

(3) $\forall a \in G$, $a^n a^m = a^{n+m}$, $n, m \in \mathbf{Z}$.

(4) $\forall a \in G$, $(a^n)^m = a^{nm}$, $n, m \in \mathbf{Z}$.

(5) 若 G 为交换群, 则 $(ab)^n = a^n b^n$.

证明　此处只证明(1)和(2).

(1) $(a^{-1})^{-1}$ 是 a^{-1} 的逆元, a 也是 a^{-1} 的逆元. 根据逆元的唯一性, 等式得证.

(2) $(b^{-1}a^{-1})(ab) = b^{-1}(a^{-1}a)b = b^{-1}b = e$, 同理 $(ab)(b^{-1}a^{-1}) = e$, 故 $b^{-1}a^{-1}$ 是 ab 的逆元. 根据逆元的唯一性等式得证.

关于(3), (4), (5)中的等式, 先利用数学归纳法对于自然数 n 和 m 证出相应的结果, 然后讨论 n 或 m 为负数的情况. 证明留作思考题.

注意 定理 7.1(2) 中的结果可以推广到多个元素的情况, 即
$$(a_1 a_1 \cdots a_r)^{-1} = a_r^{-1} a_{r-1}^{-1} \cdots a_2^{-1} a_1^{-1}$$
另外上述定理中的最后一个等式只对交换群成立. 即如果 G 是非交换群, 那么只有
$$(ab)^n = \underbrace{(ab)(ab)\cdots(ab)}_{n\uparrow} \text{ 成立}$$

定理 7.2 G 为群, $\forall a, b \in G$, 方程 $ax = b$ 和 $ya = b$ 在 G 中有唯一解.

证明 先证 $a^{-1}b$ 是方程 $ax = b$ 的解.

将 $a^{-1}b$ 代入方程左边的 x 得 $a(a^{-1}b) = (aa^{-1})b = eb = b$, 所以 $a^{-1}b$ 是该方程的解.

下面证明唯一性.

假设 c 是方程 $ax = b$ 的解, 必有 $ac = b$, 从而有 $c = ec = (a^{-1}a)c = a^{-1}(ac) = a^{-1}b$. 同理可证 ba^{-1} 是方程 $ya = b$ 的唯一解.

定理 7.3 设 G 为群, 则 G 中适合消去律, 即对 $\forall a, b, c \in G$, 有

(1) 若 $ab = ac$, 则 $b = c$.

(2) 若 $ba = ca$, 则 $b = c$.

证明留作练习.

例 7.4 设 G 为群, $a, b \in G$, 且 $(ab)^2 = a^2 b^2$. 证明: $ab = ba$.

证明 由 $(ab)^2 = a^2 b^2$ 得 $abab = aabb$, 根据群中的消去律得 $ba = ab$, 即 $ab = ba$.

定理 7.4 G 为群, $a \in G$ 且 $|a| = r$. 设 k 是整数, 则:

(1) $a^k = e$ 当且仅当 $r|k$.

(2) $|a| = |a^{-1}|$.

证明 (1) 充分性: 由于 $r|k$, 必存在整数 m 使得 $k = mr$, 所以有 $a^k = a^{mr} = (a^r)^m = e^m = e$.

必要性: 根据除法, 存在整数 m 和 i 使得 $k = mr + i (0 \le i \le r-1)$, 从而有 $e = a^k = a^{mr+i} = (a^r)^m a^i = ea^i = a^i$, 因为 $|a| = r$, 必有 $i = 0$. 这就证明了 $r|k$.

(2) 由 $(a^{-1})^r = (a^r)^{-1} = e^{-1} = e$, 可知 a^{-1} 的阶存在. 令 $|a^{-1}| = t$, 根据上面的证明有 $t|r$. 这说明 a 的逆元的阶是 a 的阶的因子. 而 a 又是 a^{-1} 的逆元, 所以 a 的阶也是 a^{-1} 的阶的因子, 故有 $r|t$. 从而证明了 $r = t$, 即 $|a| = |a^{-1}|$.

3. 子群

定义 7.6 设 $\langle G, \circ \rangle$ 是群, 如果满足以下条件:

(1) S 是 G 的非空子集;

(2) S 在运算 $\circ$ 下也是群, 即 $\langle S, \circ \rangle$ 是群,

则称 $\langle S, \circ \rangle$ 是 $\langle G, \circ \rangle$ 的子群.

对任意的群 $\langle G, \circ \rangle$ 来说, $\langle \{e\}, \circ \rangle$ 及 $\langle G, \circ \rangle$ 本身均为其子群, 是群 G 的子群. 由于任何群 $\langle G, \circ \rangle$ 都有这两个子群, 故称之为平凡子群, 将 $\langle G, \circ \rangle$ 的非平凡子群称为真子群.

例如, $S = n\mathbf{Z} = \{nk | k \in \mathbf{Z}\}$, n 为给定自然数, $\langle S, + \rangle$ 是 $\langle \mathbf{Z}, + \rangle$ 的子群. 当 $n = 0$ 和 1 时, 子群分别是 $\{0\}$ 和 $\mathbf{Z}$, 称为平凡子群; $2\mathbf{Z}$ 由能被 2 整除的全体整数构成, 也是子群.

例 7.5 计算群 $\langle \mathbf{Z}_6, \oplus_6 \rangle$ 的所有真子群.

分析 针对 $\mathbf{Z}_6$ 的所有非空真子集 ($2^6 - 2$ 个), 判断哪些是子群.

解　首先列出集合 $\mathbf{Z}_6 = \{0, 1, 2, 3, 4, 5\}$ 的所有的非空真子集:

1 元子集: $\{0\}, \{1\}, \{2\}, \{3\}, \{4\}, \{5\}$;

2 元子集: $\{0, 1\}, \{0, 2\}, \{0, 3\}, \{0, 4\}, \cdots$;

3 元子集: $\{0, 1, 2\}, \{0, 1, 3\}, \{0, 1, 4\}, \{0, 1, 5\}, \{0, 2, 3\}, \cdots$;

4 元子集: $\{0, 1, 2, 3\}, \{0, 1, 2, 4\}, \{0, 1, 2, 5\}, \{0, 2, 3, 4\}, \cdots$;

5 元子集: $\{0, 1, 2, 3, 4\}, \{0, 1, 2, 3, 5\}, \{1, 2, 3, 4, 5\}$,

此时仅有 4 个子集:

$\{0\}, \{0, 3\}, \{0, 2, 4\}, \{0, 1, 2, 3, 4, 5\}$, 关于运算 "$\oplus_6$" 满足:

(1) 封闭性: 运算 "$\oplus_6$" 关于集合 $\{0\}, \{0, 3\}, \{0, 2, 4\}, \{0, 1, 2, 3, 4, 5\}$ 是封闭的;

(2) 结合律: 显然成立;

(3) 单位元: 对集合 $\{0\}, \{0, 3\}, \{0, 2, 4\}, \{0, 1, 2, 3, 4, 5\}$, 都有单位元 $=0$;

(4) 存在逆元:

对集合 $\{0\}$, 有: $0^{-1} = 0$;

对集合 $\{0, 3\}$, 有: $0^{-1} = 0, 3^{-1} = 3$;

对集合 $\{0, 2, 4\}$, 有: $0^{-1} = 0, 2^{-1} = 4, 4^{-1} = 2$;

对集合 $\{0, 1, 2, 3, 4, 5\}$, 有: $0^{-1} = 0, 2^{-1} = 4, 3^{-1} = 3, 4^{-1} = 2, 5^{-1} = 1$;

由上述几点知:$\langle\{0\}, \oplus_6\rangle,\langle\{0, 3\}, \oplus_6\rangle,\langle\{0, 2, 4\}, \oplus_6\rangle,\langle\{0, 1, 2, 3, 4, 5\}, \oplus_6\rangle$ 是 $\langle\mathbf{Z}_6, \oplus_6\rangle$ 的真子群.

引理 7.1　设 $\langle G, \circ\rangle$ 是一个群,$\langle S, \circ\rangle$ 是 $\langle G, \circ\rangle$ 的子群, 则:

(1) 子群 $\langle S, \circ\rangle$ 的单位元 e_S 也是 $\langle G, \circ\rangle$ 的单位元 e_G;

(2) 对 $\forall a \in S, a$ 在 S 中的逆元 a_S^{-1} 就是 a 在 G 中的逆元 a_G^{-1}.

证明　(1)e_S 是 $\langle S, \circ\rangle$ 的单位元, 则 $e_S^2 = e_S$, 又 $S \subseteq G$, 则 $e_S \in G$, 由上式可知 e_S 也是群 $\langle G, \circ\rangle$ 的一个幂等元. 所以有 $e_S = e_G$.

(2)对 $\forall a \in S, a$ 在 S 中的逆元为 $a_S^{-1} \in S$, 则有 $a \circ a_S^{-1} = a_S^{-1} \circ a = e_S = e$, 由于 $S \subseteq G$, 所以 $a, a_S^{-1} \in G$, 有 $a_S^{-1} = a_G^{-1}$.

定理 7.5　设 S 是群 $\langle G, \circ\rangle$ 的非空子集,S 是群 G 的子群的充分必要条件是:

(1) 对 $\forall a, b \in S$, 都有 $a \circ b \in S$;

(2) 对 $\forall a \in S$, 都有 $a^{-1} \in S$.

证明　先证充分性: 要证明 $\langle S, \circ\rangle$ 是群, 需证明运算$\circ$对 S 封闭, 结合律成立, S 有单位元和 S 中的任意元有逆元.

封闭性: 由(1)知道运算$\circ$对 S 封闭;

结合律: 在 G 中满足结合律, S 是 G 的子集, 所以$\circ$也在 S 中满足结合律.

有单位元: S 是非空的子集, 所以存在元 $a \in S$, 由条件(2)可得 $a^{-1} \in S$, 再由条件(1)知 $a \circ a^{-1} \in S$, 即 G 的单位元 $e = a \circ a^{-1} \in S$. 对 $\forall b \in S, e \circ b = b \circ e$, 所以 e 也是 S 的单位元.

有逆元: 由条件(2), 即对 $\forall a \in S$, 都有 $a^{-1} \in S$, 则 $a \circ a^{-1} = a^{-1} \circ a = e$, 又因为已经证明 e 是 S 的单位元, 所以, 在 $\langle S, \circ\rangle$ 中 a^{-1} 也是 a 的逆元.

综上,$\langle S, \circ\rangle$ 是群, 进而是 $\langle G, \circ\rangle$ 的子群.

再证必要性: 即证明当 $\langle S, \circ\rangle$ 是 $\langle G, \circ\rangle$ 的子群时, 条件(1)和条件(2)成立.

如果 $\langle S, \circ \rangle$ 是 $\langle G, \circ \rangle$ 的子群, 显然运算 $\circ$ 对 S 封闭, 即条件(1)成立.

根据引理 7.1 可知, S 中 a 的逆元也是 a 在 G 中的逆元, 因此有对 $\forall a \in S$, 都有 $a^{-1} \in S$, 故条件(2)也成立.

定理 7.6 设 S 是群 $\langle G, \circ \rangle$ 的非空子集, S 是子群的充分必要条件是: 对 $\forall a, b \in S$, 都有 $a \circ b^{-1} \in S$.

证明 先证必要性: 如果 S 是 G 的子群, 则对 $\forall a, b \in S$, 由定理 7.5 可知, $b^{-1} \in S$, 于是 $a \circ b^{-1} \in S$, 所以必要性成立.

再证充分性: 即对 $\forall a, b \in S$, 都有 $a \circ b^{-1} \in S$, 证 S 是 G 的子群.

S 非空, 所以存在 $c \in S$, 则由已知有 $c \circ c^{-1} \in S$, 即单位元 $e = c \circ c^{-1} \in S$, 则对 $\forall a \in S$, 由已知及 $e \in S$, 有 $e \circ a^{-1} \in S$, 即 $a^{-1} \in S$;

又对 $\forall a, b \in S$, 由 $b \in S$, 则 $b^{-1} \in S$, 则 $a \circ b = a \circ (b^{-1})^{-1} \in S$, 由定理 7.5 可知, $\langle S, \circ \rangle$ 是 $\langle G, \circ \rangle$ 的子群.

定理 7.7 设 S 是群 $\langle G, \circ \rangle$ 的非空子集, 则 S 是子群的充分必要条件是 $\forall a, b \in S$, 有 $a \circ b \in S$.

证明 必要性显然.

充分性: 根据定理 7.5, 只需证明对 $\forall a \in S$, 有 $a^{-1} \in S$.

对 $\forall a \in S$, 则由已知有 $a^2 = a \circ a \in S$, $a^3 = a^2 \circ a \in S, \cdots, a^n = a^{n-1} \circ a \in S, \cdots$, 令 $H = \{a^n | n \in \mathbf{N}^+\}$, 则 H 是 S 的子集, 又 S 有限, 得 $\exists p, q \in \mathbf{N}^+, p > q, a^p = a^q$, 则有 $a^{p-q} = e$, 且 $p-q > 0$, 则 a 的周期有限, 设 a 的周期为 n, 则 $Q = \{a^n | n \in \mathbf{Z}, \mathbf{Z}$ 是整数 $\} = \{a^1, a^2, \cdots, a^n\}$, Q 是 G 的子群, 又 $a \in Q$, 则 $a^{-1} \in Q$,

另一方面, 由于 a 的周期为 n, 则有 $Q = \{a^1, a^2, \cdots, a^n\} = H$, 则 $a^{-1} \in H$, 又 H 是 S 的子集, 则 $a^{-1} \in S$, 因此, $\forall a \in S$, 有 $a^{-1} \in S$. 又已知 $\forall a, b \in S$, 有 $a \circ b \in S$, 根据定理 7.5, 可得 $\langle S, \circ \rangle$ 是 $\langle G, \circ \rangle$ 的子群.

定理得证.

推论 7.1 设 S 是有限群 $\langle G, \circ \rangle$ 的非空子集, 则 S 是子群的充分必要条件是: $\forall a, b \in S$, 有 $a \circ b \in S$.

4. 群同态

定义 7.7 设 $\langle G, * \rangle$ 和 $\langle H, \circ \rangle$ 是两个群, 映射 $\psi: G \rightarrow H$, 且 $\forall a, b \in G$, 我们有 $\psi(a * b) = \psi(a) \circ \psi(b)$, 则 ψ 就是从 $\langle G, * \rangle$ 到 $\langle H, \circ \rangle$ 的群同态映射.

当 ψ 是单射、满射和双射时, 群同态分别称为单一群同态、满群同态和群同构.

定理 7.8 设 ψ 是 $\langle G, * \rangle$ 到 $\langle H, \circ \rangle$ 的群同态, 则

(1)若 e 是群 G 的单位元, 则 $\psi(e)$ 是群 H 的单位元;

(2) $\forall a \in G$, 有 $\psi(a^{-1}) = (\psi(a))^{-1}$.

证明 (1)由于 $e * e = e$, ψ 又是同态映射, 则 $\psi(e) = \psi(e * e) = \psi(e) \circ \psi(e)$, 可见 $\psi(e)$ 是群 H 中的幂等元, 所以 $\psi(e)$ 是群 H 的元.

(2)由 ψ 是同态映射, 可得 $\psi(a) \circ \psi(a^{-1}) = \psi(a * a^{-1}) = \psi(e)$, $\psi(a^{-1}) \circ \psi(a) = \psi(a^{-1} * a) = \psi(e)$, $\psi(e)$ 是群 H 的单位元, 因此有 $\psi(a^{-1}) = (\psi(a))^{-1}$.

定理 7.8 说明, 群同态映射将单位元映射为单位元, 逆元映射为逆元.

7.2　环　与　域

本节我们要讨论含有两个二元运算的代数结构——环和域.

7.2.1　环

1. 环的定义和实例

定义 7.8　设 $\langle R, +, \cdot \rangle$ 是代数系统, + 和·是二元运算, 如果满足以下条件:

(1) $\langle R, + \rangle$ 构成交换群;

(2) $\langle R, \cdot \rangle$ 构成半群;

(3) ·运算关于+运算适合分配律,

则称 $\langle R, +, \cdot \rangle$ 是一个环.

为了叙述的方便, 通常称+运算为环中的加法, ·运算为环中的乘法. 环中加法单位元记作 0, 乘法单位元(如果存在)记作 1, 对任何元素 x, 称 x 的加法逆元为负元, 记作 $-x$. 若 x 存在乘法逆元, 则称之为逆元, 记作 x^{-1}. 因此在环中写 $x-y$ 意味着 $x+(-y)$.

例 7.6　(1) 整数集 **Z**、有理数集 **Q**、实数集 **R** 和复数集 **C** 关于普通的加法和乘法构成环, 分别称为整数环 **Z**, 有理数环 **Q**, 实数环 **R** 和复数环 **C**.

(2) $n\,(n \geqslant 2)$ 阶实矩阵的集合 $M_n(\mathbf{R})$ 关于矩阵的加法和乘法构成环, 称为 n 阶实矩阵环.

(3) 集合 S 的幂集 $P(S)$ 关于集合的对称差运算 $\oplus$ 和交运算 $\cap$ 构成环.

(4) 设 $\mathbf{Z}_n = \{0, 1, \cdots, n-1\}$, $\oplus_n$ 和 $\otimes_n$ 分别表示模 n 加法和模 n 乘法, 则 $\langle \mathbf{Z}_n, \oplus_n, \otimes_n \rangle$ 构成环, 称为模 n 的整数环.

2. 环的性质

定理 7.9　设 $\langle R, +, \cdot \rangle$ 是环, 则:

(1) $\forall a \in R, a0 = 0a = 0$;

(2) $\forall a, b \in R, (-a)b = a(-b) = -ab$;

(3) $\forall a, b, c \in R, a(b-c) = ab-ac, (b-c)a = ba-ca$.

只证(1)和(2), (3)留作练习

证明　(1) $\forall a \in R$ 有 $a0 = a(0+0) = a0+a0$, 由环中加法的消去律得 $a0 = 0$. 同理可证 $0a = 0$.

(2) $\forall a, b \in R$, 有 $(-a)b+ab = (-a+a)b = 0b = 0$, $ab+(-a)b = (a+(-a))b = 0b = 0$, 因此 $(-a)b$ 是 ab 的负元. 由负元的唯一性可知 $(-a)b = -ab$, 同理可证 $a(-b) = -ab$.

3. 子环

定义 7.9　设 R 是环, S 是 R 的非空子集. 若 S 关于环 R 的加法和乘法也构成一个环, 则称 S 为 R 的子环. 若 S 是 R 的子环, 且 $S \subset R$, 则称 S 是 R 的真子环.

例如, 整数环 **Z**, 有理数环 **Q** 都是实数环 **R** 的真子环. {0}和 **R** 也是实数环 **R** 的子环, 称为平凡子环.

定理 7.10   设 R 是环, S 是 R 的非空子集, 若:

(1) $\forall a, b \in S, a-b \in S$;

(2) $\forall a, b \in S, ab \in S$,

则 S 是 R 的子环.

证明   由(1)可知 S 关于环 R 中的加法构成群. 由(2)可知 S 关于环 R 中的乘法构成半群. 显然 R 中关于加法的交换律以及乘法对加法的分配律在 S 中也是成立的. 因此 S 是 R 的子环.

例 7.7   (1)考虑整数环 $\langle \mathbf{Z}, +, \cdot \rangle$, 对于任意给定的自然数 n, $n\mathbf{Z} = \{nz | z \in \mathbf{Z}\}$ 是 **Z** 的非空子集, 且 $\forall nk_1, nk_2 \in n\mathbf{Z}$ 有 $nk_1 - nk_2 = n(k_1 - k_2) \in n\mathbf{Z}$, $nk_1 \cdot nk_2 = n(k_1 k_2) \in n\mathbf{Z}$, 由定理 7.10 知 $n\mathbf{Z}$ 是整数环的子环.

(2)考虑模 6 整数环 $\langle \mathbf{Z}_6, \oplus_6, \otimes_6 \rangle$, 不难验证{0}, {0, 3}, {0, 2, 4}, $\mathbf{Z}_6$ 是它的子环. 其中{0}和 $\mathbf{Z}_6$ 是平凡的, 其余的都是非平凡的真子环.

4. 环的同态

定义 7.10   设 R_1 和 R_2 是环, 映射 $\psi: R_1 \to R_2$, 若对于 $\forall x, y \in R_1$ 有 $\psi(x+y) = \psi(x) + \psi(y)$, $\psi(xy) = \psi(x)\psi(y)$ 成立, 则称 ψ 是环 R_1 到 R_2 的同态映射, 简称环同态.

类似于群同态, 也可以定义环的单同态、满同态和同构等.

例 7.8   设 $R_1 = \langle \mathbf{Z}, +, \cdot \rangle$ 是整数环, $R_2 = \langle \mathbf{Z}_n, \oplus_n, \otimes_n \rangle$ 是模 n 的整数环. 令 $\psi: \mathbf{Z} \to \mathbf{Z}_n$, $\psi(x) = (x) \bmod n$, 证明 ψ 是环 R_1 到 R_2 的同态映射.

证明   对 $\forall x, y \in \mathbf{Z}$ 有

$$\psi(x+y) = (x+y) \bmod n = (x) \bmod n \oplus_n (y) \bmod n = \psi(x) \oplus_n \psi(y)$$

$$\psi(xy) = (xy) \bmod n = (x) \bmod n \otimes_n (y) \bmod n = \psi(x) \otimes_n \psi(y)$$

所以 ψ 是 R_1 到 R_2 的同态, 且不难看出 ψ 是满同态.

7.2.2 域

定义 7.11   设 $\langle R, +, \cdot \rangle$ 是环, 如果满足如下条件:

(1)环中乘法·可交换;

(2)R 中至少含有两个元素, 且 $\forall a \in R-\{0\}$, 都有 $a^{-1} \in R$,

则称 R 为域(其中: 0 指加法单位元, a^{-1} 指 a 的乘法逆元).

例如, **Q**, **R**, **C** 分别表示有理数集、实数集、复数集, 运算 "+" 和×分别表示普通加法和乘法运算, $\langle \mathbf{Q}, +, \times \rangle$, $\langle \mathbf{R}, +, \times \rangle$ 和 $\langle \mathbf{C}, +, \times \rangle$ 是域, 分别称为有理数环 **Q**、实数环 **R** 和复数环 **C**.

例 7.9   设 $\mathbf{Z}_5 = \{0, 1, 2, 3, 4\}$, $\oplus_5$ 和 $\otimes_5$ 分别表示模 5 加法和乘法, 则 $\langle \mathbf{Z}_5, \oplus_5, \otimes_5 \rangle$ 构成域.

分析   已知 $\langle \mathbf{Z}_5, \oplus_5, \otimes_5 \rangle$ 是一个环, 因此要证明它是域, 只需证明 $\langle \mathbf{Z}_5-\{0\}, \oplus_5, \otimes_5 \rangle$ 是一个交换群. 以下为简单起见, 记 $a \otimes_5 b$ 为 ab.

证明 封闭性: 对 $\forall a, b \in \mathbf{Z}_5-\{0\}$, 假设 $a \otimes_5 b = 0$, 即 $a \otimes_5 b = (ab) \bmod 5 = 0$, 则 $\exists k \in \mathbf{Z}$, 有 $ab = 5k$, 则有 5 整除 ab, 即 $5|ab$, 因为 5 是素数, 故有 $5|a$ 或者 $5|b$, 又 $a, b \in 5-\{0\}$, 则 5 不能整除 a 和 b, 矛盾, 所以 $a \otimes_5 b \neq 0$, 故 $\otimes_5$ 对在 $5-\{0\}$ 满足封闭性.

结合律与交换律: 读者自行证明结合律、交换律成立.

单位元: $1 \in \mathbf{Z}_5-\{0\}$, 且对任意的 $a \in 5\{0\}$ 有 $a \otimes_5 1 = a = 1 \otimes_5 a$, 所以单位元存在.

逆元存在: 对 $\forall a \in \mathbf{Z}_5-\{0\}$, 因为 5 和 a 互质, 所以 $\exists s, t \in \mathbf{Z}$, 使得 $5s+ta = 1$, 则 $1 = (ta) \bmod 5$, 则存在 $p \in \mathbf{Z}$, 使得 $k = t+5p$, 其中 $k \in 5-\{0\}$, 有 $1 = (ta) \bmod 5 = (ka) \bmod 5 = k \otimes_5 a$, 而 $\otimes_5$ 满足交换律, 所以有 $k \otimes_5 a = 1 = a \otimes_5 k$, 即 k 是 a 的逆元.

综上 $\langle \mathbf{Z}_5-\{0\}, \otimes_5 \rangle$ 是一个交换群, 而 $\langle \mathbf{Z}_5, \oplus_5, \otimes_5 \rangle$ 是环, 则 $\langle \mathbf{Z}_5, \oplus_5, \otimes_5 \rangle$ 是域.

一般地, 如果 p 是素数, 则 $\langle \mathbf{Z}_n, \oplus_n, \otimes_n \rangle$ 是一个域.

半群、群、环和域是几个重要的代数系统, 根据课程要求和篇幅的限制, 我们只是对这几个代数系统的基本概念和初步结论进行了简单介绍, 图 7.1 列出了这几个重要的代数系统的关系, 方便读者理清这些概念之间关系, 在今后的学习和应用中可以基于这些基本概念入手, 查阅相关书籍深入研究.

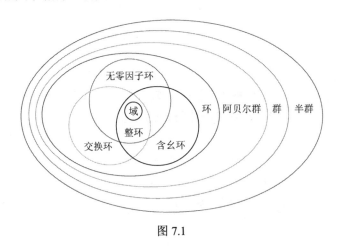

图 7.1

7.3 格与布尔代数

7.3.1 格

1. 格的定义和实例

定义 7.12 设 $\langle S, \leqslant \rangle$ 是偏序集, 如果 $\forall x, y \in S$, $\{x, y\}$ 都有最小上界和最大下界, 则称 $\langle S, \leqslant \rangle$ 是格. 若 S 为有限集, 则称格 $\langle S, \leqslant \rangle$ 为有限格.

由于最小上界和最大下界的唯一性, 可以把求 $\{x, y\}$ 的最小上界和最大下界看成 x 与 y 的二元运算 $\vee$ 和 $\wedge$, 即 $x \vee y$ 和 $x \wedge y$ 分别表示 x 与 y 的最小上界和最大下界.

注意 这里出现的 $\vee$ 和 $\wedge$ 符号只代表格中的运算, 而不再有其他的含义.

例 7.10 (1) 考虑偏序集 $\langle \mathbf{Z}^+, D \rangle$, 其中 $\mathbf{Z}^+$ 是正整数, D 是整除关系, 问偏序集 $\langle \mathbf{Z}^+, D \rangle$ 是否是一个格?

(2)设 S 是一个集合, $P(S)$ 是 S 的幂集, $\subseteq$ 是集合上的包含关系, 问偏序集 $\langle P(S), \subseteq \rangle$ 是否是一个格?

(3)考虑偏序集 $\langle S_n, D \rangle$, 其中 D 是一个整除关系, S_n 是 n 的所有因子的集合, 问偏序集 $\langle S_n, D \rangle$ 是否是一个格?

(4)所有的全序集 $\langle L, \leqslant \rangle$ 都是格?

分析 判断一个偏序集 $\langle S, \leqslant \rangle$ 是否是格, 要对 S 的所有 2 元素子集看它是否都有最大下界和最小上界.

解 (1)对 $\forall x, y \in \mathbf{Z}^+$, 有: $x \vee y = \mathrm{lcm}\{x, y\} \in \mathbf{Z}^+$($\mathrm{lcm}\{x, y\}$表示$\{x, y\}$的最小公倍数), $x \wedge y = \gcd\{x, y\} \in \mathbf{Z}^+$($\gcd\{x, y\}$表示$\{x, y\}$的最大公约数).

所以,$\langle \mathbf{Z}^+, D \rangle$ 是一个格.

(2)对 $\forall X, Y \in P(S)$, 有: $X \vee Y = X \cup Y \in P(S)$, $X \wedge Y = X \cap Y \in P(S)$.

所以,$\langle P(S), \subseteq \rangle$ 是一个格.

(3)对 $\forall x, y \in S_n$, 有: $x \vee y = \mathrm{lcm}\{x, y\} \in S_n$($\mathrm{lcm}\{x, y\}$表示$\{x, y\}$的最小公倍数), $x \wedge y = \gcd\{x, y\} \in S_n$($\gcd\{x, y\}$表示$\{x, y\}$的最大公约数).

所以,$\langle S_n, D \rangle$ 是一个格.

例如, 当 $n = 6, 8, 30$ 时, 偏序集 $\langle S_n, D \rangle$ 的哈斯图如图 7.2 所示.

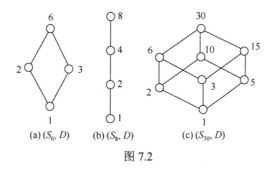

图 7.2

(4)在全序集 $\langle L, \leqslant \rangle$ 中, 对 $\forall a, b \in L$, 都有 $a \leqslant b$ 或 $b \leqslant a$ 成立.

若 $a \leqslant b$ 成立, 则 $\{a, b\}$ 有最大下界为 a, 最小上界为 b.

若 $b \leqslant a$ 成立, 则 $\{a, b\}$ 有最大下界为 b, 最小上界为 a.

故 $\langle L, \leqslant \rangle$ 是一个格.

例 7.11 图 7.3 给出了三个偏序集的哈斯图, 请分别判断它们是否是格?

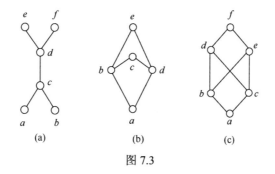

图 7.3

解　(a)不是格. 因为$\{a, b\}$没有下界, 也没有最大下界.

(b)不是格. 因为$\{b, d\}$有两个上界c和e, 但没有最小上界.

(c)不是格. 因为$\{b, c\}$有三个上界d, e和f, 但没有最小上界.

2. 格的性质

定理 7.11　设$\langle S, \leqslant \rangle$是格, 则运算$\vee$和$\wedge$适合交换律、结合律和吸收律. 即对$\forall a, b, c \in S$, 有:

(1)交换律: $a \vee b = b \vee a, a \wedge b = b \wedge a$.

(2)结合律: $a \vee (b \vee c) = (a \vee b) \vee c, a \wedge (b \wedge c) = (a \wedge b) \wedge c$.

(3)幂等律: $a \vee a = a, a \wedge a = a$.

(4)吸收律: $a \vee (a \wedge b) = a, a \wedge (a \vee b) = a$.

证明略.

3. 格作为代数系统的定义

定理 7.12　设$\langle S, *, \circ \rangle$是具有两个二元运算的代数系统, 若对于$*$和$\circ$运算适合交换律、结合律、吸收律, 则可以适当定义$S$中的偏序$\leqslant$, 使得$\langle S, \leqslant \rangle$构成一个格, 且$\forall a, b \in S$有$a \wedge b = a*b, a \vee b = a \circ b$.

证明略.

根据定理 7.12, 可以给出格的另一个等价定义.

定义 7.13　设$\langle S, *, \circ \rangle$是具有两个二元运算的代数系统, 如果$*, \circ$满足交换律、结合律和吸收律, 则称$\langle S, *, \circ \rangle$是格.

读者可能会注意到, 格中的运算满足四条算律, 其中有一条幂等律(见定理 7.11), 但幂等律可以由吸收律推出, 所以定义 7.13 中只需要满足三条算律即可.

以后我们不再区别是偏序集定义的格, 还是代数系统定义的格, 而统称为格L.

4. 子格和格同态

定义 7.14　设$\langle L, \wedge, \vee \rangle$是格, S是L的非空子集, 若S关于L中的运算$\wedge$和$\vee$仍构成格, 则称S是L的子格.

定义 7.15　设$\langle L, \wedge, \vee \rangle$和$\langle S, *, \circ \rangle$是两个格, f是L到S的映射. 如果对$\forall x, y \in L$, 都有$f(x \wedge y) = f(x) * f(y), f(x \vee y) = f(x) \circ f(y)$, 则称$f$为从格$\langle L, \wedge, \vee \rangle$到格$\langle S, *, \circ \rangle$的格同态映射, 简称格同态.

如果f是格同态, 当f分别是单射、满射和双射时, f分别称为单一格同态、满格同态和格同构.

5. 几种特殊的格

定义 7.16　设$\langle L, *, \circ \rangle$是一个格, 如果对$\forall a, b, c \in L$, 都有$a*(b \circ c) = (a*b) \circ (a*c), a \circ (b*c) = (a*b) \circ (a*c)$, 即运算满足分配律, 则称$\langle L, *, \circ \rangle$是一个分配格.

例 7.12　(1)设S为任意一个集合, 格$\langle P(S), \cap, \cup \rangle$是否是分配格?

(2)设 P 为命题公式集合, $\wedge$ 与 $\vee$ 分别是命题公式的合取与析取运算, 格 $\langle P, \wedge, \vee\rangle$ 是否是分配格?

解 (1)因为集合的交、并运算满足分配律, 所以格 $\langle P(S), \cap, \cup\rangle$ 是一个分配格.

(2)因为命题公式的析取、合取运算满足分配律, 所以格 $\langle P, \wedge, \vee\rangle$ 是分配格.

例 7.13 确定图 7.4 所示格是否分配格?

解 L_1 和 L_2 是分配格, L_3 和 L_4 不是分配格.

在 L_3 中有 $b \wedge (c \vee d) = b \wedge e = b$, $(b \wedge c) \vee (b \wedge d) = a \vee a = a$.

在 L_4 中有 $c \vee (b \wedge d) = c \vee a = c$, $(c \vee b) \wedge (c \vee d) = e \wedge d = d$.

称 L_3 为钻石格, L_4 为五角格. 这两个 5 元格在分配格的判别中有着重要的意义.

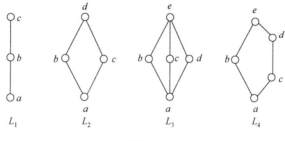

图 7.4

定理 7.13 设 L 是格, 则 L 是分配格当且仅当 L 不含有与钻石格或五角格同构的子格.

定义 7.17 设 L 是格, 若存在 $a \in L$ 使得 $\forall x \in L$ 有 $a \leqslant x$, 则称 a 为 L 的全下界; 若存在 $b \in L$ 使得 $x \in L$ 有 $x \leqslant b$, 则称 b 为 L 的全上界.

可以证明, 格 L 若存在全下界或全上界, 一定是唯一的. 以全下界为例, 假若 a_1 和 a_2 都是格 L 的全下界, 则有 $a_1 \leqslant a_2$ 和 $a_2 \leqslant a_1$. 根据偏序关系 $\leqslant$ 的反对称性必有 $a_1 = a_2$. 由于全下界和全上界的唯一性, 一般将格 L 的全下界记为 0, 全上界记为 1.

定义 7.18 设 L 是格, 若 L 存在全下界和全上界, 则称 L 为有界格, 并将 L 记为 $\langle L, \wedge, \vee, 0, 1\rangle$.

不难看出, 有限格 L 一定是有界格. 不妨设 L 是 n 元格, 且 $L = \{a_1, a_2, \cdots, a_n\}$, 那么 $a_1 \wedge a_2 \wedge \cdots \wedge a_n$ 是 L 的全下界, 而 $a_1 \vee a_2 \vee \cdots \vee a_n$ 是 L 的全上界. 因此 L 是有界格. 对于无限格 L 来说, 有的是有界格, 有的不是有界格, 如集合 S 的幂集格 $\langle P(S), \cap, \cup\rangle$, 不管 S 是有限集还是无限集, 它都是有界格. 它的全下界是空集 $\varnothing$, 全上界是 S. 而整数集 $\mathbf{Z}$ 关于数的小于或等于关系构成的格不是有界格, 因为不存在最小和最大的整数.

定义 7.19 设 $\langle L, \wedge, \vee\rangle$ 为有界格, 1 和 0 分别为它的全上界和全下界, $a \in L$. 如果存在 $b \in L$, 使得 $a \wedge b = 0$, $a \vee b = 1$, 则称 b 为 a 的补元, 记为 a'. 若有界格 $\langle L, \wedge, \vee\rangle$ 中的所有元素都存在补元, 则称 $\langle L, \wedge, \vee\rangle$ 为有补格.

例 7.14 对图 7.4 所示的 4 个格, 求出所有元素的补元.

解 L_1 中 a 与 c 互补; b 没有补元.

L_2 中 a 与 d 互补; b 与 c 互补.

L_3 中 a 与 e 互补; b 的补元 c, d; c 的补元 b, d; d 的补元 b, c.

L_4 中 a 与 e 互补; b 的补元 c, d; c 的补元 b; d 的补元 b.

7.3.2　布尔代数

定义 7.20　称有补分配格 $\langle L, \wedge, \vee \rangle$ 为布尔格.

在有补分配格中每个元都有补元而且补元唯一, 可以将求元素的补元作为一种一元运算, 则此布尔格 $\langle L, \wedge, \vee \rangle$ 可记为 $\langle L, \wedge, \vee, ', 0, 1 \rangle$, 此时称 $\langle L, \wedge, \vee, ', 0, 1 \rangle$ 为布尔代数.

定义 7.21　一个布尔格 $\langle L, \wedge, \vee \rangle$ 称为布尔代数. 若一个布尔代数的元素个数是有限的, 则称此布尔代数为有限布尔代数, 否则称为无限布尔代数.

例 7.15　设 S 为任意集合, 证明 S 的幂集格 $\langle P(S), \cap, \cup, \sim, \varnothing, S \rangle$ 构成布尔代数, 称为集合代数.

证明　$P(S)$ 关于 $\cap$ 和 $\cup$ 构成格, 因为 $\cap$ 和 $\cup$ 运算满足交换律、结合律和吸收律. 由于 $\cap$ 和 $\cup$ 互相可分配, 因此 $P(S)$ 是分配格, 且全下界是空集 $\varnothing$, 全上界是 S. 根据绝对补的定义, 取全集为 S, $\forall x \in P(S)$, $\sim x$ 是 x 的补元.

从而证明 $P(B)$ 是有补分配格, 即布尔代数.

布尔代数是有补分配格, 有补分配格 $\langle L, \wedge, \vee \rangle$ 必须满足它是格、有全上界和全下界、分配律成立、每个元素都有补元存在. 显然, 全上界 1 和全下界 0 可以用下面的同一律来描述在 L 中存在两个元素 0 和 1, 使得对 $\forall a \in L$, 有 $a \wedge 1 = a$, $a \vee 0 = a$.

补元的存在可以用下面的互补律来描述.

互补律: 对任意 $a \in L$, 存在 $a' \in L$, 使得 $a \wedge a' = 0$, $a \vee a' = 1$.

格可以用交换律、结合律、吸收律来描述. 因此, 一个有补分配格就必须满足交换律、结合律、吸收律、分配律、同一律、互补律. 另外, 可以证明, 由交换律、分配律、同一律、互补律可以得到结合律、吸收律. 所以布尔代数有下面的等价定义.

定义 7.22　设 $\langle B, *, \circ \rangle$ 是代数系统, 其中 $*$, $\circ$ 是 B 中的二元运算, 如果对 $\forall a, b, c \in B$, 满足:

(1) 交换律: $a*b = b*a$, $a \circ b = b \circ a$;

(2) 分配律: $a*(b \circ c) = (a*b) \circ (a*c)$, $a \circ (b*c) = (a \circ b) * (a \circ c)$;

(3) 同一律: 在 B 中存在两个元素 0 和 1, 使得对任意 $a \in B$, 有 $a*1 = a$, $a \circ 0 = a$;

(4) 互补律: 对任意 $a \in B$, 存在 $a' \in B$, 使得 $a \circ a' = 0$, $a \circ a' = 1$,

则称 $\langle B, *, \circ \rangle$ 为布尔代数.

通常将布尔代数 $\langle B, *, \circ \rangle$ 记为 $\langle B, *, \circ, ', 0, 1 \rangle$. 为方便起见, 也简称 B 是布尔代数.

习　题　7

1. 判断下列集合和运算是否构成半群和独异点?

(1) 设 a 是正整数, $G = \{a^n | n \in \mathbf{Z}\}$, 运算是普通乘法.

(2) $\mathbf{Q}^+$ 是正有理数集, 运算为普通加法.

2. 设 $V_1 = \langle \mathbf{Z}, + \rangle$, $V_2 = \langle \mathbf{Z}, \cdot \rangle$, 其中 $\mathbf{Z}$ 为整数集, +和·分别代表普通加法和乘法. 判断下述集合是否构成 V_1 和 V_2 的子半群和子独异点?

(1) $S_1 = \{2k | k \in \mathbf{Z}\}$.

(2) $S_2 = \{2k+1 | k \in \mathbf{Z}\}$.

(3) $S_3 = \{-1, 0, 1\}$.

3. 设 $\mathbf{Z}$ 为整数集, $\forall x, y \in \mathbf{Z}$, $x \cdot y = x+y-2$, 说明 $\mathbf{Z}$ 关于·运算是否构成群.

4. 判断下列集合 A 和给定运算是否构成环、整环或域, 如果不构成, 说明理由.

(1) $A = \{a+bi | a, b \in \mathbf{Q}\}$, 其中 $i^2 = -1$, 运算为复数加法和乘法.

(2) $A = \{2z+1 | z \in \mathbf{Z}\}$, 运算为普通加法和乘法.

(3) $A = \{2z | z \in \mathbf{Z}\}$, 运算为普通加法和乘法.

(4) $A = \{x | x \geq 0, 且 x \in \mathbf{Z}\}$, 运算为实数加法和乘法.

5. 在整数集合 $\mathbf{Z}$ 上定义*和◇两个运算, $\forall a, b \in \mathbf{Z}$, 有 $a*b = a+b-1$, $a◇b = a+b-ab$. 证明 $\langle \mathbf{Z}, *, ◇ \rangle$ 构成环.

6. 图 7.5 中给出 4 个偏序集的哈斯图. 判断其中哪些是格. 如果不是格, 说明理由.

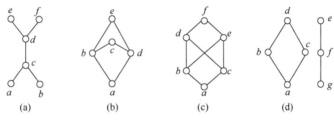

图 7.5

7. 确定图 7.6 所示的三个格是否是分配格?

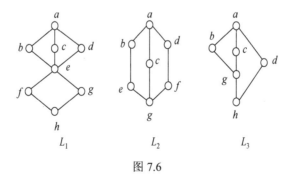

图 7.6

8. 对于以下给定的集合和运算判断它们是哪一类代数系统(半群、独异点、群、环、域、格、布尔代数), 并说明理由.

(1) $S_1 = \{1, 1/2, 2, 1/3, 3, 1/4, 4\}$, *为普通乘法.

(2) $S_2 = \{a_1, a_2, \cdots, a_n\}$, $\forall a_i, a_j \in S_2$, $a_i * a_j = a_i$, 这里的 n 为给定正整数, $n>1$.

(3) $S_3 = \{0, 1\}$, *为普通乘法.

(4) $S_4 = \{1, 2, 3, 6\}$, $\forall x, y \in S_4$, $x \circ y$ 与 $x * y$ 分别表示 x 与 y 的最小公倍数和最大公约数.

(5) $S_5 = \{0, 1\}$，$\oplus_2$ 为模 2 加法，$\otimes_2$ 为模 2 乘法.

9. 判断下述代数系统是否为格？是否为布尔代数？

(1) $S = \{1, 3, 4, 12\}$，$\forall x, y \in S$，$x \circ y = \text{lcm}(x, y)$，$x * y = \text{gcd}(x, y)$，其中 lcm 是最小的公倍数，gcd 是最大公约数.

(2) $S = \{0, 1, 2\}$，$\oplus_3$ 为模 3 加法，$\otimes_3$ 为模 3 乘法.

(3) $S = \{0, \cdots, n\}$，其中 $n \geqslant 2$；$\forall x, y \in S$，$x \circ y = \max(x, y)$，$x * y = \min(x, y)$.

拓展练习 7

1. 设代数系统 $V = \langle S, * \rangle$ 的运算表，试构造通用的算法判断 V 是否是群，如果是的话，求出单位元和每个元素的逆元. 并以表 7.2 所示的运算表进行验证.

表 7.2

∘	a	b	c	d
a	a	b	c	d
b	b	a	d	c
c	c	d	a	a
d	d	c	b	b

2. 给定代数系统 $V = \langle S, +, \cdot \rangle$，其中+和·为二元运算，已知+和·的运算表，试设计通用的算法分别判定 V 是否是环？是否是域？并用表 7.3 所示的运算表进行验证.

表 7.3

(1)

+	a	b	c	d
a	a	b	c	d
b	b	a	d	c
c	c	d	a	b
d	c	c	b	a

(2)

·	a	b	c	d
a	a	a	a	a
b	a	b	c	d
c	a	c	d	b
d	a	d	b	c

3. 给定代数系统 $U = \langle S, +, \cdot, ' \rangle$，其中+和 ·为二元运算，'为一元运算，已知+、·和'的运算表，试设计通用子程序判定 U 是否是布尔代数，并用表 7.4 所示的运算表进行验证.

表 7.4

(1)

+	a	b	c	d
a	a	b	a	b
b	b	b	b	b
c	a	b	c	d
d	b	b	d	d

(2)

·	a	b	c	d
a	a	a	c	c
b	a	b	c	d
c	c	c	c	c
d	c	d	c	d

(3)

x	x'
a	d
b	c
c	d
d	a

第四部分 图 论

图论是离散数学的重要组成部分,也是近代应用数学的重要分支之一. 本书所讨论的图与人们通常所熟悉的圆、椭圆、函数图表等图是很不相同的. 图论中的图是由若干给定的点及连接两点的线所构成的图形,这种图形通常用来描述某些事物之间的某种特定关系,用点代表事物,用连接两点的线表示相应两个事物间具有这种关系,至于点的位置和连线的长短曲直是无关紧要的. 图论中的图是某类具体离散事物集合和该集合中的每对事物间以某种方式相联系的数学模型.

人们常称 1736 年是图论历史元年,因为在这一年瑞士数学家欧拉(Euler)发表了图论的首篇论文,阐述并解决了哥尼斯堡(Konigsberg)七桥问题,人们普遍认为欧拉是图论的创始人. 1847 年基尔霍夫(Kirchhoff)用图论分析电路网络,最早将图论应用于工程科学. 1936 年,匈牙利数学家寇尼格(Konig)出版了图论的第一部专著《有限图与无限图理论》,这是图论发展史上的重要的里程碑,它标志着图论进入突飞猛进发展的新阶段.

图论是一门很有实用价值的学科,它在自然科学、社会科学等各领域均有很多应用. 自 20 世纪中叶以来,它受计算机科学蓬勃发展的刺激,发展极其迅速,应用范围不断拓广,已渗透到诸如语言学、逻辑学、物理学、化学、电讯工程、计算机科学以及数学的其他分支中. 特别在计算机科学中,如形式语言、数据结构、分布式系统和操作系统等方面均扮演着重要的角色.

图是一类具有广泛实际问题背景的数学模型,有着极其丰富的内容,是数据结构等课程的先修内容. 学习时应掌握好图论的基本概念、基本方法和基本算法,善于把实际问题抽象为图论的问题,然后用图论的方法去解决. 图论作为一个数学分支,有一套完整的体系和广泛的内容,本部分仅介绍图论的初步知识,包括:

(1) 第 8 章图论基础: 包括图的基本概念和术语、图的矩阵表示、图的连通性等.

(2) 第 9 章树: 介绍树的基本概念、无向树及其应用、有向树及其应用.

(3) 第 10 章几种特殊的图: 主要介绍二部图、欧拉图、哈密顿图和平面图的基本理论及其应用.

学习图论的目的在于今后对计算机有关学科的学习和研究时,可以以图论的基本知识作为工具.

第8章 图论基础

8.1 图的基本概念

8.1.1 图的定义

1. 引例——哥尼斯堡七桥问题

18 世纪初东普鲁士的哥尼斯堡城(今俄罗斯加里宁格勒)有一条河流穿城而过, 而河中有两个小岛, 河两岸和两个小岛之间有七座桥连接, 如图 8.1(a)所示. 城里的居民们有一个有趣的话题: 是否有人可以从某个陆地出发, 走过每个桥恰好一次最后又回到这个位置? 注意: 这里说到"恰好一次", 也就是说每个桥都要走过, 而且不能重复. 这个问题在数学史上称为"七桥问题"或者"哥尼斯堡七桥问题".

瑞士数学家欧拉发现这个问题虽然与图形有关, 但是和传统上处理图形的数学分支——几何学有很大的不同, 因为这个问题与图形的具体画法无关, 与角度、长度之类的量完全没关系. 事实上, 如果将图中河的两岸（即 A 和 C）抽象为两个点, 再将河中两个岛（即 B 和 D）也抽象为两个点, 然后用连接两点之间的线段（不一定是直线段）表示桥（例如, B 和 D 之间有桥, 就将 B 和 D 连接起来）, 那么我们将得到如图 8.1(b)所示的一个图. 欧拉于 1736 年发表论文, 阐述了问题求解的基本思路, 并给出该问题无解的结论. 这篇论文现在被公认为第一篇关于图论的论文.

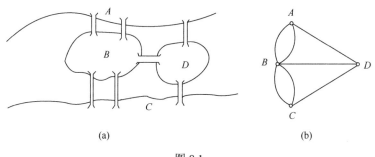

(a)   (b)

图 8.1

需要注意这里的点 A, B, C 和 D 被称为图的顶点(vertex), 连接顶点的线段被称为图的边(edge). 有趣的是不管这里的边是不是直线或别的什么曲线, 也不管顶点的位置具体画在哪里, 只要保证这种顶点与边的关联关系, 就足以说明这个问题. 这就是我们要学习的图论的研究对象.

我们今天学习欧拉的成果不应是单纯把它作为数学游戏, 重要的是应该知道他怎样把一个实际问题抽象成数学问题. 研究数学问题不应该为"抽象而抽象", 抽象的目的是更好地、更有效地解决实际问题, 欧拉对"七桥问题"的研究就是值得我们学习的一个样板.

2. 图的定义

定义 8.1　设 A, B 为任意的两个集合，称 $\{\{a, b\}|a\in A\wedge b\in B\}$ 为 A 与 B 的无序积，记作 $A\&B$.

方便起见，将无序积中的无序对 $\{a, b\}$ 记为 (a, b)，并且允许 $a=b$. 需要指出的是，无论 a, b 是否相等，均有 $(a, b)=(b, a)$，因而 $A\&B = B\&A$.

定义 8.2　元素可以重复出现的集合称为多重集合或者多重集，某元素重复出现的次数称为该元素的重复度.

例如，在多重集合 $\{a, a, b, b, b, c, d\}$ 中，元素 a, b, c, d 的重复度分别为 $2, 3, 1, 1$.

定义 8.3　一个图是一个有序的二元组 $\langle V, E\rangle$，记作 G，其中：

(1) $V(V\neq\varnothing)$ 称为顶点集，其元素称为顶点或结点.

(2) E 是 $V\&V$（或 $V\times V$）的多重子集，称为边集，其元素 e 称为边. 若 $e=\langle u, v\rangle$，称 e 为有向边. 若 $e=(u, v)$，称 e 为无向边.

当 G 的边均为有向边时，称该图为有向图，当 G 的边均为无向边时，称该图为无向图. 当 G 的边有些是无向边，而另一些是有向边的图称为混合图.

在图的定义中，一般用 G 表示无向图（也可以泛指图，包括有向图和无向图），用 D 表示有向图.

对于一个图 G，如果将其记为 $G=\langle V, E\rangle$，并写出 V 和 E 的集合表示，这称为图的集合表示法. 用集合描述图的优点是精确，但比较抽象，不易理解. 我们还可以采用图形表示法，即用小圆圈表示 V 中的顶点，用由 u 指向 v 的有向线段或曲线表示有向边 $\langle u, v\rangle$，无向线段或曲线表示无向边 (u, v)，这称为图的图形表示. 用图形表示图的优点是形象直观，但当图中的顶点和边的数目较大时，使用这种方法是很不方便的，甚至是不可能的.

例 8.1　(1) 一个无向图 $G=\langle V, E\rangle$，其中：$V=\{v_1, v_2, v_3, v_4, v_5\}$，$E=\{(v_1, v_1), (v_1, v_2), (v_2, v_3),$ $(v_2, v_3), (v_2, v_5), (v_1, v_5), (v_4, v_5)\}$，可以将图的集合表示转化成图形表示，如图 8.2 (a) 所示.

(2) 一个有向图 $D=\langle V, E\rangle$，其中：

$$V=\{a, b, c, d\}$$
$$E=\{\langle a, a\rangle, \langle a, b\rangle, \langle a, b\rangle, \langle a, d\rangle, \langle c, b\rangle, \langle d, c\rangle, \langle c, d\rangle\}$$

可以将该图的集合表示转化成图形表示，如图 8.2 (b) 所示.

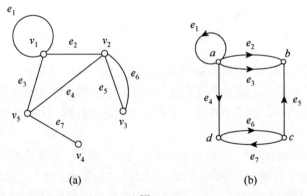

(a)　　　　　　　　　　　　　(b)

图 8.2

对图 $G = \langle V, E \rangle$, 有如下的一些相关概念和术语.

(1) 若 $|V| = n$, 则称 G 为 n 阶图.

(2) 若 $|V|$ 与 $|E|$ 均为有限数, 则称 G 为有限图, 否则称 G 为无限图.

(3) 若 $|V| = n$, $|E| = 0$, 则称 G 为 n 阶零图 N_n. 特别地, 称 N_1 为平凡图.

(4) 标定图与非标定图、基图.

将图的集合定义转化成图形表示之后, 常用 e_k 表示无向边 (v_i, v_j) (或有向边 $\langle v_i, v_j \rangle$), 并称顶点或边用字母标定的图为标定图, 否则称为非标定图.

另外将有向图各有向边均改成无向边后的无向图称为原来图的基图. 易知标定图与非标定图是可以相互转化的, 任何无向图 G 的各边均加上箭头就可以得到以 G 为基图的有向图.

(5) 关联与关联次数、环、平行边、孤立点.

(i) 若边 $e = (u, v)$, 称边 e 关联顶点 u、v, 并称 u、v 为 e 的端点, 这时 u、v 为相邻(接)的顶点.

(ii) 若边 $e = \langle u, v \rangle$, 称边 e 关联顶点 u、v, 并称 u、v 为 e 的端点, 也称 u 为 e 的起点, v 为 e 的终点, 也称 u 邻接到 v, 或 v 邻接自 u.

(iii) 当 $e = \langle u, v \rangle$ 或 (u, v), 若 $u = v$ 时, e 称为环.

(iv) 在无向图中, 若关联一对顶点的无向边如果多于 1 条, 则称这些边为平行边. 在有向图中, 关联一对顶点的有向边如果多于 1 条, 并且这些边的始点和终点相同(也就是它们的方向相同), 则称这些边为平行边. 平行边的条数称为重数.

(v) 无论在无向图中还是在有向图中, 无边关联的顶点均称孤立点.

(6) 多重图、线图与简单图.

含平行边的图称为多重图, 否则称为线图. 既不含平行边也不含环的图称为简单图.

例如, 在图 8.2 (a) 中 e_5 与 e_6 是平行边, 在图 8.2 (b) 中, e_2 与 e_3 是平行边, 注意 e_6 与 e_7 不是平行边, 两个图都是多重图.

简单图有许多性质, 在以后将逐步进行讨论.

(7) 赋权图.

当给图 G 赋予映射 $f: V \to W$, 或 $g: E \to W$(W 为任意集合, 常为实数集的子集), 此时称 G 为赋权图, 用 $\langle V, E, f \rangle$ 或 $\langle V, E, g \rangle$ 或 $\langle V, E, f, g \rangle$ 表示, 并 $f(v)$ 称为顶点 v 的权, $g(e)$ 为边 e 的权.

8.1.2 顶点的度与握手定理

1. 顶点的度数和度数列

定义 8.4 顶点的度数.

(1) 设 $G = \langle V, E \rangle$ 为无向图, $V = \{v_1, v_2, \cdots, v_n\}$.

$\forall v \in V$, 称 v 作为边的端点的次数之和为 v 的度数, 简称为度, 记作 $d_G(v)$, 在不发生混淆时, 简记为 $d(v)$. 称 $d(v_1), d(v_2), \cdots, d(v_n)$ 为 G 的度数列.

(2) 设 $D = \langle V, E \rangle$ 为有向图, $V = \{v_1, v_2, \cdots, v_n\}$.

$\forall v \in V$, 称 v 作为边的始点的次数之和为 v 的出度, 记作 $d_D^+(v)$, 简记作 $d^+(v)$. 称 $d^+(v_1)$,

$d^+(v_2),\cdots,\ d^+(v_n)$ 为 D 的出度列.

$\forall v\in V$, 称 v 作为边的终点的次数之和为 v 的入度, 记作 $d_D^-(v)$, 简记作 $d^-(v)$. 称 $d^-(v_1),\ d^-(v_2),\ \cdots,\ d^-(v_n)$ 为 D 的入度列.

$\forall v\in V$, 称 $d^+(v)+d^-(v)=d$ 为 v 的度数, 记作 $d(v)$. 称 $d(v_1),d(v_2),\cdots,d(v_n)$ 称为 D 的度数列.

例 8.2　(1) 求出图 8.2(a) 中各顶点的度数和图的度数列.

(2) 求出图 8.2(b) 中各顶点的入度、出度和度数.

解　(1) 根据定义, 求出图 8.2(a) 中各顶点的度数, 如表 8.1 所示.

表 8.1

顶点	顶点的度
v_1	4
v_2	4
v_3	2
v_4	1
v_5	3

图的度数列为: 4, 4, 2, 1, 3.

(2) 根据定义, 求出图 8.2(b) 中各顶点的出度、入度和度, 如表 8.2 所示.

表 8.2

顶点	出度	入度	度
a	4	1	5
b	0	3	3
c	2	1	3
d	1	2	3

图的出度列为: 4, 0, 2, 1, 入度列为: 1, 3, 1, 2, 度数列为: 5, 3, 3, 3.

下面给出与顶点度数有关的概念.

(1) 在无向图 G 中, 令 $\Delta(G)=\max\{d(v)|v\in V(G)\}$, $\delta(G)=\min\{d(v)|v\in V(G)\}$, 我们称 $\Delta(G),\delta(G)$ 分别为 G 的最大度和最小度.

在不引起混淆的情况下, 将 $\Delta(G),\delta(G)$ 分别简记为 Δ 和 δ.

(2) 在有向图 D 中, 类似无向图, 可以定义最大度 $\Delta(D)$, 最小度 $\delta(D)$, $\Delta(D)=\max\{d(v)|v\in V(D)\}$, $\delta(D)=\min\{d(v)|v\in V(D)\}$ 另外, 令

$$\Delta^+(D)=\max\{d^+(v)|v\in V(D)\}$$
$$\delta^+(D)=\min\{d^+(v)|v\in V(D)\}$$
$$\Delta^-(D)=\max\{d^-(v)|v\in V(D)\}$$
$$\delta^-(D)=\min\{d^-(v)|v\in V(D)\}$$

分别称为 D 的最大度、最小度、最大出度、最小出度、最大入度和最小入度. 以上记号可分别简记为 $\Delta, \delta, \Delta^+, \delta^+, \Delta^-, \delta^-$.

(3) 称度数为 1 的顶点为悬挂顶点, 与它关联的边称为悬挂边. 度为偶数的顶点称为偶度点, 度为奇数的顶点称为奇度点.

例如, 图 8.2(a) 中, $\Delta(G)=4$, $\delta(G)=1$, v_1, v_2, v_3 为偶度点, v_4, v_5 为奇度点, v_4 为悬挂点, e_7 为悬挂边. 图 8.2(b) 中, $\Delta(G)=5$, $\delta(G)=3$, $\Delta^+(G)=4$, $\delta^+(G)=0$, $\Delta^-(G)=3$, $\delta^-(G)=1$, 无偶度点, a, b, c, d 均为奇度点.

2. 握手定理

定理 8.1（握手定理） (1) 设 $G=\langle V, E\rangle$ 为无向图, $V=\{v_1, v_2, \cdots, v_n\}$, $|E|=m$, 则

$$\sum_{i=1}^{n} d(v_i) = 2m.$$

(2) 设 $D=\langle V, E\rangle$ 为有向图, $V=\{v_1, v_2, \cdots, v_n\}$, $|E|=m$, 则 $\sum_{i=1}^{n} d(v_i)=2m$, 且

$$\sum_{i=1}^{n} d^+(v_i) = \sum_{i=1}^{n} d^-(v_i) = m.$$

证明 (1) G 中每条边（包括环）均有 2 个端点, 所以在计算 G 中各顶点度数之和时, 每条边均提供 2 度, 当然 m 条边, 共提供 $2m$ 度, 即 $\sum_{i=1}^{n} d(v_i)=2m$.

(2) D 中每条边（包括环）均有 2 个端点（1 个始点, 1 个终点）, 所以在计算 G 中各顶点度数之和时, 每条边均提供 2 度（1 个出度, 1 个入度）, 当然 m 条边, 共提供 $2m$ 度（m 个出度, m 个入度）, 即 $\sum_{i=1}^{n} d(v_i)=2m$, 且 $\sum_{i=1}^{n} d^+(v_i) = \sum_{i=1}^{n} d^-(v_i) = m$.

推论 8.1 任何图中, 奇度点的个数是偶数.

证明 设 $G=\langle V, E\rangle$ 为任意一图, 令 $V_1=\{v|v\in V \wedge d(v)$ 为奇数$\}$, $V_2=\{v|v\in V \wedge d(v)$ 为偶数$\}$, $V_1\cup V_2=V$, $V_1\cap V_2=\varnothing$, 由握手定理可知: $\sum_{v\in V} d(v) = \sum_{v\in V_1} d(v) + \sum_{v\in V_2} d(v) = 2m$. 由于 $2m$, $\sum_{v\in V_2} d(v)$ 均为偶数, 所以 $\sum_{v\in V_1} d(v)$ 为偶数, 但因 V_1 中顶点度数为奇数, 所以$|V_1|$必为偶数.

握手定理是图论的基本定理, 图中顶点的度数是图论中最为基本的概念之一.

对于顶点标定的无向图, 它的度数列是唯一的. 反之, 对于任意给定的非负整数列 $d=(d_1, d_2, \cdots, d_n)$, 若存在以 $V=\{v_1, v_2, \cdots, v_n\}$ 为顶点集的 n 阶无向图 G, 使得 $d(v_i)=d_i$, 则称 d 是可图化的. 特别地, 如果得到的图是简单图, 则称 d 是可简单图化的.

定理 8.2 非负整数列 $d=(d_1, d_2, \cdots, d_n)$ 是可图化的当且仅当 $\sum_{i=1}^{n} d_i$ 为偶数.

证明 (1) 必要性: 由握手定理可知必要性显然.

(2) 下面证明充分性.

可用多种方法做出 n 阶无向图 $G=\langle V, E\rangle$, 下面介绍其中一种方法.

令: $V=\{v_1, v_2, \cdots, v_n\}$, 按照如下方法产生边集 E.

若 $d_i(i = 1, 2, \cdots, n)$ 为偶数, 则为顶点 v_i 画 $\left\lfloor \dfrac{d_i}{2} \right\rfloor$ 个环, 每个环为顶点 v_i 提供 2 度, 一共提供 d_i 度.

若 $d_i(i = 1, 2, \cdots, n)$ 为奇数, 则为顶点 v_i 画 $\left\lfloor \dfrac{d_i}{2} \right\rfloor$ 个环, 每个环为顶点 v_i 提供 2 度, 一共提供 d_i-1 度. 而序列 $(d_1, d_2, \cdots, d_n)$ 有偶数个奇数, 我们将这些奇数两两配对, 如 (d_j, d_k) 配对, 就在对应的顶点 (v_j, v_k) 之间连一条无向边, 该无向边将为顶点 v_j 和 v_k 分别提供 1 度. 按此方法, 将使得每个顶点 v_i 的度为 $d_i(1 \leqslant i \leqslant n)$.

由此证明了 d 是可图化的.

由定理 8.2 可知, $(3, 3, 2, 1)$, $(3, 2, 2, 1, 1)$ 等是不可图化的, 而 $(3, 3, 2, 2)$, $(3, 2, 2, 2, 1)$ 等是可图化的.

定理 8.3　设 G 为任意 n 阶无向简单图, 则 $\Delta(G) \leqslant n-1$.

证明　因为 G 既无平行边也无环, 所以 G 中任何顶点 v 至多与其余的 $n-1$ 个顶点相邻, 于是 $d(v) \leqslant n-1$, 由于 v 的任意性, 所以 $\Delta(G) \leqslant n-1$.

有了定理 8.2, 判断某非负整数列是否可图化就很简单了, 但判定是否可简单图化, 还是不太容易的, 定理 8.3 可以对于序列是否简单图化起到一定的作用. 下例还提供一些其他方法.

例 8.3　判断下列各非负整数列哪些是可图化的, 哪些是可简单图化的?

(1) $(5, 5, 4, 4, 2, 1)$.

(2) $(5, 4, 3, 2, 2)$.

(3) $(3, 3, 3, 1)$.

(4) $(6, 4, 3, 3, 2, 2)$.

(5) $(3, 2, 2, 1)$.

解　根据定理 8.2 易知, 除序列 (1) 不可图化外, 其余各序列都可图化.

除 (5) 外都不可简单图化. 原因如下:

(2) 中序列有 5 个数, 若它可简单图化, 设所得图为 G, 则 $\Delta(G) = \max\{5, 4, 3, 2, 2\} = 5$, 这与定理 8.3 矛盾. 所以 (2) 中序列不可简单图化. 类似可证 (4) 中序列不可简单图化.

对于 (3) 中的序列, 假设可以简单图化为 $G = \langle V, E \rangle$, G 以 (3) 中序列为度数列. 不妨设 $V = \{v_1, v_2, v_3, v_4\}$, 且 $d(v_1) = d(v_2) = d(v_3) = 3$, $d(v_4) = 1$, 由于 $d(v_4) = 1$, 因而 v_4 只能与 v_1, v_2, v_3 之一相邻, 于是 v_1, v_2, v_3 不可能都是 3 度顶点, 这是矛盾的, 因而 (3) 中序列也不可简单图化.

(5) 可简单图化, 图 8.3 所示的无向简单图即以序列 (5) 为度数列.

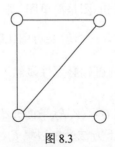

图 8.3

8.1.3　完全图与正则图

1. 完全图

定义 8.5　(1) 设 G 为 n 阶无向简单图, 若 G 中每个顶点均与其余的 $n-1$ 个顶点相邻, 则称 G 为 n 阶无向完全图, 简称 n 阶完全图, 记作 $K_n(n \geqslant 1)$.

(2) 设 D 为 n 阶有向简单图, 若 D 中每个顶点都邻接到其余的 $n-1$ 个顶点, 又邻接于其余的 $n-1$ 个顶点, 则称 D 是 n 阶有向完全图.

(3) 设 D 为 n 阶有向简单图, 若 D 的基图为 n 阶无向完全图 K_n, 则称 D 是 n 阶竞赛图.

在图 8.4 中, (a) 为 K_3, (b) 为 K_5, (c) 为 3 阶有向完全图, (d) 为 3 阶竞赛图.

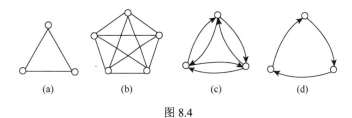

图 8.4

易知, n 阶无向完全图、n 阶有向完全图、n 阶竞赛图的边数分别为 $\dfrac{n(n-1)}{2}$、$n(n-1)$、$\dfrac{n(n-1)}{2}$.

2. 正则图

定义 8.6　设 G 为 n 阶无向简单图, 若 $\forall v \in V(G)$, 均有 $d(v) = k$, 则称 G 为 k-正则图.

由定义可知, n 阶零图是 0-正则图, n 阶无向完全图 K_n 是 $(n-1)$-正则图. 由握手定理可知, n 阶 k-正则图中, 边数 $m = kn/2$, 因而当 k 为奇数时, n 必为偶数.

如图 8.5 中, (a) 为 2-正则图; (b) 称为彼得森图, 为 3-正则图; (c) 为 4-正则图.

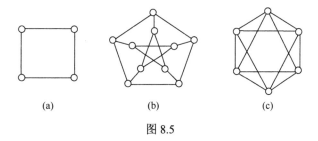

图 8.5

8.1.4　图的同构

定义 8.7　设 $G = \langle V, E \rangle$, $G' = \langle V', E' \rangle$ 为两个图(同为无向图或同为有向图), 若存在双射函数 $f\colon V \to V'$, 对于 $\forall\, a, b \in V$, 有 $(a, b) \in E$($\langle a, b \rangle \in E$)当且仅当$(f(a), f(b)) \in E'$($\langle f(a), f(b) \rangle \in E'$), 并且 (a, b)($\langle a, b \rangle$)与 $(f(a), f(b))$($\langle f(a), f(b) \rangle$)的重数相同, 则称 G 和 G' 是同构的, 记作 $G \cong G'$.

图之间的同构关系构成全体图集合上的二元关系, 它具有自反性、对称性和传递性, 是一个等价关系. 在这个等价关系的每个等价类的图在同构意义下都可以看成一个图. 对于同构, 形象地说, 若图的顶点可以任意挪动位置, 而边是完全弹性的, 只要在不拉断的条件下, 一个图可以变形为另一个图, 那么这两个图是同构的.

证明两个图同构, 关键是找到满足要求的顶点集之间的双射函数. 判断两个图同构是个难题, 至今还没有找到判断两个图是否同构的便于检查的充分必要条件. 显然阶数相同、边数相同、度数列相同等都是必要条件, 但都不是充分条件. 除了通过定义进行判别外, 还可凭经验去试.

例 8.4　证明图 8.6 所示的图 G 和图 G' 是同构的.

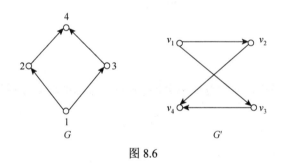

图 8.6

证明　构造图 G 和图 G' 的顶点之间的双射函数 f, 令 $f(i) = v_i$($i = 1, 2, 3, 4$), 容易验证 f 满足定义 8.7, 即该函数保持了两个图的连接关系和重数, 因此 $G \cong G'$.

例 8.5　证明图 8.7 所示的图 G 和图 G' 是同构的.

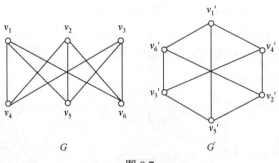

图 8.7

证明　构造图 G 和图 G' 的顶点之间的双射函数 f, 令 $f(v_i) = v_i'$($i = 1, 2, \cdots, 6$), 容易验证 f 满足定义 8.7, 即该函数保持了两个图的连接关系和重数, 因此 $G \cong G'$.

可以得到两个图同构的必要条件是:

(i) 边数相同, 顶点数相同;

(ii) 度数列相同;

(iii) 对应顶点的关联集及邻域的元素个数相同, 等等.

若不满足必要条件, 则两图不同构. 以上条件都不是图同构的充分条件. 如图 8.8 中的两个图满足上述的必要条件, 但它们不同构.

例 8.6 证明图 8.8 所示的两个图是不同构的.

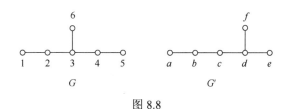

图 8.8

证明 假设 $G \cong G'$, 存在双射函数为 $f: V \to V'$. 由定义 8.7 知, v 与 $f(v)$ 的度数一定相同, 因此有 $f(3) = d$. G 中顶点 3 与一个 1 度顶点 6 和两个 2 度顶点 2、4 相邻接, 而 G' 中顶点 d 与两个度数 1 度顶点 e、f 邻接和一个 2 度顶点 c 相邻接, 矛盾.

8.1.5 子图、补图与图的运算

定义 8.8 设 $G = \langle V, E \rangle$, $G' = \langle V', E' \rangle$ 为两个图(同为无向图或同为有向图).

(1) 若 $V' \subseteq V$ 且 $E' \subseteq E$, 则称 G' 为 G 的子图, G 为 G' 的母图, 记作 $G' \subseteq G$.

(2) 若 $V' \subset V$ 或 $E' \subset E$, 则称 G' 为 G 的真子图.

(3) 若 $G' \subseteq G$ 且 $V' = V$, 则称 G' 为 G 的生成子图.

(4) 若 $V'(V' \subseteq V$, 且 $V' \neq \varnothing)$, 称以 V' 为顶点集, 以 G 中两个端点都在 V' 中的边组成边集 E' 的图为 G 的 V' 导出的子图, 记作 $G[V']$.

(5) 若 $E'(E' \subseteq E$, 且 $E' \neq \varnothing)$, 称以 E' 为边集, 以 E' 中边关联的顶点为顶点集 V' 的图为 G 的 E' 导出的子图, 记作 $G[E']$.

在图 8.9 中, 图(a)(b)(c)是图(a)的子图, 图(a)是图(a)(b)(c)的母图. 图(b)(c)是图(a)的真子图. 图(a)(c)是图(a)的生成子图. 若取 $V' = \{d, e, f\}$, 则 V' 的导出子图 $G[V']$ 为图(b). 若取 $E' = \{e_1, e_3, e_5, e_7\}$, 则 E' 的导出子图 $G[E']$ 为图(c).

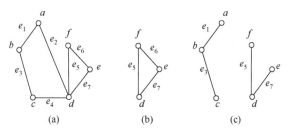

图 8.9

定义 8.9　设 $G = \langle V, E \rangle$ 为 n 阶无向简单图, 以 V 为顶点集, 以所有使 G 成为完全图 K_n 的添加边组成的集合为边集的图, 称为 G 的补图, 记作 $\overline{G}$. 若 $G \cong \overline{G}$, 则称 G 是自补图.

如图 8.10 所示的三个图中, 图(a)为自补图, 图(b)和图(c)互为补图.

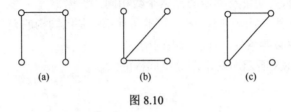

(a)　　　　　　　　　(b)　　　　　　　　　(c)

图 8.10

例 8.7　画出 K_4 的所有非同构的生成子图.

解　K_4 的所有非同构的生成子图如图 8.11 所示.

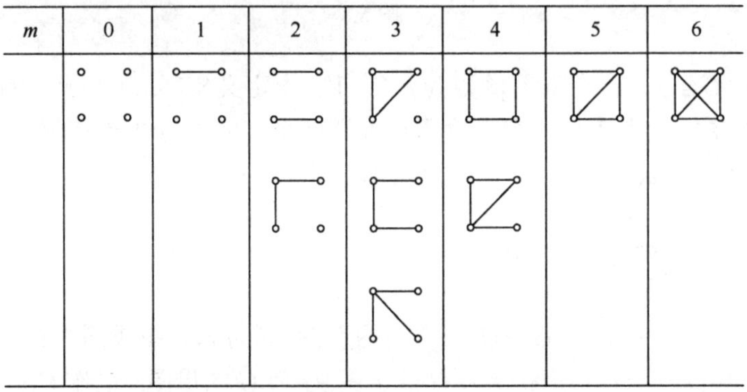

m	0	1	2	3	4	5	6

图 8.11

定义 8.10　设无向图 $G = \langle V, E \rangle$, 定义图的运算:

(1) 设 $e \in E$, 用 $G - e$ 表示从 G 中去掉边 e, 称为删除边 e. 又设 $E' \subset E$, 用 $G - E'$ 表示从 G 中删除 E' 中所有边, 称为删除 E'.

(2) 设 $v \in V$, 用 $G - v$ 表示从 G 中删除 v 及关联的边, 称为删除顶点 v. 又设 $V' \subset V$, 用 $G - V'$ 表示从 G 中删除 V' 中所有的顶点及其关联的边, 称为删除 V'.

(3) 设 $e = (u, v) \in E$, 用 $G \backslash e$ 表示从 G 中删除 e 后, 将 e 的两个端点 u, v 用一个新的顶点 w(可以用 u 或 v 充当 w)代替, 并使 w 关联除 e 以外 u, v 关联的所有边, 称为收缩边 e.

(4) 设 $u, v \in V(u, v$ 可能相邻, 也可能不相邻), 用 $G \cup (u, v)$ (或 $G^+ (u, v)$)表示在 u, v 之间加一条边 (u, v), 称为加新边.

注意　在收缩边和加新边过程中可能产生环和平行边.

图 8.12 是对图 G 进行一些运算得到的图.

8.2　图的连通性

在研究图时, 常常需要求出从一个顶点出发, 沿着一些边连续移动而到达另一个指定的顶点的路径. 下面给出有关定义.

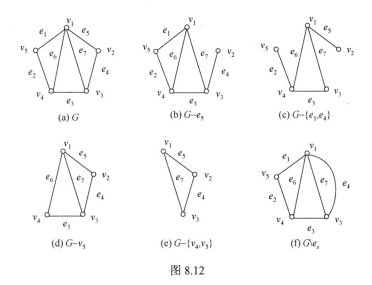

图 8.12

8.2.1 通路与回路

1. 通路与回路的定义

定义 8.11 设图 $G = \langle V, E \rangle$, $\Gamma = (v_0, e_1, v_1, e_2, v_2, \cdots, v_{l-1}, e_l, v_l)$ $(l \geqslant 1)$ 是图中顶点和边的交替出现的有限序列. 其中: $v_0, v_1, v_2, \cdots, v_{l-1}, v_l$ 为 G 的顶点, $e_1, e_2, \cdots, e_l$ 为 G 的边, 且 $e_i (i = 1, 2, \cdots, l)$ 以 v_{i-1} 及 v_i 为端点(对有向图 G, e_i 以 v_{i-1} 为起点, 以 v_i 为终点), 则称 Γ 是 G 的一条 v_0 到 v_l 的通路. v_0 和 v_l 分别称为此通路的始点和终点, 统称为通路的端点. 通路中边的数目 l 称为此通路的长度. 当 $v_0 = v_l$ 时, 此通路称为回路.

若通路中的所有边互不相同, 则称此通路为简单通路(或迹); 若回路中的所有边互不相同, 则称此回路为简单回路(或闭迹).

若通路中的所有顶点互不相同(从而所有边互不相同), 则称此通路为基本通路(或初级通路、路径); 若回路中除 $v_0 = v_l$ 外的所有顶点互不相同(从而所有边互不相同), 则称此回路为基本回路(或者初级回路、圈).

几点说明:

(1)回路是通路的特殊情况. 因而, 我们说某条通路, 它可能是回路. 但当我们说一基本通路时, 一般是指它不是基本回路的情况.

(2)基本通路(回路)一定是简单通路(回路), 但反之不真. 因为没有重复的顶点肯定没有重复的边, 但没有重复的边不能保证一定没有重复的顶点.

(3)在不引起误解的情况下, 一条通路 $\Gamma = (v_0, e_1, v_1, e_2, v_2, \cdots, v_{l-1}, e_l, v_l)$ 也可以用边的序列 $(e_1, e_2, \cdots, e_l)$ 来表示, 这种表示方法对于有向图来说较为方便. 在线图中, 通路也可以用顶点的序列 $(v_0, v_1, v_2, \cdots, v_{l-1}, v_l)$ 来表示.

例 8.8 对图 8.13 所示的两个图:

(1)判别图(a)中的回路 $v_3 e_5 v_4 e_7 v_1 e_4 v_3 e_3 v_2 e_1 v_1 e_4 v_3$、$v_3 e_3 v_2 e_2 v_2 e_1 v_1 e_4 v_3$、$v_3 e_3 v_2 e_1 v_1 e_4 v_3$ 是否是简单回路、基本回路?

(2)判断图(b)中的通路 $v_1e_1v_2e_6v_5e_7v_3e_2v_2e_6v_5e_8v_4$、$v_1e_5v_5e_7v_3e_2v_2e_6v_5e_8v_4$、$v_1e_1v_2e_6v_5e_7v_3e_3$ v_4 是否是简单通路、基本通路?

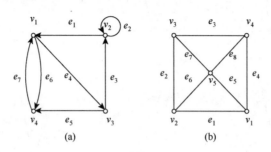

图 8.13

分析 判断一条通(回)路是否是简单通(回)路、基本通(回)路, 主要是看它有无重复的边、顶点. 至于通(回)路的长度就是其包含的边的数目, 只需要数一数就行了.

解 (1)在图(a)中:

$v_3e_5v_4e_7v_1e_4e_3e_3v_2e_1v_1e_4v_3$ 中有重复的边 e_4, 因此它不是简单回路, 也不是基本回路, 它是一条长度为 6 的回路, 但既不是简单回路, 也不是基本回路.

$v_3e_3v_2e_2v_2e_1v_1e_4v_3$ 虽然没有重复的边, 但有重复的顶点 v_2, 因此只能是简单回路, 而不是基本回路; 它是一条长度为 4 的简单回路, 但不是基本回路.

$v_3e_3v_2e_1v_1e_4v_3$ 中既没有重复的边, 也没有重复的顶点, 因此既是基本回路, 也是简单回路; 它是一条长度为 3 的基本回路, 也是简单回路.

(2)在图(b)中:

$v_1e_1v_2e_6v_5e_7v_3e_2v_2e_6v_5e_8v_4$ 中有重复的边 e_6, 因此它不是它既不是简单通路, 也不是基本通路; 它是一条长度为 6 的通路, 但既不是简单通路, 也不是基本通路;

$v_1e_5v_5e_7v_3e_2v_2e_6v_5e_8v_4$ 虽然没有重复的边, 但有重复的顶点 v_5, 因此只能简单通路, 但不是基本通路; 它是一条长度为 5 的简单通路, 但不是基本通路.

$v_1e_1v_2e_6v_5e_7v_3e_3v_4$ 中既没有重复的边, 也没有重复的顶点, 因此既是基本通路, 也是简单通路. 它是一条长度为 4 的基本通路, 也是简单通路.

定理 8.4 在 n 阶图 G 中,

(1)任何基本通路的长度 $\leq n-1$.

(2)任何基本回路的长度 $\leq n$.

证明 (1)任意长度为 r 的基本通路中顶点的个数为 $r+1$, 故 $r+1\leq n$, 从而 $r\leq n-1$.

(2)任意长度为 r 的基本回路中顶点的个数为 r, 故 $r\leq n$.

2. 可达与短程线

定义 8.12 设图 $G=\langle V,E\rangle$, 对 G 中任意两个顶点 u 和 v.

(1)若从 u 到 v 存在一条通路, 则称 u 到 v 是可达的, 否则称 u 到 v 是不可达的(规定顶点到自身总是可达的).

(2) 如果 u 到 v 可达, 则称长度最短的通路为从 u 到 v 的短程线, 从 u 到 v 的短程线的长度称为从 u 到 v 的距离, 记为 $d(u,v)$. 如果 u 到 v 不可达, 则通常记为 $d(u,v)=\infty$.

在 V 中定义顶点之间的可达关系 $R=\{\langle u,v\rangle|u,v\in V, u$ 到 v 可达$\}$. 易知: 在无向图中的可达关系具有自反性、对称性和传递性, 是 V 上的等价关系. 而在有向图中的可达关系具有自反性和传递性, 而不一定具有对称性.

两点的距离满足下列性质:

(1) $\forall u,v\in V, d(u,v)\geqslant 0$.

(2) $\forall v\in V, d(v,v)=0$.

(3) $\forall u,v,w\in V, d(u,v)+d(v,w)\geqslant d(u,w)$.

8.2.2 无向图的连通性

定义 8.13 设无向图 $G=\langle V,E\rangle$, 若 G 是平凡图或 G 中任何两个顶点都是可达的, 则称 G 为连通图, 否则称 G 是非连通图(或分离图).

易知, 完全图 $K_n(n\geqslant 1)$ 都是连通图, 而零图 $N_n(n\geqslant 2)$ 都是非连通图.

定义 8.14 设无向图 $G=\langle V,E\rangle$, V 关于顶点之间的可达关系 R 的商集 $V/R=\{V_1,V_2,\cdots,V_k\}$, 由等价类 V_i 导出的子图 $G[V_i](i=1,2,\cdots,k)$ 称为 G 的连通分支, k 为连通分支数, 图 G 的连通分支记为 $p(G)$.

由定义可知, 若 G 为连通图, 则 $p(G)=1$, 若 G 为非连通图, 则 $p(G)\geqslant 2$, 在所有的 n 阶无向图中, n 阶零图是连通分支最多的, $p(N_n)=n$.

例 8.9 判断图 8.14 所示的两个图的连通性, 并计算连通分支数.

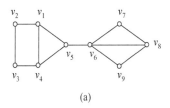 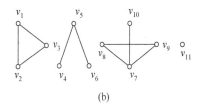

(a)   (b)

图 8.14

解 图(a)是连通图, 有 1 个连通分支.

图(b)是非连通图, 有 4 个连通分支.

定义 8.15 设无向图 $G=\langle V,E\rangle$,

(1) 若存在 $V'\subset V$, 且 $V'\neq\varnothing$, 使得 $p(G-V')>p(G)$ 且对 $\forall V''\subset V', p(G-V'')=p(G)$, 则称 V' 为 G 的点割集. 若 $\{v\}$ 为点割集, 则称 v 为割点.

(2) 若存在 $E'\subset E$, 且 $E'\neq\varnothing$, 使得 $p(G-E')>p(G)$ 且对 $\forall E''\subset E', p(G-E'')=p(G)$, 则称 E' 为 G 的边割集. 若 $\{e\}$ 为边割集, 则称 e 为桥.

例如, 图 8.15 所示的无向图中, $\{e\},\{f\},\{c,d\}$ 为点割集, 顶点 e 和 f 是割点. $\{e_8\},\{e_9\},\{e_1,e_2\},\{e_1,e_3,e_6\},\{e_1,e_3,e_4,e_7\}$ 等为边割集, 边 e_8 和 e_9 为桥.

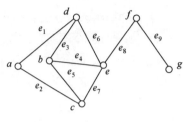

图 8.15

8.2.3　有向图的连通性

定义 8.16　设有向图 $D = \langle V, E \rangle$.

(1) 若 D 的基图是一个无向连通图, 则称有向图 D 是连通图或称为弱连通图, 否则称 D 是非连通图;

(2) 若 D 中任何一对顶点之间至少有一个顶点到另一个顶点是可达的, 则称 D 是单向连通图;

(3) 若 D 中任何一对顶点之间都是相互可达的, 则称 D 是强连通图.

从定义不难看出, 若有向图 D 是强连通图, 则它必是单向连通图; 若有向图 D 是单向连通图, 则它必是(弱)连通图. 但是上述两个命题的逆均不成立.

如图 8.16 所示的 3 个有向图中, 图(a)为弱连通图, 图(b)为单向连通图, 图(c)为强连通图.

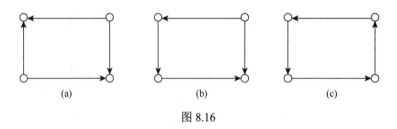

图 8.16

定理 8.5　有向图 D 是单向连通图的充分必要条件是 D 中存在一条经过所有顶点的通路.

证明　充分性显然, 下面证必要性.

设 $V = \{v_1, v_2, \cdots, v_n\}$, 由 D 的单连通性可知, 图中任意两个顶点至少有一个顶点可达另一个顶点, 不妨设 v_i 可达 v_{i+1}, $\varGamma_i$ 为 v_i 到 v_{i+1} 的通路 $(i = 1, 2, \cdots, n-1)$, 依次连接 $\varGamma_1, \varGamma_2, \cdots, \varGamma_{n-1}$ 所得到的通路经过 D 中每个顶点至少一次.

定理 8.6　有向图 D 是强连通图的充分必要条件是 D 中存在一条经过所有顶点的回路.

证明　充分性显然, 下面证必要性.

设 $V = \{v_1, v_2, \cdots, v_n\}$, 由 D 的强连通性可知, v_i 可达 v_{i+1}, $i = 1, 2, \cdots, n-1$, 设 $\varGamma_i$ 为 v_i 到 v_{i+1} 的通路. 又因为 v_n 可达 v_1, 设 $\varGamma_n$ 为 v_n 到 v_1 的通路, 则 $\varGamma_1, \varGamma_2, \cdots, \varGamma_{n-1}, \varGamma_n$ 所围成的回路经过 D 中每个顶点至少一次.

定义 8.17　设有向图 $D = \langle V, E \rangle$, D' 是 D 的子图, 若:

(1)D' 是强连通的(单向连通、弱连通的);

(2)对任意的 $D'' \subseteq D$, 若 $D' \subset D''$, 则 D'' 不是强连通的(单向连通的、弱连通的), 那么称 D' 为 D 的强连通分支(单向连通分支、弱连通分支)或称为强分图(单向分图、弱分图).

例 8.10　求出图 8.17 中两个有向图的强连通分支、单向连通分支和弱连通分支.

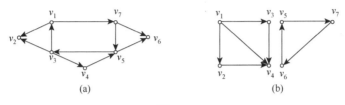

图 8.17

分析　由定义从某个顶点开始逐渐增加顶点, 看它们导出的子图是否是强(单向或弱)连通分支.

解　在图 8.17(a)中, 由 $\{v_2\}$, $\{v_6\}$ 和 $\{v_1, v_3, v_4, v_5, v_7\}$ 导出的子图都是强连通分支; 由 $\{v_1, v_2, v_3, v_4, v_5, v_7\}$ 和 $\{v_1, v_3, v_4, v_5, v_6, v_7\}$ 导出的子图都是单向连通分支; 图(a)本身为弱连通分支.

在图(b)中, 由 $\{v_1\}$, $\{v_2\}$, $\{v_3\}$, $\{v_4\}$ 和 $\{v_5, v_6, v_7\}$ 导出的子图都是强连通分支; 由 $\{v_1, v_2, v_3\}$, $\{v_1, v_3, v_4\}$ 和 $\{v_5, v_6, v_7\}$ 导出的子图都是单向连通分支; 由 $\{v_1, v_2, v_3, v_4\}$ 和 $\{v_5, v_6, v_7\}$ 导出的子图都是弱连通分支.

8.3　图的矩阵表示

我们在学习中常常需要分析图并在图上执行各种过程和算法, 而且需要用计算机来执行这些算法, 因此必须把图的顶点和边的信息传输给计算机, 由于集合表示法与图形表示法都不适合计算机处理图的表示和算法, 所以要找到一种新的表示图的方法, 这就是图的矩阵表示.

由于矩阵的行和列有固定的次序, 所以在用矩阵表示图时, 先要将图的顶点进行排序, 若不具体说明排序, 则默认为书写集合 V 时顶点的顺序. 本节中主要讨论图的三种矩阵表示, 即关联矩阵、邻接矩阵和可达矩阵.

8.3.1　关联矩阵

1. 无向图的关联矩阵

定义 8.18　设无向图 $G = \langle V, E \rangle$, $V = \{v_1, v_2, \cdots, v_n\}$, $E = \{e_1, e_2, \cdots, e_m\}$, 令 m_{ij} 为顶点 v_i 与边 e_j 的关联次数, 则称 $(m_{ij})_{n \times m}$ 为 G 的关联矩阵, 记作 $\boldsymbol{M}(G)$.

例 8.11　写出图 8.2(a)所示的无向图 G 的关联矩阵.

解　该图的关联矩阵为

$$
\begin{bmatrix}
2 & 1 & 1 & 0 & 0 & 0 & 0 \\
0 & 1 & 0 & 1 & 1 & 1 & 0 \\
0 & 0 & 0 & 0 & 1 & 1 & 0 \\
0 & 0 & 0 & 0 & 0 & 0 & 1 \\
0 & 0 & 1 & 1 & 0 & 0 & 1
\end{bmatrix}
$$

不难看出, 无向图 G 的关联矩阵 $M(G)$ 有以下性质:

(1) $\sum_{i=1}^{n} m_{ij} = 2(j = 1, 2, \cdots, m).$

(2) $\sum_{j=1}^{m} m_{ij} = d(v_i)(i = 1, 2, \cdots, n).$

(3) $\sum_{i=1}^{n} \sum_{j=1}^{m} m_{ij} = 2m.$

(4) 边 e_j 与 e_k 是平行边 $\Leftrightarrow$ 第 j 列和第 k 列相同.

(5) $\sum_{j=1}^{m} m_{ij} = 0 \Leftrightarrow v_i$ 是孤立点.

(6) e_j 是环 $\Leftrightarrow$ 第 j 列有一个元素为2,其余为0.

2. 有向图的关联矩阵

定义 8.19　有向图 $D = \langle V, E \rangle$, $V = \{v_1, v_2, \cdots, v_n\}$, $E = \{e_1, e_2, \cdots, e_m\}$, 则矩阵 $M(D) = (m_{ij})_{n \times m}$ 称为有向图 D 的关联矩阵. 其中:

$$
m_{ij} = \begin{cases}
0, & v_i \text{ 不关联 } e_j \\
1, & e_j \text{ 不是环, 且 } v_i \text{ 是 } e_j \text{ 的起点} \\
-1, & e_j \text{ 不是环, 且 } v_i \text{ 是 } e_j \text{ 的终点} \\
-2, & e_j \text{ 是环, 且 } v_i \text{ 关联 } e_j
\end{cases}
$$

例 8.12　写出图 8.2(b) 所示的有向图的关联矩阵.

解　该有向图的关联矩阵如下

$$
\begin{bmatrix}
-2 & 1 & 1 & 1 & 0 & 0 & 0 \\
0 & -1 & -1 & 0 & -1 & 0 & 0 \\
0 & 0 & 0 & 0 & 1 & -1 & 1 \\
0 & 0 & 0 & -1 & 0 & 1 & -1
\end{bmatrix}
$$

请读者自行观察分析有向图 D 的关联矩阵 $M(D)$ 的性质.

8.3.2　邻接矩阵

1. 有向图的邻接矩阵

定义 8.20　设有向图 $D = \langle V, E \rangle$, $V = \{v_1, v_2, \cdots, v_n\}$, 则矩阵 $A = (a_{ij})_{n \times n}$ 称为 D 的邻接矩阵, 其中:

$$a_{ij} = \begin{cases} \langle v_i, v_j \rangle \text{的重数}, & \langle v_i, v_j \rangle \in E \\ 0, & \langle v_i, v_j \rangle \notin E \end{cases}$$

例 8.13　写出图 8.18 所示的有向图的邻接矩阵.

解　该有向图的邻接矩阵为

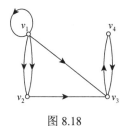

图 8.18

$$\begin{bmatrix} 1 & 2 & 1 & 0 \\ 0 & 0 & 1 & 0 \\ 0 & 0 & 0 & 1 \\ 0 & 0 & 1 & 0 \end{bmatrix}$$

不难看出有向图 D 的邻接矩阵的如下特点:

(1) $\sum\limits_{j=1}^{n} a_{ij} = d^+(v_i)\,(i=1,2,\cdots,n)$.

(2) $\sum\limits_{i=1}^{n} a_{ij} = d^-(v_j)\,(j=1,2,\cdots,n)$.

(3) $\sum\limits_{i=1}^{n}\sum\limits_{j=1}^{n} a_{ij} = m$.

(4) $\sum\limits_{i=1}^{n} a_{ii} = D$ 中环的个数.

利用邻接矩阵的幂, 还可以求出图中任意顶点 v_i 到顶点 v_j 长为 l 的通路条数.

定理 8.7　设有向图 $D = \langle V, E \rangle$, $V = \{v_1, v_2, \cdots, v_n\}$ 的邻接矩阵 $A = (a_{ij})_{n \times n}$, 则矩阵 $A^l = (a_{ij}^{(l)})_{n \times n}$ $(l = 1, 2, 3, \cdots)$ 的元素 $a_{ij}^{(l)}$ 为从顶点 v_i 到顶点 v_j 长为 l 的通路条数.

推论 8.2　设 $B^l = A + A^2 + \cdots + A^l (l \geqslant 1)$, 则:

(1) B^l 中的元素 $b_{ij}^{(l)} = D$ 中 v_i 到 v_j 长度 $\leqslant l$ 的通路(其中: $b_{ii}^{(l)}$ 等于 D 中 v_i 到 v_i 长度 $\leqslant l$ 的回路条数).

(2) $\sum\limits_{i=1}^{n}\sum\limits_{j=1}^{n} b_{ij}^{(l)} = D$ 中长度 $\leqslant l$ 的通路数 $\left(\text{其中:} \sum\limits_{i=1}^{n} b_{ii}^{(l)} \text{为} D \text{中长度} \leqslant l \text{的回路条数}\right)$.

例 8.14　对图 8.18 所示的有向图 D, 求:

(1) v_1 到 v_4, v_4 到 v_1 长为 3 的通路各有多少条?

(2) v_1 到自身长为 1, 2, 3, 4 的回路各有多少条?

(3) 长为 4 的通路共有多少条? 其中有多少条回路?

(4) 长度小于等于 4 的回路共有多少条?

解　对有向图 D, 求出其邻接矩阵及其幂为

$$A = \begin{bmatrix} 1 & 2 & 1 & 0 \\ 0 & 0 & 1 & 0 \\ 0 & 0 & 0 & 1 \\ 0 & 0 & 1 & 0 \end{bmatrix}, \quad A^2 = \begin{bmatrix} 1 & 2 & 3 & 1 \\ 0 & 0 & 0 & 1 \\ 0 & 0 & 1 & 0 \\ 0 & 0 & 0 & 1 \end{bmatrix}, \quad A^3 = \begin{bmatrix} 1 & 2 & 4 & 3 \\ 0 & 0 & 1 & 0 \\ 0 & 0 & 0 & 1 \\ 0 & 0 & 1 & 0 \end{bmatrix}, \quad A^4 = \begin{bmatrix} 1 & 2 & 6 & 4 \\ 0 & 0 & 0 & 1 \\ 0 & 0 & 1 & 0 \\ 0 & 0 & 0 & 1 \end{bmatrix}$$

根据矩阵的幂, 可以得到:

(1) v_1 到 v_4 长为 3 的通路条数为 $a_{14}^{(3)} = 3$, v_4 到 v_1 长为 3 的通路条数为 $a_{41}^{(3)} = 0$.

(2) v_1 到自身长为 1, 2, 3, 4 的回路条数分别为 $a_{11}^{(1)}=1, a_{11}^{(2)}=1, a_{11}^{(3)}=1, a_{11}^{(4)}=1$.

(3) 长为 4 的通路总条数为 $\sum\limits_{i=1}^{4}\sum\limits_{j=1}^{4}a_{ij}^{(4)}=16$, 其中回路条数为 $\sum\limits_{i=1}^{4}a_{ii}^{(4)}=3$.

(4) 长度小于等于 4 的回路为 $\sum\limits_{i=1}^{4}a_{ii}^{(1)}+\sum\limits_{i=1}^{4}a_{ii}^{(2)}+\sum\limits_{i=1}^{4}a_{ii}^{(3)}+\sum\limits_{i=1}^{4}a_{ii}^{(4)}=8$.

2. 无向图的邻接矩阵

定义 8.21 设无向图 $G=\langle V, E\rangle$, $V=\{v_1, v_2, \cdots, v_n\}$, 则矩阵 $A=(a_{ij})_{n\times n}$ 称为 G 的邻接矩阵, 其中:

$$a_{ij}=\begin{cases}(v_i, v_j)\text{的重数}, & (v_i, v_j)\in E\\ 0, & (v_i, v_j)\notin E\end{cases}$$

例 8.15 写出图 8.2(a) 所示的无向图的邻接矩阵.

解 该图的邻接矩阵为

$$\begin{bmatrix}1 & 1 & 0 & 0 & 1\\ 1 & 0 & 2 & 0 & 1\\ 0 & 2 & 0 & 0 & 0\\ 0 & 0 & 0 & 0 & 1\\ 1 & 1 & 0 & 1 & 0\end{bmatrix}$$

显然无向图的邻接矩阵一定是对称矩阵. 对于无向图根据邻接矩阵及其矩阵的幂可以计算图中通路及回路的数目, 其方法和有向图中类似, 此处不再赘述.

一般来说, 图的邻接矩阵比关联矩阵小得多, 故在计算机中, 常用邻接矩阵存储图.

3. 赋权简单图的邻接矩阵

定义 8.22 设赋权简单图 $G=\langle V, E, W\rangle$, $V=\{v_1, v_2, \cdots, v_n\}$, 则矩阵 $A=(a_{ij})_{n\times n}$ 称为 G 的邻接矩阵, 其中:

$$a_{ij}=\begin{cases}w(\langle v_i, v_j\rangle)\text{或} \ w(v_i, v_j), & i\neq j, \langle v_i, v_j\rangle\in E \text{或} (v_i, v_j)\in E\\ \infty, & i\neq j, \langle v_i, v_j\rangle\notin E \text{或} (v_i, v_j)\notin E\\ 0, & i=j\end{cases}$$

例 8.16 写出图 8.19 所示的有向赋权简单图的邻接矩阵.

解 该图的邻接矩阵为

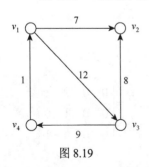

图 8.19

$$\begin{bmatrix}0 & 7 & 12 & \infty\\ \infty & 0 & \infty & \infty\\ \infty & 8 & 0 & 9\\ 1 & \infty & \infty & 0\end{bmatrix}$$

类似地可以写出无向赋权简单图的邻接矩阵, 其邻接矩阵是对称矩阵. 此处不再赘述. 读者可以自行写出图 8.19 所示有向图的基图的邻接矩阵, 然后观察分析无向赋权简单图的邻接矩阵的性质(此处讨论的赋权图都是指边赋权图).

8.3.3 可达矩阵

定义 8.23 设图 $G = \langle V, E \rangle$, $V = \{v_1, v_2, \cdots, v_n\}$, 则矩阵 $\boldsymbol{P} = (p_{ij})_{n \times n}$ 称为 G 的可达矩阵, 其中:

$$p_{ij} = \begin{cases} 1, & i = j \\ 1, & i \neq j, \text{且} v_i \text{ 可达 } v_j \\ 0, & i \neq j, \text{且} v_i \text{ 不可达 } v_j \end{cases}$$

例 8.17 写出图 8.18 所示的有向图的可达矩阵 $\boldsymbol{P}$, 并判断图的连通性.

解 该图的可达矩阵为

$$\boldsymbol{P} = \begin{bmatrix} 1 & 1 & 1 & 1 \\ 0 & 1 & 1 & 1 \\ 0 & 0 & 1 & 1 \\ 0 & 0 & 1 & 1 \end{bmatrix}$$

可以根据邻接矩阵及其幂来完成可达矩阵的求解. 设 $\boldsymbol{I}$ 为 n 阶单位矩阵, $\boldsymbol{A}$ 为 n 阶图 G 的邻接矩阵, 令 $\boldsymbol{M} = \boldsymbol{I} + \boldsymbol{A} + \boldsymbol{A}^2 + \boldsymbol{A}^3$, 将矩阵 $\boldsymbol{M}$ 中的非零元写成 1, 就可以得到图 G 的可达矩阵.

如上例中 $\boldsymbol{M} = \boldsymbol{I} + \boldsymbol{A} + \boldsymbol{A}^2 + \boldsymbol{A}^3 = \begin{bmatrix} 4 & 6 & 8 & 4 \\ 0 & 1 & 2 & 1 \\ 0 & 0 & 2 & 2 \\ 0 & 0 & 2 & 2 \end{bmatrix}$, 于是得到可达矩阵 $\boldsymbol{P} = \begin{bmatrix} 1 & 1 & 1 & 1 \\ 0 & 1 & 1 & 1 \\ 0 & 0 & 1 & 1 \\ 0 & 0 & 1 & 1 \end{bmatrix}$, 该图

为单向连通图.

不难看出, 有向图 G 的可达矩阵 $\boldsymbol{P}$ 的如下性质:

(1) 可达矩阵的主对角线元素都是 1, 即 $p_{ii} = 1 (1 \leqslant i \leqslant n)$.

(2) G 是强连通图当且仅当它的可达矩阵 $\boldsymbol{P}$ 的所有元素均为 1.

(3) G 是单向连通图当且仅当 $\boldsymbol{P} \vee \boldsymbol{P}^{\mathrm{T}}$ (即 $\boldsymbol{P}$ 及其转置矩阵 $\boldsymbol{P}^{\mathrm{T}}$ 经过布尔并运算) 的所有元素均为 1.

无向图的可达矩阵是对称的, 而有向图的可达矩阵则不一定对称. 与邻接矩阵不同, 可达矩阵不能给出图的完整信息, 但由于它简便, 在应用上还是很重要的.

8.4 图 的 应 用

图作为描述事物之间关系的手段或者工具, 在许多领域, 诸如计算机科学、物理学、化学、运筹学、信息论、控制论、网络通信、社会科学以及经济管理、军事、国防、工农业生产等方面都得到广泛的应用.

本节将应用图来分析解决一些实际问题.

8.4.1　渡河问题

问题描述: 一个摆渡人要把一只狼、一只羊和一捆菜运过河去. 由于船很小, 每次摆渡人至多只能带一样东西. 另外, 如果人不在旁边时, 狼就要吃羊, 羊就要吃菜. 问摆渡人怎样才能将它们完好无损地运过河去?

解　用 F 表示摆渡人, W 表示狼, S 表示羊, C 表示菜.

若用 $FWSC$ 表示人和其他三样东西在河的原岸的状态, 这样原岸全部可能出现的状态为以下 16 种:

| $FWSC$ | FWS | FWC | FSC | WSC | FW | FS | FC |
| WS | WC | SC | F | W | S | C | $\varnothing$ |

这里 $\varnothing$ 表示原岸什么也没有, 即人、狼、羊、菜都已运到对岸去了.

根据题意我们知道, 这 16 种情况中有 6 种是不允许的, 它们是: WSC、FW、FC、WS、SC, F. 如 FC 表示人和菜在原岸, 而狼和羊在对岸, 这当然是不行的. 因此, 允许出现的情况只有 10 种.

以这 10 种状态为顶点, 以摆渡前原岸的一种状态与摆渡一次后仍在原岸的状态所对应的顶点之间的连线为边作有向图 G, 如图 8.20 所示.

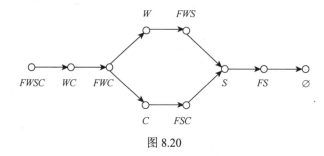

图 8.20

图 8.20 中给出了两种方案, 方案为图 8.20 中的从 $FWSC$ 到 $\varnothing$ 的不同的基本通路, 它们的长度均为 7, 按图中所指的方案, 摆渡人只要摆渡 7 次就能将它们全部运到对岸, 并且羊和菜完好无损.

8.4.2　均分问题

问题描述: 有 3 个没有刻度的桶 a、b 和 c, 其容积分别为 8L、5L 和 3L. 假定桶 a 装满了酒, 现要把酒均分成两份. 除 3 个桶之外, 没有任何其他测量工具, 试问应该怎样均分?

解　用 $\langle x, y, z \rangle$ 表示桶 a、桶 b 和桶 c 装酒的情况, 可得图 8.21.

由此可得两种均分酒的方法:

(1) a 倒满 c→c 倒入 b→a 倒满 c→c 倒满 b→b 倒入 a→c 倒入 b→a 倒满 c→c 倒入 b;

(2) a 倒满 b→b 倒满 c→c 倒入 a→b 倒入 c→a 倒满 b→b 倒满 c→c 倒入 a.

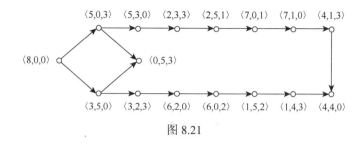

图 8.21

8.4.3 赋权图的最短通路问题

在赋权图中, 边的权也称为边的长度, 一条通路的长度指的就是这条通路上各边的长度之和. 从顶点 v_i 到 v_j 的长度最小的通路, 称为 v_i 到 v_j 的最短通路.

如何求出简单无向赋权图 $G = \langle V, E \rangle$ 中从顶点 v_1 到图中其余所有点的最短通路呢? 目前比较好的算法是由 Dijkstra 在 1959 年提出的, 称为 Dijkstra 算法, 其基本思想是:

将顶点集合 V 分为两部分: 一部分称为具有 P(永久性)标号的集合, 另一部分称为具有 T(暂时性)标号的集合. 所谓顶点 v 的 P 标号是指从 v_1 到 v 的最短通路的长度; 而顶点 u 的 T 标号是指从 v_1 到 u 的某条通路的长度. 首先将 v_1 取为 P 标号, 其余顶点为 T 标号, 然后逐步将具有 T 标号的顶点改为 P 标号. 当图中所有的顶点被改为 P 标号时, 则找到了从 v_1 到图中所有点的最短通路.

(1)初始化: 将 v_1 置为 P 标号, $d(v_1) = 0$, $P = \{v_1\}$, $v_i \in V(i \neq 1)$, 置 v_i 为 T 标号, 即 $T = V - P$ 且 $d(v_i) = \begin{cases} w(v_1, v_i), & (v_1, v_i) \in E, \\ \infty, & (v_1, v_i) \notin E. \end{cases}$

(2)找最小: 寻找具有最小值的 T 标号的顶点. 若为 v_k, 则将 v_k 的 T 标号改为 P 标号, 且 $P = P \cup \{v_k\}$, $T = T - \{v_k\}$.

(3)修改: 修改与 v_k 相邻的顶点 v_i 的 T 标号值 $d(v_i) = \min(d(v_k) + w(v_k, v_i), d(v_i))$.

(4)重复(2)和(3), 直到图中所有顶点改为 P 标号为止.

上述算法的正确性是显然的. 因在每一步中, 设 P 中每一顶点的标号是从 v_1 到该顶点的最短通路的长度(开始时 $P = \{v_1\}$, $d(v_1) = 0$, 这个假设是正确的), 故只要证明上述 $d(v_i)$ 是从 v_1 到 v_i 的最短通路的长度即可. 事实上, 任何一条从 v_1 到 v_i 通路, 若通过 T 的第一个顶点是 v_p, 而 $v_p \neq v_i$, 由于所有边的长度非负, 则这种通路的长度不会比 $d(v_i)$ 小.

例 8.18 试求图 8.22 所示的赋权图中从顶点 v_1 到图中其余各点的最短通路.

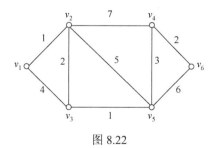

图 8.22

解　根据 Dijkstra 算法, 可以得到从顶点 v_1 到图中其余各点的最短通路(按照求解的顺序)及其长度分别为

$$v_1 \to v_2 \qquad\qquad\qquad 1$$
$$v_1 \to v_2 \to v_3 \qquad\qquad\qquad 3$$
$$v_1 \to v_2 \to v_3 \to v_5 \qquad\qquad\qquad 4$$
$$v_1 \to v_2 \to v_3 \to v_5 \to v_4 \qquad\qquad\qquad 7$$
$$v_1 \to v_2 \to v_3 \to v_5 \to v_4 \to v_6 \qquad\qquad\qquad 9$$

需要注意的是. 该算法也适合于有向赋权图最短通路问题的求解. 但该算法处理的图上边的权应为非负的, 若有负权值, 则需考虑其他算法, 有兴趣的读者可自行查阅相关资料.

8.4.4　通信网络问题

自从基尔霍夫运用图论从事电路网络的拓扑分析以来, 尤其是近几十年来, 网络理论的研究和应用十分引人注目, 电路网络、运输网络、信息网络等与工程和应用紧密相关的课题受到了高度的重视, 其中多数问题都与优化有关, 涉及问题的费用、容量、可靠性和其他性能指标, 有重要的应用价值. 网络应用的一个重要方面就是通信网络, 如电话网络、计算机网络、管理信息系统、医疗数据网络、银行数据网络、开关网络等. 这些网络的基本要求是网络中各个用户能够快速安全地传递信息, 不产生差错和故障, 同时使建造和维护网络所需费用低. 因此通信网络涉及的因素很多, 我们不详细介绍, 仅说明一些基本知识.

通信网络中最重要的问题之一是网络的结构形式. 通信网络是一个强连通的有向图, 根据用途和各种性能指标有着不同的结构形式, 图 8.23 给出了一些典型的结构.

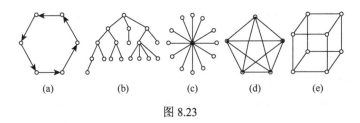

图 8.23

其中: 图 (a) 为环 (ring) 型网络;
图 (b) 为树 (tree) 型网络;
图 (c) 为星 (star) 型网络;
图 (d) 为分布式 (distributivity) 网络;
图 (e) 为立方体 (cube) 型网络.

习　题　8

1. 设无向图 G 有 10 条边, 3 度与 4 度顶点各 2 个, 其余顶点的度数均小于 3, 问 G 中至少有几个顶点? 在最少顶点的情况下, 写出 G 的度数列、$\delta(G)$ 与 $\Delta(G)$.

2. 设 n 阶图 G 中有 m 条边, 证明: $\delta(G) \leqslant 2m/n \leqslant \Delta(G)$.

3. 无向图 G 有 16 条边, 3 个 4 度顶点, 4 个 3 度顶点, 其余顶点的度数均小于 3, 问 G 的阶数 n 至少为多少?

4. 设无向图中有 6 条边, 3 度与 5 度顶点各一个, 其余的都是 2 度顶点, 问该图有多少个顶点?

5. 9 阶图 G 中, 若每个顶点的度数不是 5 就是 6, 证明 G 中至少有 5 个 6 度顶点或至少有 6 个 5 度顶点.

6. 下面四组数, 是否可以简单图化? 若是, 请画出一个无向简单图, 否则说明原因.

(1) 2, 2, 2, 3, 3, 6.

(2) 2, 2, 2, 2, 3, 3.

(3) 1, 1, 2, 2, 3, 3, 5, 5.

(4) 2, 2, 3, 3, 4, 4, 5.

7. 写出图 8.24 所示的无向图的关联矩阵和邻接矩阵, 并指出其性质.

8. 有向图 D 如图 8.25 所示, 回答下列问题:

(1) D 中从 v_2 到 v_1 长度为 1, 2, 3, 4 的通路各有多少条?

(2) D 中长度为 1, 2, 3, 4 的通路各有多少条? 其中回路分别为多少条?

(3) D 中长度 ≤ 4 的通路为多少条? 其中有多少条回路?

(4) 写出 D 的可达矩阵.

(5) D 是哪类连通图?

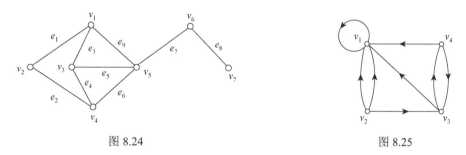

　　　　图 8.24　　　　　　　　　　　　　　　　图 8.25

9. 应用 Dijkstra 算法求出图 8.26 所示的简单赋权图中顶点 a 到图中其余各顶点的最短通路及其长度.

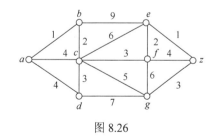

图 8.26

拓展练习 8

1. 证明在任意 6 个人的集会上, 总会有 3 个人相互认识或者有 3 个人互相不认识(假设认识是相互的).

2. 甲乙两人进行乒乓球赛, 规定一方连胜两局或胜局首先达到 3 局者为胜方. 甲和乙之间要决出胜负, 至少需要进行多少场比赛? 至多需要进行多少场比赛?

3. 设无向图 G 中只有两个奇度顶点 u 与 v, 试证明 u 与 v 必连通.

4. 在一次象棋比赛中, n 名选手中的任意两名选手之间至多只下一盘, 又每人至少下一盘, 证明: 总能找到两名选手, 他们下棋的盘数相同.

5. 试编程求解习题 8, 并输出问题的解.

6. 编程实现 Dijkstra 算法, 并完成对习题 9 的求解.

第9章 树

树是图论中的一个非常重要的概念. 1847 年基尔霍夫(Kirchhoff)研究电网时巧妙使用了"生成树"这一概念; 1857 年凯莱(Cayley)利用树的概念成功研究了有机化学中的同分异构体, 从而使树的理论获得发展. 树具有非常简单的结构和许多重要的性质, 而且大量的图论问题和实际问题最后都可以归结为对树的研究. 正因为如此, 树的应用极其广泛, 如在计算机科学中就有着非常广泛的应用. 本章介绍树的基本知识和应用, 包括无向树、生成树、根树以及最优二元树及其应用.

9.1 无向树及其应用

9.1.1 无向树的定义和性质

定义 9.1 连通而不含回路的无向图称为无向树, 简称树, 常用 T 表示树. 树中度数为 1 的顶点称为树叶(叶、叶子); 度数大于 1 的顶点称为分支点. 每个连通分支都是树的无向图称为森林. 平凡图称为平凡树.

注意 树中没有环和平行边, 因此一定是简单图. 在任何非平凡树中, 都无度数为 0 的顶点.

例 9.1 判断图 9.1 所示的无向图中哪些是树? 为什么?

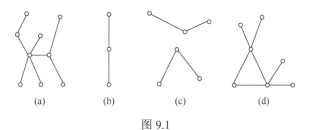

(a)　　　　(b)　　　　(c)　　　　(d)

图 9.1

分析 判断无向图是否是树, 根据定义 9.1, 首先看它是否连通, 然后看它是否含回路.

解 图 (a)、(b) 都是连通的, 并且不含回路, 因此是树;

图 (c) 不连通, 因此不是树, 但由于它不含回路, 因此是森林;

图 (d) 虽然连通, 但存在回路, 因此不是树.

定理 9.1 设无向简单图 $G = \langle V, E \rangle$, 其中 $|V| = n$, $|E| = m$, 则下面各命题是等价的:

(1) G 连通且不含回路(即 G 是树).

(2) G 中无回路且 $m = n-1$.

(3) G 是连通的且 $m = n-1$.

(4) G 中任意两个顶点之间存在唯一的通路.

(5) G 是连通的, 但删除 G 中任一条边后, 图不连通 $(n \geqslant 2)$.

(6) G 中无回路, 但在 G 中任两顶点之间增加一条新边, 就得到唯一的一条基本回路 $(n \geqslant 2)$.

证明   直接证明这 6 个命题两两等价工作量太大, 一般采用循环论证的方法, 即证明 $(1) \Rightarrow (2) \Rightarrow (3) \Rightarrow (4) \Rightarrow (5) \Rightarrow (6) \Rightarrow (1)$, 然后利用传递性, 得到结论.

$(1) \Rightarrow (2)$: 对 n 作归纳. 当 $n = 1$ 时, $m = 0$, 显然有 $m = n-1$. 假设 $n = k$ 时命题成立, 现证 $n = k+1$ 时也成立. 由于 G 连通而无回路, 所以 G 中至少有一个度数为 1 的顶点 v_0, 在 G 中删去 v_0 及其关联的边, 便得到 k 个顶点的连通而无回路的图, 由归纳假设知它有 $k-1$ 条边. 再将顶点 v_0 及其关联的边加回得到原图 G, 所以 G 中含有 $k+1$ 个顶点和 k 条边, 符合公式 $m = n-1$. 所以, G 中无回路, 且 $m = n-1$.

$(2) \Rightarrow (3)$: 设 G 有 k 个连通分支 $G_1, G_2, \cdots, G_k$, 其顶点数分别为 $n_1, n_2, \cdots, n_k$, 边数分别为 $m_1, m_2, \cdots, m_k$, 且 $n = \sum_{i=1}^{k} n_i$, $m = \sum_{i=1}^{k} m_i$. 由于 G 中无回路, 所以每个 $G_i (i = 1, 2, \cdots, k)$ 均为树, 因此 $m_i = n_i - 1 (i = 1, 2, \cdots, k)$, 于是 $m = \sum_{i=1}^{k} m_i = \sum_{i=1}^{k} (n_i - 1) = n - k = n-1$, 故 $k = 1$, 所以 G 是连通的, 且 $m = n-1$.

$(3) \Rightarrow (4)$: 首先证明 G 中无回路.

对 n 使用数学归纳法. 当 $n = 1$ 时, $m = n-1 = 0$, 显然无回路.

假设顶点数 $n = k-1$ 时无回路, 下面考虑顶点数 $n = k$ 的情况. 因 G 连通, 故 G 中每一个顶点的度数均大于等于 1. 可以证明至少有一个顶点 v_0, 使得 $\deg(v_0) = 1$, 因若 k 个顶点的度数都大于等于 2, 则 $2m = \sum_{i=1}^{n} d(v_i) \geqslant 2k$, 从而 $m \geqslant k$, 即至少有 k 条边, 但这与 $m = n-1$ 矛盾.

在 G 中删去 v_0 及其关联的边, 得到新图 G', 根据归纳假设知 G' 无回路, 由于 $\deg(v_0) = 1$, 所以再将顶点 v_0 及其关联的边加回得到原图 G, 则 G 也无回路.

其次证明在 G 中任两顶点 v_i, v_j 之间增加一条边 (v_i, v_j), 得到一条且仅一条基本回路. 由于 G 是连通的, 从 v_i 到 v_j 有一条通路 L, 再在 L 中增加一条边 (v_i, v_j), 就构成一条回路. 若此回路不是唯一和基本的, 则删去此新边, G 中必有回路, 得出矛盾.

$(4) \Rightarrow (5)$: 若 G 不连通, 则存在两顶点 v_i 和 v_j, 在 v_i 和 v_j 之间无通路, 此时增加边 (v_i, v_j), 不会产生回路, 但这与题设矛盾. 由于 G 无回路, 所以删去任一边, 图便不连通.

$(5) \Rightarrow (6)$: 由于 G 是连通的, 所以 G 中任两顶点之间都有通路, 于是有一条基本通路. 若此基本通路不唯一, 则 G 中含有回路, 删去回路上的一条边, G 仍连通, 这与题设不符. 所以此基本通路是唯一的.

$(6) \Rightarrow (1)$: 显然 G 是连通的. 若 G 中含回路, 则回路上任两顶点之间有两条基本通路, 这与题设矛盾. 因此, G 连通且不含回路.

根据定理 9.1, 不难知道, 在顶点给定的无向图中, 树是边数最多的无回路图, 也是边数最少的连通图. 对于 n 阶 m 条边的无向图来说, 若 $m < n-1$, 则 G 是不连通的; 若 $m > n-1$, 则 G 必含回路.

例 9.2 画出 6 阶所有非同构的无向树.

解 设 T 是 6 阶无向树. 由定理 9.1 可知, T 的边数 $m = 5$, 由握手定理可知, $\sum_{i=1}^{6} d(v_i) = 10$, 且 $\delta(T) \geqslant 1, \Delta(T) \leqslant 5$. 于是 T 的度数列必为以下情况之一:

(1) 1, 1, 1, 1, 1, 5.

(2) 1, 1, 1, 1, 2, 4.

(3) 1, 1, 1, 1, 3, 3.

(4) 1, 1, 1, 2, 2, 3.

(5) 1, 1, 2, 2, 2, 2.

容易看出, (4) 对应两棵非同构的树, 在一棵树中两个 2 度顶点相邻, 在另一棵树中不相邻, 其他情况均能画出一棵非同构的树. 画出的无向图如图 9.2 所示. 其中: T_1 对应 (1), T_2 对应 (2), T_3 对应 (3), T_4、T_5 对应 (4), T_6 对应 (5).

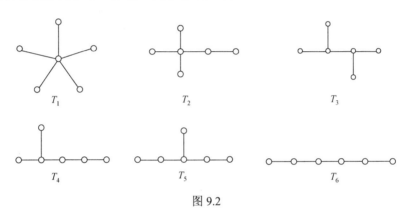

图 9.2

人们常称只有一个分支点, 且分支点的度数为 $n-1$ 的 $n(n \geqslant 3)$ 阶无向树为星形图, 称唯一的分支点为星心. 图 9.2 中, T_1 是 6 阶星形图.

定理 9.2 任意非平凡树 T 都至少有两片树叶.

证明 因树 T 是连通的, 从而 T 中各顶点的度数均大于等于 1. 设 T 中有 k 个度数为 1 的顶点 (即 k 片树叶), 其余的顶点度数均大于等于 2.

根据握手定理, $2m = \sum_{i=1}^{n} d(v_i) \geqslant k + 2(n-k) = 2n - k$. 由于树中有 $m = n-1$, 于是 $2(n-1) \geqslant 2n-k$, 因此可得 $k \geqslant 2$, 这说明 T 中至少有两片树叶.

9.1.2 生成树

1. 生成树的定义和性质

定义 9.2 给定无向图 $G = \langle V, E \rangle$, 若 G 的某个生成子图是树, 则称之为 G 的生成树, 记为 T_G. 生成树 T_G 中的边称为树枝; G 中不在 T_G 中的边称为弦; T_G 的所有弦的集合称为生成树的余树, 记作 $\overline{T}$.

例 9.3　判断图 9.3 中的图 (b) ～ (e) 是否是图 (a) 的生成树.

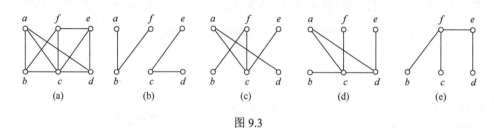

图 9.3

分析　判断是否是生成树, 根据定义 9.2, 首先看它是否是生成子图, 然后看它是否是树.

解　由于图 (b) 和 (d) 不是树, 图 (e) 不是生成子图, 因此它们都不是图 (a) 的生成树.

图 (c) 既是树, 又是生成子图, 因此是生成树, 其中边 (a,c), (a,d), (b,f), (c,f), (c,e) 是树枝, 而边 (a,b), (b,c), (c,d), (d,e), (e,f) 是弦.

定理 9.3　一个无向图 $G = \langle V, E \rangle$ 存在生成树 $T_G = \langle V_T, E_T \rangle$ 当且仅当: G 是连通图.

证明　必要性: 假设 $T_G = \langle V_T, E_T \rangle$ 是 $G = \langle V, E \rangle$ 的一棵生成树, 由于 T_G 是连通的, 于是 G 也是连通的.

充分性: 假设 $G = \langle V, E \rangle$ 是连通的. 如果 G 中无回路, G 本身就是生成树. 如果 G 中存在回路 C_1, 可删除 C_1 中一条边得到图 G_1, 它仍连通且与 G 有相同的顶点集. 如果 G_1 中无回路, G_1 就是生成树. 如果 G_1 仍存在回路 C_2, 可删除 C_2 中一条边, 如此继续, 直到得到一个无回路的连通图 T_G 为止. 因此, T_G 是 G 的生成树.

推论 9.1　设 G 为 n 阶 m 条边的无向连通图, 则 $m \geqslant n-1$.

证明　由定理 9.3 可知, G 有生成树, 设 T 为 G 的一棵生成树, 则 $m = |E(G)| \geqslant |E(T)| = n-1$.

推论 9.2　设 G 为 n 阶 m 条边的无向连通图, T 为 G 的生成树, 则 T 的余树 $\overline{T}$ 中含有 $m-n+1$ 条边 (即 T 有 $m-n+1$ 条弦).

证明　由推论 9.1 立刻可知推论 9.2 正确.

2. 生成树的构造方法

1) 破圈法

求连通图 $G = \langle V, E \rangle$ 的生成树的破圈法是每次删除回路中的一条边, 重复进行, 直到没有回路为止 (其删除的边的总数为 $m-n+1$).

2) 避圈法

求连通图 $G = \langle V, E \rangle$ 的生成树的避圈法是每次选取 G 中一条与已选取的边不构成回路的边, 选取的边的总数为 $n-1$.

说明: 由于删除回路上的边和选择不构成任何回路的边有多种选法, 所以产生的生成树不是唯一的.

例 9.4　分别用避圈法和破圈法对图 9.4 (a) 所示的无向连通图 G 求生成树.

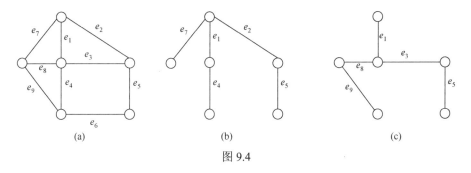

图 9.4

解　(1)闭圈法: 对图 G 依次取边 e_1, e_2, e_4, e_5, e_7, 即得到一棵生成树(图 9.4(b)).

(2)破圈法: 对图 G 分别删除边 e_2, e_4, e_6, e_7, 即得到一棵生成树(图 9.4(c)).

9.1.3　最小生成树

1. 最小生成树的定义

定义 9.3　设无向赋权图 $G = \langle V, E, W \rangle$, T 是 G 的一棵生成树, T 的每个边所赋权值之和称为 T 的权, 记为 $W(T)$. G 的所有生成树中权最小的生成树称为 G 的最小生成树.

一个无向图的生成可能树不是唯一的, 同样地, 一个赋权图的最小生成树也可能不是唯一的.

2. 最小生成树的构造方法

求最小生成树已经有许多种算法, 这里介绍 Kruskal 算法和 Prim 算法.

1)Kruskal 算法

输入: 无向连通赋权图 $G = \langle V, E, W \rangle$.

输出: G 的最小生成树 T.

(1)将 G 中非环边按权从小到大排列: $W(e_1) \leqslant W(e_2) \leqslant \cdots \leqslant W(e_m)$.

(2)令 $T = \{e_1\}$, $i = 2$.

(3)若 e_i 与 T 中的边不构成回路, 则令 $T = T \cup \{e_i\}$.

(4)若 $|T| < n - 1$, 则令 $i = i+1$, 转(3).

在 Kruskal 算法的步骤(3)中, 若满足条件的最小权边不止一条, 则可从中任选一条, 这样就会产生不同的最小生成树.

例 9.5　用 Kruskal 算法求图 9.5(a)所示图的最小生成树.

解　$n = 12$, 按 Kruskal 算法, 算法要执行 $n - 1 = 11$ 次, 求出图 9.5(a)中的一棵生成树 T 如图 9.5(b)所示, 该树的权 $W(T) = 36$.

2)Prim 算法

(1)在 G 中任意选取一个顶点 v_1, 置 $V_T = \{v_1\}$, $E_T = \varnothing$, $k = 1$;

(2)在 $V - V_T$ 中选取与某个 $v_i \in V_T$ 邻接的顶点 v_j, 使得边 (v_i, v_j) 的权最小, 置 $V_T = V_T \cup \{v_j\}$, $E_T = E_T \cup \{(v_i, v_j)\}$, $k = k+1$;

(3)重复步骤(2), 直到 $k = |V|$.

在 Prim 算法的步骤(2)中, 若满足条件的最小权边不止一条, 则可从中任选一条, 这样

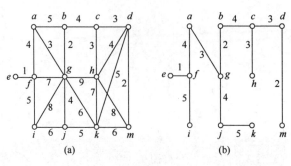

图 9.5

就会产生不同的最小生成树. 由 Prim 算法可以看出, 每一步得到的图一定是树, 故不需要
验证是否有回路, 因此它的计算工作量较 Kruskal 算法要小.

例 9.6　用 Prim 算法求图 9.6(a) 所示图的最小生成树.

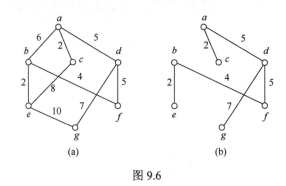

图 9.6

解　$n = 7$, 按 Prim 算法要执行 $n - 1 = 6$ 次, 求得图 9.6(a) 所示的一棵最小生成树 T 如
图 9.6(b) 所示, 该树的权 $W(T) = 25$.

9.2　根树及其应用

9.2.1　根树的定义及分类

定义 9.4　(1) 若有向图的基图是无向树, 则称这个有向图为有向树.

(2) 仅有一个顶点的入度为 0、其余顶点的入度为 1 的有向树称为根树. 入度为 0 的顶
点称为树根, 入度为 1、出度为 0 的顶点称为树叶, 入度为 1、出度不为 0 的顶点称为内点,
树根和内点统称为分支点. 从树根到顶点 v 的路径的长度 (即路径中的边数) 称为 v 的层数.
所有顶点的最大层数称为树的高度.

例 9.7　判断图 9.7 所示的有向图中哪些是有向树? 哪些是根树? 为什么?

解　图 (a) 的基图中存在回路, 所以不是有向树, 当然也不是根树.

图 (b) 的基图是非连通图, 所以不是有向树, 当然也不是根树.

图 (c), (d), (e) 的基图是一棵无向树, 所以是有向树. 其中图 (c) 和 (d) 有唯一入度为 0
的顶点, 其他顶点的入度为 1, 所以是根树.

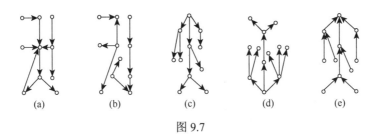

图 9.7

例 9.8   判断图 9.8 所示的图是否为根树？若是根树，给出其树根、树叶和内点，并计算所有顶点所在的层数和树的高度.

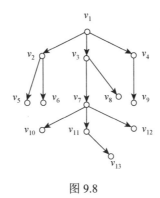

图 9.8

解   图 9.8 是一棵根树，其中 v_1 为根，$v_5, v_6, v_8, v_9, v_{10}, v_{12}, v_{13}$ 为树叶，$v_2, v_3, v_4, v_7, v_{11}$ 为内点. v_1 处在第零层，层数为 0; v_2, v_3, v_4 同处在第一层，层数为 1; v_5, v_6, v_7, v_8, v_9 同处在第二层，层数为 2; v_{10}, v_{11}, v_{12} 同处在第三层，层数为 3; v_{13} 处在第四层，层数为 4. 这棵树的高度为 4.

对于根树，一般采用倒置法，即将根放上方，并省去所有有向边上的箭头. 可以将图 9.8 所示的根树化成图 9.9 所示的形式.

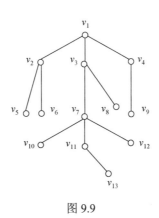

图 9.9

定义 9.5   在根树中，若从顶点 v_i 到 v_j 可达，则称 v_i 是 v_j 的祖先，v_j 是 v_i 的后代；又若 $\langle v_i, v_j \rangle$ 是根树中的有向边，则称 v_i 是 v_j 的父亲，v_j 是 v_i 的儿子；如果两个顶点是同一个顶点的儿子，则称这两个顶点是兄弟.

定义 9.6　如果在根树中规定了每一层上顶点的次序, 这样的根树称为有序树.

一般地, 在有序树中同一层中顶点的次序为从左至右. 有时也可以用边的次序来代替顶点的次序.

定义 9.7　在根树 T 中

(1)若每个分支点至多有 k 个儿子, 则称 T 为 k 元树.

(2)若每个分支点都恰有 k 个儿子, 则称 T 为 k 元完全树.

(3)若 k 元树 T 是有序的, 则称 T 为 k 元有序树.

(4)若 k 元完全树 T 是有序的, 则称 T 为 k 元有序完全树.

例 9.9　判断图 9.10 所示的 4 棵根树是什么树?

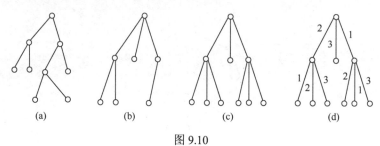

图 9.10

解　图(a)为二元完全树, 图(b)为三元树, 图(c)为三元完全树, 图(d)为三元有序完全树.

定理 9.4　在 k 元完全树中, 若树叶数为 t, 分支点数为 i, 则 $(k-1) \times i = t - 1$.

证明　由假设知, 该树有 $i + t$ 个顶点. 由定理 9.1 知, 该树的边数为 $i + t - 1$. 由握手定理知, 所有顶点的出度之和等于边数. 而根据 k 元完全树的定义知, 所有分支点的出度为 $k \times i$. 因此有 $k \times i = i + t - 1$, 即 $(k-1) \times i = t - 1$.

定义 9.8　在根树 T 中, 任一顶点 v 及其所有后代导出的子图 T' 称为 T 的以 v 为根的子树. 当然, T 也可以有自己的子树.

二元有序树的每个顶点 v 至多有两个儿子, 分别称为 v 的左儿子和右儿子. 二元有序树的每个顶点 v 至多有两棵子树, 分别称为 v 的左子树和右子树.

9.2.2　根树的遍历

对于根树, 一个十分重要的问题是要找到一些方法, 能系统地访问树的顶点, 使得每个顶点恰好访问一次, 这就是根树的遍历问题.

k 元树中, 应用最广泛的是二元树. 由于二元树在计算机中最易处理, 下面先介绍二元树的三种常用的遍历方法——先根遍历、中根遍历和后根遍历, 然后再介绍将任意根树转化为二元树.

1. 二元树的遍历

(1)二元树的先根(序)遍历算法:

(i)访问根;

(ii)按先根遍历根的左子树;

(iii)按先根遍历根的右子树.

(2)二元树的中根(序)遍历算法:

(i)按中根遍历根的左子树;

(ii)访问根;

(iii)按中根遍历根的右子树.

(3)二元树的后根(序)遍历算法:

(i)按后根遍历根的左子树;

(ii)按后根遍历根的右子树;

(iii)访问根.

例9.10 写出对图9.11中二元树的三种遍历方法得到的结果.

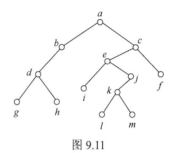

分析 按遍历方法容易写出,只要先将该树分解为根、左子树、右子树三部分,然后再对子树作分解,直到树叶为止.

解 先根遍历次序: *abdghceijklmf*;

中根遍历次序: *gdhbaielkmjcf*;

后根遍历次序: *ghdbilmkjefca*.

图 9.11

2. 根树转化为二元树

可以将根树转化为二元树,步骤如下:

(1)从根开始,保留每个父亲同其最左边儿子的连线,撤销与别的儿子的连线.

(2)兄弟间用从左向右的边连接.

(3)按如下方法确定二元树中顶点的左儿子和右儿子: 直接位于给定顶点下面的顶点,作为左儿子,对于同一水平线上与给定顶点右邻的顶点,作为右儿子,依此类推,

例9.11 将图9.12(a)所示的根树转化为一棵二元树如图9.12(b)所示.

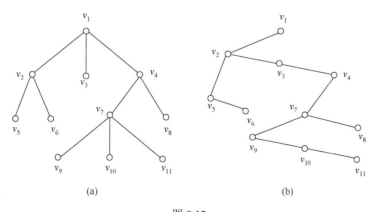

图 9.12

3. 森林转化为二元树

可以将森林转化为二元树,步骤如下:

(1)把森林中的每一棵树都表示成二元树;

(2)除第一棵二元树外, 依次将剩下的每棵二元树作为左边二元树的根的右子树, 直到所有的二元树都连成一棵二元树为止.

例 9.12　将图 9.13(a)所示的根树转化为一棵二元树如图 9.13(b)所示.

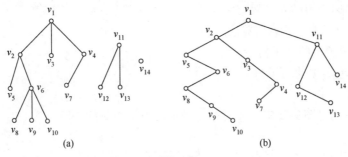

图 9.13

9.2.3　最优二元树与哈夫曼编码

在计算机及通信事业中, 常用二进制编码来表示符号, 称之为码字. 例如, 可用长为 2 的二进制编码 00, 01, 10, 11 分别表示字母 a, b, c, d, 称这种表示法为等长表示法. 若在传输中, 字母 a, b, c, d 出现的频率大体相同, 用等长码表示是很好的方法. 例如, 可用 00, 01, 10, 11 分别表示字母 a, b, c, d, 且字母 a, b, c, d 出现的频率是一样的, 则传输 100 个按此比例出现的字母需要 200 个二进制位. 但当它们出现的频率相差悬殊, 为了节省二进制位, 以达到提高效率的目的, 就要寻找非等长的编码. 如 a 出现的频率为 50%, b 出现的频率为 25%, c 出现的频率为 20%, d 出现的频率为 5%. 如用 000 表示字母 d, 用 001 表示字母 c, 01 表示 b, 1 表示 a. 这样表示, 传输 100 个按此比例出现的字母所用的二进制位为 $3×5+3×20+2×25+1×50 = 175$. 这种表示比用等长的二进制序列表示法好, 节省了二进制位. 但当我们用 1 表示 a, 用 00 表示 b, 用 001 表示 c, 用 000 表示 d 时, 如果接收到的信息为 001000, 则无法辨别它是 cd 还是 bad. 因而, 不能用这种二进制序列表示 a, b, c, d, 我们需要寻找另外的表示法使得在译码中不会出现二义性.

定义 9.9　设 $S = \{\alpha_1, \alpha_2, \cdots, \alpha_m\}$ 是一个符号串集合, 若对任意 $\alpha_i, \alpha_j \in S, \alpha_i \neq \alpha_j, \alpha_i$ 不是 α_j 的前缀, α_j 也不是 α_i 的前缀, 则称 S 为前缀码. 若符号串 $\alpha_i(i = 1, 2, \cdots, m)$ 中, 只出现两个符号(如 0 和 1), 则称 S 为二元前缀码.

可以利用二元树产生二元前缀码.

方法如下: 给定一棵二元树 T, 设 v 是 T 任意一个分支点, 若 v 有两个儿子(两条边, 一条画在左边, 一条画在右边), 若 v 只有一个儿子(一条边画在左边或右边). 假设 T 有 t 片树叶. 设 v_i 为 T 的任意一片树叶 $(i = 1, 2, \cdots, t)$, 将从树根到树叶 v_i 的唯一通路上各边标号(左边的标上 0, 右边的标上 1)构成一个符号串. t 片树叶的 t 个符号串组成的集合为一个二元前缀码.

例 9.13　将图 9.14(a)所示的二元树的每条边, 左边的标上 0, 右边的标上 1, 如图 9.14(b)所示, 对每片树叶, 从根到叶的通路上各边的标号组成的符号组成二元前缀码为 {1, 00, 010, 011}.

若用 1 表示 a, 用 00 表示 b, 用 010 表示 c, 用 011 表示 d, 该编码即可满足要求. 但当知道了传输的符号出现的频率时, 如何选择前缀码, 使传输的二进制位尽可能少呢? 这就是我们下面要讨论的最优二元树, 然后用最优二元树产生最优二元前缀码.

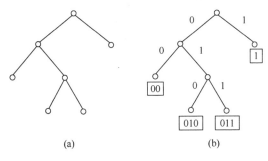

图 9.14

定义 9.10 设有一棵二元树, 若对其所有的 t 片树叶 $v_1, v_2, \cdots, v_t$ 分别赋以权值 $w_1, w_2, \cdots, w_t$, 则称之为赋权二元树; 若树叶 v_i 的层数为 $l(v_i)$, $W(T) = \sum_{i=1}^{t} w_i \cdot l(v_i)$ 为该赋权二元树的权; 而在所有叶子赋权为 $w_1, w_2, \cdots, w_t$ 的二元树中, $W(T)$ 最小的二元树称为最优二元树 (哈夫曼树、Huffman 树).

1952 年哈夫曼给出了求最优二元树的方法称为哈夫曼算法. 该算法如下:

给定权值 $w_1, w_2, \cdots, w_t$.

(1) 构建有 t 棵平凡树的森林. 每棵平凡树只有一个顶点, 分别以 $w_1, w_2, \cdots, w_t$ 为顶点的权.

(2) 在所有入度为 0 的顶点中选择两个权最小的顶点, 以这两个顶点为儿子, 添加一个新的分支点, 其权为这两个儿子的权之和.

(3) 重复 (2), 直到只有一个入度为 0 的顶点为止 (即森林中只有一棵树).

哈夫曼算法最后得到的就是一棵最优二元树.

例 9.14 求以 1, 3, 4, 5, 6 为权的最优二元树, 并计算它的权.

解 根据哈夫曼算法, 图 9.15 给出了计算最优二元树的过程. 最优二元树 T 如图 9.15(d) 所示, 该树的权 $W(T) = 42$.

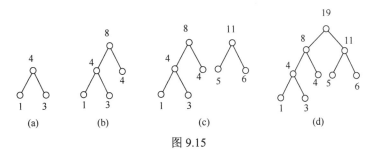

图 9.15

例 9.15 已知字母 a, b, c, d, e, f 出现的频率如下: a: 30%, b: 25%, c: 20%, d: 10%, e: 10%, f: 5%, 构造一个表示 a, b, c, d, e, f 的二元前缀码, 并使传输的二进制位最少.

解 (1) 求带权 30, 25, 20, 10, 10, 5 的最优二元树 T 如图 9.16(a) 所示.

(2) 在 T 上求一个前缀码, 如图 9.16(b) 所示.

(3) 设树叶 v_i 带权为 $w\% \times 100 = w$, 则 v_i 处的符号串表示出现频率为 $w\%$ 的字母. {01, 10, 11, 001, 0001, 0000} 为前缀码, 其中 11 表示 a, 10 表示 b, 01 表示 c, 001 表示 d, 0001 表示 e, 0000 表示 f.

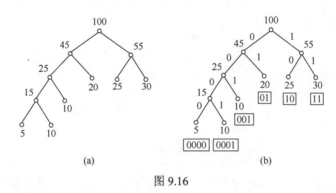

图 9.16

传输 100 个这样的字母所用的二进制位为: $4 \times (5+10) + 3 \times 10 + 2 \times (20+25+30) = 240$.

9.2.4 根树的应用

以树为模型的应用领域非常广泛, 比如计算机科学、物理学、地理学、心理学等. 下面将进行简单介绍.

1. 计算机的文件系统

计算机存储的文件可以组织成目录. 目录可以包括文件和子目录. 根目录包括整个文件系统. 因此计算机的文件系统可以表示成根树, 其中根表示根目录, 内点表示子目录, 树叶表示文件或空目录. 如图 9.17 表示了一个这样的文件系统.

图 9.17

2. 用二元树表示四则运算表达式

利用二元树可以表示四则运算表达式(简称算式). 存放算式时, 最高层次的运算符放在树根上, 然后依次地将运算符放在根子树的树根上, 参加运算的数放在树叶上. 规定用树叶表示参加运算的元素, 分支顶点表示相应的运算. 算式有三种表示方法: 前缀符号法、中缀符号法和后缀符号法. 可以根据对二元树的不同的遍历方法得到算式的不同表示方法.

例 9.16 已知算式 $((a+(b\times c))\times d-e)\div(f+g)+(h\times i)\times j$, 画出其二元树表示形式, 并写出算式的三种表示方法.

解 算式 $((a+(b\times c))\times d-e)\div(f+g)+(h\times i)\times j$ 对应的二元树 T 如图 9.18 所示.

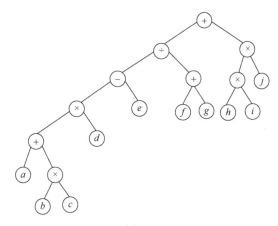

图 9.18

(1) 按先根遍历算法访问 T, 其结果为: $+(\div(-(\times(+a(\times bc))d)e)(+fg))(\times(\times hi)j)$. 省去全部括号后, 规定每个运算符对它后面紧邻的两个数进行运算, 仍是正确的. 因而可省去全部括号, 其结果为 $+\div-\times+a\times bcde+fg\times\times hij$. 因为运算符在参加运算的两数之前, 故称此种表示法为前缀符号法(或称为波兰符号法).

(2) 按中根遍历算法访问 T, 其结果为: $((((a+(b\times c))\times d)-e)\div(f+g))+((h\times i)\times j)$. 根据运算符的优先次序可以省去部分括号, 得 $((a+b\times c)\times d-e)\div(f+g)+h\times i\times j$. 因为运算符夹在两数之间, 故称此种表示法为中缀符号法.

(3) 按后根遍历算法访问 T, 其结果为: $+(\div(-(\times(+a(\times bc))d)e)(+fg))(\times(\times hi)j)$, 省去全部括号后, 规定每个运算符对它后面紧邻的两个数进行运算, 仍是正确的. 因而可省去全部括号, 其结果为 $+\div-\times+a\times bcde+fg\times\times hij$. 因为运算符在参加运算的两数之后, 故称此种表示法为后缀符号法(或称为逆波兰符号法).

3. 决策树

设有一棵根树, 如果其每个分支点都会提出一个问题, 从根开始, 每回答一个问题, 走相应的边, 最后到达一个叶顶点, 即获得一个决策, 则称之为决策树.

决策树又称为判定树, 是运用于分类的一种树结构. 其中的每个内点代表对某个属性的一次测试, 每条边代表一个测试结果, 叶结点代表某个类或者类的分布, 最上面的结点是根结点. 决策树分为分类树和回归树两种, 分类树是对离散变量做决策, 回归树是对连续变量做决策.

下面我们用决策树表示一个判定算法, 并使得在最坏情形下花费时间最少.

例 9.17　现有 5 枚外观一样的硬币, 只有 1 枚硬币与其他的重量不同. 问如何使用一架天平来判别哪枚硬币是伪币, 重还是轻?

分析　用天平来称 A 和 B 两枚硬币, 只有 $A<B, A=B, A>B$ 三种可能的情形, 因此可构造三元决策树来解决.

解　设 5 枚硬币分别是 A, B, C, D, E, 将决策过程对应的三元决策树如图 9.19 所示.

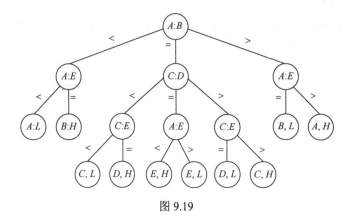

图 9.19

从根到叶就是一种求解过程, 由于该树有 10 片叶子, 每个叶子结点的第一个字母表示硬币编号, 第二个字母表示判定结果, L 表示该硬币是伪币, 重量轻, H 表示该硬币是伪币, 重量重. 总量重因此最多有 10 种可能的解. 又由于该树的高度为 3, 因此最坏情形下需要 3 次判别就能得到结论.

4. 博弈树

可以用树来分析某些类型的游戏, 如圈叉游戏、轮流取石头游戏、围棋、象棋、五子棋、井字棋等. 在每种游戏中, 从初始局面开始, 两个选手交替动作, 局面的变化可以表示成一个树形结构, 这就是博弈树.

树的顶点表示当游戏进行时游戏所处的局面, 树叶表示游戏的终局. 给每个树叶指定一个值来表示当游戏在这个树叶多代表的局面终止时第一个选手的得分. 对于非胜即负的游戏, 用1来表示圆圈所表示的终结顶点以第一个选手获胜, 用–1来标记方框所表示的终结顶点为第二个选手获胜. 对于允许平局的游戏, 用 0 标记平局所对应的终结顶点. 注意, 对于非胜即负的游戏, 为终结顶点指定值, 这个值越高, 第一个选手的结局就越好.

假设甲乙双方在进行这种二人游戏, 从唯一的一个初始局面开始, 如果轮到甲方走棋, 甲方有很多种走法, 但只能选择一个走法进行走棋. 甲方走棋后, 局面发生了变化, 轮到乙方走棋, 乙方也有很多种走法, 但也只能选择一个走法. 下面介绍如何将根树应用到博弈比赛策略的研究中. 这种方法已应用到很多的计算机程序研究中, 使得人可以同计算机比赛, 或者甚至计算机同计算机比赛.

作为一般的一个例子, 考虑一个取火柴的博弈.

例 9.18 现有 7 根火柴, 甲、乙两人依次从中取走 1 根或 2 根, 但不能不取. 取走最后一根的就是胜利者. 若甲先取, 且甲要想获胜, 应该采用什么策略?

分析 由于每次甲、乙至多有 2 种选择, 因此可构造二元博弈树来解决. 如图 9.20 所示的为部分博弈过程.

其中□表示轮到甲取火柴, ○表示轮到乙取火柴. 分支结点的左分支表示取 1 根, 右分支表示取 2 根, 结点中的数字表示当前火柴数目. 结点旁边标注的 1 表示可能获胜, −1 表示失败, 从根到叶的路径为一个策略. 图 9.20 只是给出部分博弈树, 读者可自行分析思考, 画出甲取胜的策略.

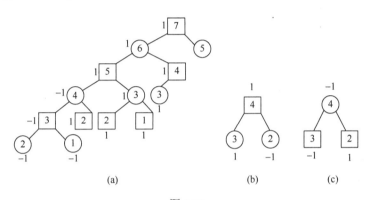

图 9.20

习 题 9

1. 画出所有 5 阶非同构的无向树.

2. 无向树 T 有 n_i 个 i 度顶点, $i = 2, 3, \cdots, k$, 其余顶点都是树叶, 求 T 的树叶数.

3. 关于无向树中顶点的度的计算问题.

(1) 无向树 T 有 7 片树叶, 3 个 3 度顶点, 其余的都是 4 度顶点, 则 T 有多少个 4 度顶点?

(2) 无向树 T 有 3 个 3 度顶点, 2 个 4 度顶点, 其余的都是树叶, 则 T 有多少片树叶?

(3) 无向树 T 有 1 个 2 度顶点, 3 个 3 度顶点, 4 个 4 度顶点, 1 个 5 度顶点, 其余的都是树叶, 则 T 有多少片树叶?

(4) 无向树 T 有 9 片树叶, 5 个 3 度顶点, 其余的都是 4 度顶点, 则 T 有多少个 4 度顶点?

4. 下面给出的各符号串集合哪些是前缀码?

(1) {0, 10, 110, 1111}.

(2) {1, 01, 001, 000}.

(3) {1, 11, 101, 001, 0011}.

(4) {1, 00, 011, 0101, 01001, 01000}.

(5) {1, 00, 011, 0101, 0100, 01001, 01000}.

5. 求带权 2, 2, 3, 3, 5 的最优二元树.

6. 设 T 是正则二元树, 有 t 片树叶. 证明 T 的阶数 $n = 2t−1$.

7. 对图 9.21 所示的无向赋权连通图, 分别应用 Prim 算法和 Kruskal 算法求出一棵最小生成树, 并写出最小生成树的代价.

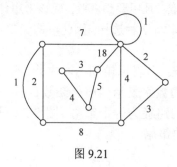

图 9.21

8. 设 8 个字母在通信中出现的频率如下: a: 25%, b: 20%, c: 15%, d: 10%, e: 10%, f: 10%, g: 5%, h: 5%. 用哈夫曼算法求传输它们的最优二元前缀码. 要求画出最优二元树, 指出每个字母对应的编码. 并指出传输 10^n 个按上述频率出现的字母, 需要多少个二进制数字.

9. 对图 9.22 所示的二元树表达的四则运算表达式, 回答:

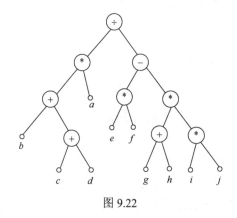

图 9.22

(1) 用中根遍历法还原算式.
(2) 用先根遍历法写出该算式的波兰表示式.
(3) 用后根遍历法写出该算式的逆波兰表示式.

拓展练习 9

1. 假设有 5 个信息中心 A, B, C, D, E, 它们之间的距离 (以百公里为单位) 如图 9.23 所示. 要交换数据, 我们可以在任意两个信息中心之间通过光纤连接, 但由于费用的限制要求铺设尽可能少的光纤线路. 要求每个信息中心能和其他中心通信, 但并不需要在任意两个中心之间都铺设线路, 可以通过其他中心转发. 问如何建设费用最小的通信网络?

2. 如何根据有向图的邻接矩阵确定该有向图是否是根树? 如果它是一棵根树, 如何从它的邻接矩阵确定树根和树叶? 请编写通用的程序完成上述功能.

3. 用机器分辨一些币值为 1 分、2 分、5 分的硬币, 假设各种硬币出现的概率分别

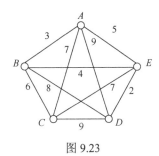

图 9.23

为 0.5, 0.4, 0.1. 问如何设计一个分辨硬币的算法, 使所需的时间最少?(假设每作一次判别所用的时间相同, 每次判别时间为 1 个时间单位)

4. 已知有如下 6 个字符及出现的频率, 要求构造一棵三元哈夫曼树, 并用 0, 1, 2 三个符号对其编码: a: 0.25, e: 0.30, n: 0.10, r: 0.05, t: 0.12, z: 0.18, 并计算每传输 100 个按此比例出现的字符的编码的传输长度.

第 10 章　几种特殊的图

本章将介绍几种特殊的图，即欧拉图、哈密顿图、二部图和平面图. 在本章里，我们将着重介绍这几种特殊图的相关概念、性质和判别方法，并对一些实际问题进行分析应用.

10.1　欧　拉　图

10.1.1　欧拉图的定义

欧拉图的产生背景就是第 8 章介绍的哥尼斯堡七桥问题. 1736 年，瑞士数学家欧拉发表了图论的第一篇著名论文《哥尼斯堡七桥问题无解》. 欧拉在论文中提出了一个简单准则，确定七桥问题是无解的. 下面给出相关定义和定理.

定义 10.1　设图 $G = \langle V, E \rangle$，若存在一条通路(回路)，经过图中每条边一次且仅一次，则称此通路(回路)为该图的一条欧拉通路(回路). 具有欧拉回路的图称为欧拉图，具有欧拉通路而无欧拉回路的图称为半欧拉图.

规定：平凡图为欧拉图. 以上定义既适合无向图，又适合有向图.

欧拉通路(回路)有如下的性质：

(1)欧拉通路是经过图中所有边的通路中长度最短的通路，即为通过图中所有边的简单通路.

(2)欧拉回路是经过图中所有边的回路中长度最短的回路，即为通过图中所有边的简单回路.

(3)如果仅用边来描述，欧拉通路和欧拉回路就是图中所有边的一种全排列.

例 10.1　判断图 10.1 所示的 6 个图是否是欧拉图？是否存在欧拉通路？

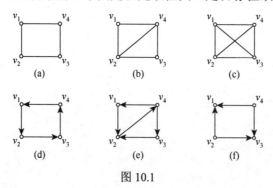

图 10.1

解　图(a)是欧拉图；

图(b)不是欧拉图，但存在欧拉通路；

图(c)不存在欧拉通路；

图(d)是欧拉图；

图(e)不是欧拉图, 但存在欧拉通路;

图(f)不存在欧拉通路.

10.1.2 欧拉图的判定及欧拉回路的求解算法

1. 欧拉图的判定

定理 10.1 无向图 $G = \langle V, E \rangle$ 是半欧拉图当且仅当 G 是连通的且恰有两个奇度点.

证明 若 G 为平凡图, 则定理显然成立. 故我们下面讨论的均为非平凡图.

(1)必要性: 设 G 具有一条欧拉通路 $L = v_{i_0} e_{j_1} v_{i_1} e_{j_2} v_{i_2} \cdots v_{i_{m-1}} e_{j_m} v_{i_m} (v_{i_0} \neq v_{i_m})$, 则 L 经过 G 中的每条边, 由于 G 中无孤立顶点, 因而 L 经过 G 的所有顶点, 所以 G 是连通的.

对欧拉通路 L 的任意非端点的顶点 v_{i_k}, 在 L 中每出现 v_{i_k} 一次, 都关联两条边 $e_{j_{k-1}}$ 和 e_{j_k}, 而当 v_{i_k} 重复出现时, 它又关联另外的两条边, 由于在通路 L 中边不可能重复出现, 因而每出现一次 v_{i_k} 都将使顶点 v_{i_k} 获得 2 度. 若 v_{i_k} 在 L 中重复出现 p 次, 则 $\deg(v_{i_k}) = 2p$.

设 v_{i_0}, v_{i_m} 在通路中作为非端点分别出现 p_1 次和 p_2 次, 则 $\deg(v_{i_0}) = 2p_1 + 1$, $\deg(v_{i_m}) = 2p_2 + 1$, 因而 G 有两个奇度点.

(2)充分性: 我们从两个奇度点之一开始构造一条欧拉通路, 以每条边最多经过一次的方式通过图中的边. 对于偶度点, 通过一条边进入这个顶点, 总可以通过一条未经过的边离开这个顶点, 因此, 这样的构造过程一定以到达另一个奇度点而告终.

如果图中所有的边已用这种方式经过了, 显然这就是所求的欧拉通路. 如果图中不是所有的边都经过了, 我们去掉已经过的边, 得到一个由剩余的边组成的子图, 这个子图的所有顶点的度数均为偶数.

因为原来的图是连通的, 所以, 这个子图必与我们已经过的通路在一个或多个顶点相接. 从这些顶点中的一个开始, 我们再通过边构造通路, 因为顶点的度数全是偶数, 所以, 这条通路一定最终回到起点. 我们将这条回路加到已构造好的通路中间组合成一条通路. 如有必要, 这一过程重复下去, 直到我们得到一条通过图中所有边的通路, 即欧拉通路.

由定理 10.1 的证明知: 若连通的无向图有两个奇度点, 则它们是欧拉通路的端点.

推论 10.1 无向图 $G = \langle V, E \rangle$ 是欧拉图, 当且仅当 G 是连通的, 并且所有顶点的度数均为偶数.

定理 10.2 有向图 G 是半欧拉图, 当且仅当 G 是连通的, 且除了两个顶点以外, 其余顶点的入度等于出度, 而这两个例外的顶点中, 一个顶点的入度比出度大 1, 另一个顶点的出度比入度大 1.

推论 10.2 有向图 G 是欧拉图, 当且仅当 G 是连通的, 且所有顶点的入度等于出度.

对任意给定的无向连通图, 只需通过对图中各顶点度数的计算, 就可知它是否存在欧拉通路或欧拉回路, 从而知道它是否为半欧拉图或欧拉图; 对任意给定的有向连通图, 只需通过对图中各顶点出度与入度的计算, 就可知它是否存在欧拉通路或欧拉回路, 从而知道它是否为半欧拉图或欧拉图.

利用这项准则, 很容易判断出哥尼斯堡七桥问题是无解的, 因为它所对应的图中所有顶点的度数均为奇数, 也很容易得到例 10.1 的结论.

2. 欧拉回路的求解算法

求欧拉图 $G = \langle V, E \rangle$ 的欧拉回路的 Fleury 算法如下:

(1) 任取 $v_0 \in V$, 令 $P_0 = v_0$, $i = 0$.

(2) 按下面的方法从 $E - \{e_1, e_2, \cdots, e_i\}$ 中选取 e_{i+1}:

(i) e_{i+1} 与 v_i 相关联;

(ii) 除非别的边可选取, 否则 e_{i+1} 不应该为 $G' = G - \{e_1, e_2, \cdots, e_i\}$ 中的桥.

(3) 将边 e_{i+1} 加入通路 P_0 中, 令 $P_0 = v_0 e_1 v_1 e_2 \cdots e_i v_i e_{i+1} v_{i+1}$, $i = i+1$.

(4) 如果 $i = |E|$, 结束, 否则转 (2).

注意: 使用 Fleury 算法求欧拉通路 (回路) 时, 每次走一条边, 在可能的情况下, 不走桥.

例 10.2 用 Fleury 算法求图 10.2 所示的无向图的一条欧拉回路.

解 求从 v_1 出发, 按照 Fleury 算法, 每次走一条边, 在可能的情况下, 不走桥. 例如, 在得到 $P_7 = v_1 e_1 v_2 e_2 v_3 e_3 v_4 e_4 v_5 e_5\, v_6 e_6 v_7 e_7 v_8$ 时, $G' = G - \{e_1, e_2, \cdots, e_7\}$ 中的 e_8 是桥, 因此下一步选择走 e_9, 而不要走 e_8.

得到从 v_1 出发的一条欧拉回路为: $P_{12} = v_1 e_1 v_2 e_2 v_3 e_3 v_4 e_4 v_5\, e_5 v_6 e_6 v_7 e_7 v_8 e_9 v_2 e_{10} v_4 e_{11} v_6 e_{12} v_8 e_8 v_1$.

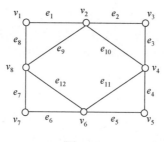

图 10.2

10.1.3 欧拉图的应用

1. 一笔画问题

所谓一笔画问题就是对一个图形, 从某点出发笔不离纸, 每条边只画一次而不许重复, 画完该图. 一笔画问题本质上就是一个无向图是否存在欧拉通路 (回路) 的问题. 如果该图为欧拉图, 则能够一笔画完该图, 并且笔又回到出发点; 如果该图只存在欧拉通路, 则能够一笔画完该图, 但回不到出发点; 如果该图中不存在欧拉通路, 则不能一笔画完该图.

例 10.3 图 10.3 所示的三个图能否一笔画? 为什么?

解 图 10.3(a) 连通, 有 0 个奇度数顶点, 所以是欧拉图, 能够一笔画, 按照图示的箭头就是一条欧拉回路.

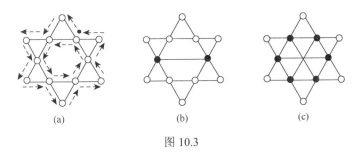

图 10.3

图 10.3(b)连通,有 2 个奇度点,存在欧拉通路,因此能够一笔画,可以从一个奇度点一笔画到另外一个奇度点.

图 10.3(c)连通,有 6 个奇度点,不存在欧拉通路和欧拉回路,因此不能够一笔画.

2. 蚂蚁比赛问题

例 10.4 甲、乙两只蚂蚁分别位于图 10.4 所示中顶点 a, b 处,并设图中的边长度相等.甲、乙进行比赛:从它们所在的顶点出发,走过图中所有边最后到达顶点 c 处.如果它们的速度相同,问谁先到达目的地?

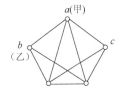

图 10.4

解 图中仅有两个奇度点 b 和 c,因而存在从 b 到 c 的欧拉通路,蚂蚁乙走到 c 只要走一条欧拉通路,边数为 9 条,而蚂蚁甲要想走完所有的边到达 c,至少要先走一条边到达 b,再走一条欧拉通路,因而它至少要走 10 条边才能到达 c,所以乙必胜.

3. 道路清扫问题

例 10.5 图 10.5(a)是一个生活小区的道路示意图.问:道路清扫工能否从小区某个大门出发清扫所有的道路一遍后从该大门离开?能否从小区大门 1 出发清扫所有的道路一遍后从小区大门 2 离开?

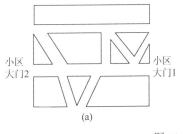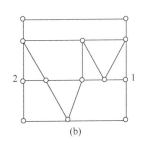

(a)   (b)

图 10.5

解 将图 10.5(a)中的小区示意图中的每个道路口抽象成顶点,小区的道路抽象成边,将其转换图 10.5(b)中的无向图.

由于图 10.5(b)不是欧拉图,所以道路清洁工不能从小区某个大门出发清扫所有的道路一遍后从该大门离开.但图(b)存在一条从顶点 1 到顶点 2 的欧拉通路,所以道路清扫工能从小区大门 1 出发清扫所有的道路一遍后从小区大门 2 离开.

4. 计算机鼓轮设计

例 10.6　假设一个旋转鼓轮的表面被等分为 8 个部分, 如图 10.6 所示, 其中每个部分分别由导体或绝缘体构成, 图中阴影部分表示导体, 空白部分表示绝缘体, 导体部分给出信号 1, 绝缘体部分给出信号 0. 根据鼓轮转动时所处的位置, 三个触头 A、B、C 将获得一定的信息. 因此, 鼓轮的位置可用二进制信号表示.

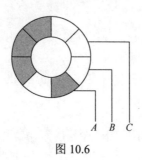

图 10.6

试问: 如何选取鼓轮 8 个部分的材料才能使鼓轮每转过一个部分得到一个不同的二进制信号, 即每转一周, 能得到 000 到 111 的 8 个不同的 3 位二进制数?

分析　可以把 8 个二进制数排成一个圆圈, 使得 3 个依次相连的数字所组成的 8 个 3 位二进制数互不相同.

解　构造一个有向欧拉图, 以 4 个 2 位二进制数 $\{00, 01, 10, 11\}$ 作为顶点, 每个顶点 v_iv_j 发出两条边 v_iv_j0 和 v_iv_j1, 分别指向顶点 v_j0 和 v_j1, 得到如图 10.7 所示的有向图. 该图每个顶点的出度为 2, 入度为 2, 且强连通, 是一个有向欧拉图.

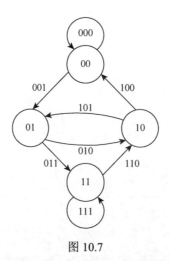

图 10.7

于是问题转化为在这个有向欧拉图中找一条欧拉回路的问题. 例如, 000 001 011 111 110 101 010 100 就是一条欧拉回路. 根据邻接边的标号记法, 这 8 个二进制数可写成对应的二进制序列 00011101, 把这个序列排成一个圆圈, 与所求的鼓轮相对应, 就得到鼓轮的一个设计方案.

　　该鼓轮问题可以推广到 n 位的循环序列, 一般地, 若存在一个 2^n 个二进制数的循环序列, 其中 2^n 个由 n 位二进制数组成的子序列全不相同. 将上述 2^n 个二进制数的循环序列称为布鲁因(De Brujin)序列.

5. 中国邮路问题

　　一个邮递员送信, 要走完他负责投递的全部街道, 完成任务后回到邮局. 问: 他应按怎样的路线走, 他所走的路程才会最短?

　　分析　如果将这个问题抽象成图论的语言, 就是给定一个连通图, 连通图的每条边的权值为对应的街道的长度(距离), 要在图中求一回路, 使得回路的总权值最小.

　　解　若图为欧拉图, 只要求出图中的一条欧拉回路即可.

　　否则, 邮递员要完成任务就得在某些街道上重复走若干次. 如果重复走一次, 就加一条平行边, 于是原来对应的图就变成了多重图. 只是要求加进的平行边的总权值最小就行了. 问题就转化为: 在一个有奇度点的赋权连通图中, 增加一些平行边, 使得新图不含奇度点, 并且增加边的总权值最小. 要解决上述问题, 应分下面两个大步骤:

　　(1)增加一些边, 使得新图无奇度点, 我们称这一步为可行方案;

　　(2)调整可行方案, 使其达到增加的边的总权值最小, 称这个最后的方案为最优方案. 关于最优方案有如下两个结论:

　　(i)在最优方案中, 图中每条边的重数小于等于 2.

　　一般情况下, 若边的重数大于等于 3, 就去掉偶数条边.

　　(ii)在最优方案中, 图中每个基本回路上平行边的总权值不大于该回路的权值的一半.

　　如果将某条基本回路中的平行边均去掉, 而给原来没有平行边的边加上平行边, 也不影响图中顶点度数的奇偶性. 因而, 如果在某条基本回路中, 平行边的总权值大于该回路的权值的一半, 就作上述调整.

　　一个最优方案是满足(i)和(ii)的可行方案, 反之, 一个可行方案若满足(i)和(ii)两条, 它也一定是最佳方案. 因而(i)和(ii)是最优方案的充分必要条件.

　　例 10.7　在图 10.8(a)中, 确定一条从 v_1 到 v_1 的回路, 使其经过图中每条边至少一次, 且它的权值最小(事实上, 所确定的回路从任何一个顶点出发都可以).

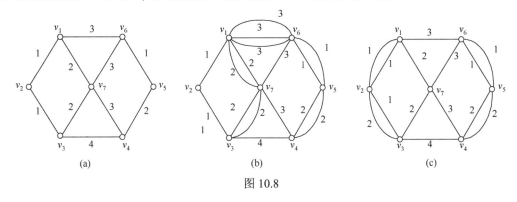

图 10.8

　　解　(1)确定一个可行方案.

　　由于图中奇度点为偶数个, 所以图中奇度点可以配对. 又由于图的连通性, 每对奇度数顶点之间均存在基本通路, 在配好对的奇度点之间各确定一条基本通路, 然后将通路中的所有边均加一条平行边, 这样产生的新图中无奇度点, 因而存在欧拉回路.

　　图 10.8 中奇度点有 4 个: v_1, v_3, v_4, v_6. 任意将它们配 2 对: v_1 与 v_4 配对, v_3 与 v_6 配对. 选 v_1 与 v_4 之间的基本通路为 $v_1 v_6 v_5 v_4$, v_3 与 v_6 之间的基本通路为 $v_3 v_7 v_1 v_6$. 每条通路中所含的边均加一条平行边.

　　增加平行边的图如图 10.8(b) 所示, 它无奇度点, 因而是欧拉图.

　　增加的边的总权值为 $W(v_3, v_7) + W(v_7, v_1) + 2 \cdot W(v_1, v_6) + W(v_6, v_5) + W(v_5, v_4) = 13$.

　　(2) 调整可行方案, 使增加的边的总数减少.

　　图 10.8(b) 中边 (v_1, v_6) 的重数为 3, 若去掉两条边, 既不影响 v_1, v_6 度数的奇偶性, 也不影响图的连通性, 因而可去掉两条边.

　　在图 10.8(b) 中, 回路 $v_1 v_2 v_3 v_7 v_1$ 的权值为 6, 而平行边的总权值为 4, 大于 3, 因而应给予调整.

　　经过调整的图如图 10.8(c) 所示.

　　平行边的总权值为: $W(v_1, v_2) + W(v_2, v_3) + W(v_4, v_5) + W(v_5, v_6) = 5$.

　　图 10.8(c) 满足最优方案的 (i) 和 (ii) 两个条件, 从而是最佳方案, 从 v_1 出发走出一条欧拉回路, 即可确定一条 v_1 到 v_1 权值最小的经过每条边至少一次的回路, 如 (v_1 v_6 v_5 v_6 v_7 v_4 v_5 v_4 v_3 v_7 v_1 v_2 v_3 v_2 v_1) 就是问题的一个最佳解.

10.2　哈密顿图

　　与欧拉图非常类似的问题是哈密顿图的问题.

10.2.1　哈密顿图的定义

　　1859 年哈密顿 (W.R.Hamilton) 在给他朋友的一封信中, 首先谈到关于十二面体的一个数学游戏: 用一个正十二面体的 20 个顶点代表世界上的 20 个大城市, 连接两个顶点的边看成是交通线, 如图 10.9(a) 所示. 问能否从这 20 个城市中的任何一个城市出发, 沿着交通线经过每个城市恰好一次, 再回到原来的出发地, 他把这个问题称为周游世界问题.

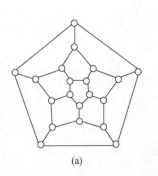
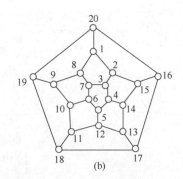

图 10.9

按照图 10.9(b) 中所给的编号从 1 到 20 旅行, 可以看出这样的回路是存在的, 即可以从这 20 个城市中的任何一个城市出发, 沿着交通线经过每个城市恰好一次, 再回到原来的出发地.

定义 10.2 设图 $G = \langle V, E \rangle$, 经过图中每个顶点一次且仅一次的通路 (回路) 称为哈密顿通路 (回路). 存在哈密顿通路的图称为半哈密顿图. 存在哈密顿回路的图称为哈密顿图.

规定: 平凡图为哈密顿图. 以上定义既适合无向图, 又适合有向图.

哈密顿通路 (回路) 有如下的性质:

(1) 哈密顿通路是经过图中所有顶点的通路中长度最短的通路, 即为通过图中所有顶点的基本通路;

(2) 哈密顿回路是经过图中所有顶点的回路中长度最短的回路, 即为通过图中所有顶点的基本回路.

(3) 如果我们仅用顶点来描述的话, 哈密顿通路就是图中所有顶点的一种全排列. 哈密顿回路就是图中所有顶点的一种全排列再加上该排列中第一个顶点的一种排列.

例 10.8 判断图 10.10 所示的 6 个图是否是哈密顿图? 是否是半哈密顿图?

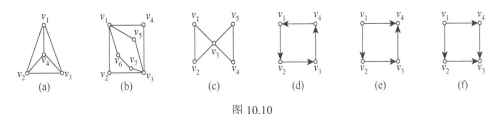

图 10.10

解 图 (a) 存在哈密顿回路, 是哈密顿图;

图 (b) 不存在哈密顿通路和回路, 既不是哈密顿图, 也不是半哈密顿图;

图 (c) 存在哈密顿通路, 但不存在哈密顿回路, 是半哈密顿图;

图 (d) 存在哈密顿回路, 是哈密顿图;

图 (e) 存在哈密顿通路, 但不存在哈密顿回路, 是半哈密顿图;

图 (f) 存在哈密顿通路, 但不存在哈密顿回路, 是半哈密顿图.

10.2.2 哈密顿图的判定

定理 10.3 若无向图 $G = \langle V, E \rangle$ 是哈密顿图, 则对 V 的每个非空子集 S, 均满足: $p(G-S) \leqslant |S|$.

分析 考察 G 的一条哈密顿回路 C, 显然 C 是 G 的生成子图, 从而 $C-S$ 也是 $G-S$ 的生成子图, 且有 $p(G-S) \leqslant p(C-S)$, 故只需要证明 $p(C-S) \leqslant |S|$ 即可.

证明 设 C 是 G 的一条哈密顿回路, C 是 G 的生成子图, 显然 $p(C-S) \leqslant |S|$.

由于 $C-S$ 是 $G-S$ 的生成子图, 故有 $p(G-S) \leqslant p(C-S)$, 于是有: $p(G-S) \leqslant |S|$ 成立.

注意 定理 10.3 给出的是哈密顿图的必要条件, 而不是充分条件. 定理 10.3 在应用中本身用处不大, 但它的逆否命题却非常有用. 我们经常利用定理 10.3 的逆否命题来判断某些图不是哈密顿图, 即: 若存在 V 的某个非空子集 S 使得 $p(G-S) > |S|$, 则 G 不是哈密顿图.

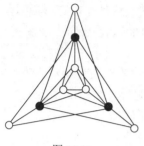

图 10.11

例 10.9　证明图 10.11 所示的无向图不是哈密顿图.

分析　利用定理 10.3 的逆否命题, 寻找 V 的某个非空子集 S 使得 $p(G{-}S)>|S|$, 则 G 不是哈密顿图.

证明　令 S 为图中 3 个实心顶点的集合, 即 $|S|=3$, 而 $p(G{-}S)=4$, 由于 $p(G{-}S)>|S|$, 故 G 不是哈密顿图.

推论 10.3　设无向图 $G=\langle V, E\rangle$ 中存在哈密顿通路, 则对 V 的任意非空子集 S, 都有 $p(G{-}S)\leqslant|S|+1$.

证明　设 P 是 G 中起于 u 终于 v 的哈密顿通路, 我们令 $G'=G\cup(u,v)$, 易知 G' 为哈密顿图, 由定理 10.3 可知, $p(G'{-}S)\leqslant|S|$, 而有 $p(G{-}S)=p(G'-S-(u,v))\leqslant p(G'-S)+1\leqslant|S|+1$.

定理 10.4　设 $G=\langle V, E\rangle$ 是有 $n(n\geqslant1)$ 个顶点的简单无向图. 如果对任意两个不相邻的顶点 $u,v\in V$, 均有 $d(u)+d(v)\geqslant n-1$, 则 G 中存在哈密顿通路.

推论 10.4　设 $G=\langle V, E\rangle$ 是有 n 个顶点的简单无向图. 如果对任意两个不相邻的顶点 $u,v\in V$, 均有 $d(u)+d(v)\geqslant n$, 则 G 中存在哈密顿回路.

10.2.3　哈密顿图的应用

货郎担问题(也称旅行商问题, 简称为 TSP 问题). 设有 n 个城市, 城市之间均有道路, 道路的长度均大于或等于 0, 可能是 ∞(对应关联的城市之间无交通线). 一个货郎为了销售货物, 从某个城市出发, 要经过每个城市一次且仅一次, 最后回到出发的城市, 问他如何走才能使他走的路线最短? 这就是著名的旅行商问题或货郎担问题.

这个问题可化归为如下的图论问题. 设 $G=\langle V, E, W\rangle$ 为一个 n 阶完全赋权图, 各边的权非负, 且有的边的权可能为∞. 求 G 中一条最短的哈密顿回路, 这就是货郎担问题的数学模型.

这里介绍求解货郎担问题的最邻近算法, 算法如下:

(1)以 v_i 为始点, 在其余 $n-1$ 个顶点中, 找出与始点最邻近的顶点 v_j(如果与 v_i 最邻近的顶点不唯一, 则任选其中的一个作为 v_j), 形成具有一条边的通路 v_iv_j.

(2)假设 x 是最新加入到这条通路中的顶点, 从不在通路上的顶点中选取一个与 x 最邻近的顶点, 把连接 x 与此顶点的边加到这条通路中. 重复这一步, 直到 G 中所有顶点都包含在通路中.

(3)把始点和最后加入的顶点之间的边放入, 就得到一条回路.

例 10.10　用最邻近算法计算图 10.12(a)中以 a 为始点的一条近似最短哈密顿回路.

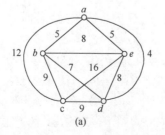

(a)

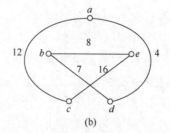

(b)

图 10.12

解 求解步骤如下:

(1)从 a 出发, 找出与 a 最邻近的顶点 d, 形成具有 1 条边的基本通路 (a, d).

(2)从 d 出发, 选择不在通路 (a, d) 上的与 d 最邻近的顶点 b, 形成具有 2 条边的基本通路 (a, d, b).

(3)从 b 出发, 选择不在通路 (a, d, b) 上的与 b 最邻近的顶点 e, 形成具有 3 条边的基本通路 (a, d, b, e).

(4)从 e 出发, 选择不在通路 (a, d, b, e) 上的与 e 最邻近的顶点 c, 形成具有 4 条边的基本通路 (a, d, b, e, c), 此处得到一条哈密顿通路.

(5)再加上边 (c, a), 得到一条近似最短的哈密顿回路 (a, d, b, e, c, a), 如图 10.11(b)所示, 该回路的总距离为 47.

注意 还可以以其他顶点为出发点, 利用最邻近算法求出近似哈密顿回路. 如:

以 b 为始点的哈密顿回路为: $badecb$, 总距离为: 42.

以 c 为始点的哈密顿回路为: $cbadec$, 总距离为: 42; 或 $cdaebc$, 总距离为: 35; 或 $cdabec$, 总距离为: 42.

以 d 为始点的哈密顿回路为: $dabecd$, 总距离为: 42; 或 $daebcd$, 总距离为: 35.

以 e 为始点的哈密顿回路为: $eadbce$, 总距离为: 41.

从该问题的求解中, 我们看到图 10.12(a)中最短哈密顿回路的长度为 35, 最长哈密顿回路的长度为 48. 若以 a 为始点, 用最邻近算法求得的哈密顿回路的长度为 47, 几乎达到了最长哈密顿回路的长度. 因此最邻近算法不是好的算法, 算法的误差可以很大.

解决货郎担问题的算法除了最邻近算法外, 还有最短链接算法等. 目前人们还研究遗传算法、神经网络等并行优化算法解决货郎担问题. 有兴趣的读者可以参阅有关文献.

10.3 二 部 图

10.3.1 二部图的定义

定义 10.3 设 $G = \langle V, E \rangle$ 为一个无向图, 若能将 V 分成 V_1 和 $V_2(V_1 \cup V_2 = V, V_1 \cap V_2 = \varnothing)$, 使得 G 中的每条边的两个端点都是一个属于 V_1, 另一个属于 V_2, 则称 G 为二部图(或称二分图、偶图等), 称 V_1 和 V_2 为互补顶点子集, 常将二部图 G 记为 $\langle V_1, V_2, E \rangle$.

又若 G 是简单二部图, V_1 中每个顶点均与 V_2 中每个顶点相邻, 则称 G 为完全二部图, 记为 $K_{r,s}$, 其中 $r = |V_1|$, $s = |V_2|$.

注意 二部图中没有环(自回路). 平凡图和零图可看成特殊的二部图.

例 10.11 判断图 10.13 所示的 5 个图中, 哪些是二部图? 哪些是完全二部图?

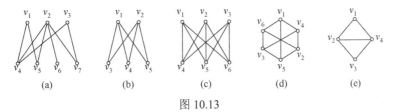

(a)   (b)   (c)   (d)   (e)

图 10.13

解　图(a)是二部图.

图(b)是二部图, 也是完全二部图 $K_{2,3}$.

图(c)是二部图, 也是完全二部图 $K_{3,3}$.

图(d)是二部图, 也是完全二部图 $K_{3,3}$.

图(e)不是二部图.

10.3.2　二部图的判定

定理 10.5　无向图 $G = \langle V, E \rangle$ 为二部图的充分必要条件是 G 的所有回路的长度均为偶数.

证明　(1)必要性: 设图 G 是二部图, 其互补顶点集合为 V_1, V_2, 即 $G = \langle V_1, V_2, E \rangle$ 是二部图, 令 $C = v_0 v_1 v_2 \cdots v_k v_0$ 是 G 的一条回路, 其长度为 $k+1$.

不失一般性, 假设 $v_0 \in V_1$, 由二部图的定义知, $v_1 \in V_2$, $v_2 \in V_1$. 由此可知, $v_{2i} \in V_1$ 且 $v_{2i+1} \in V_2$.

又因为 $v_0 \in V_1$, 所以 $v_k \in V_2$, 因而 k 为奇数, 故 C 的长度 $k+1$ 为偶数.

(2)充分性: 设 G 中每条回路的长度均为偶数, 若 G 是连通图, 任选 $v_0 \in V$, 定义 V 的两个子集如下: $V_1 = \{v_i | d(v_0, v_i)$ 为偶数$\}$, $V_2 = V - V_1$.

现证明 V_1 中任两顶点间无边存在.

假若存在一条边 $(v_i, v_j) \in E$, 其中 v_i, $v_j \in V_1$, 则由 v_0 到 v_i 间的短程线(长度为偶数)以及边 (v_i, v_j), 再加上 v_j 到 v_0 间的短程线(长度为偶数)所组成的回路的长度为奇数, 与假设矛盾. 同理可证 V_2 中任两顶点间无边存在. 故 G 中每条边 (v_i, v_j), 必有 $v_i \in V_1$, $v_j \in V_2$ 或 $v_i \in V_2$, $v_j \in V_1$, 因此 G 是具有互补顶点子集 V_1 和 V_2 的二部图.

若 G 中每条回路的长度均为偶数, 但 G 不是连通图, 则可对 G 的每个连通分支重复上述论证, 可得到同样的结论.

例 10.12　判断图 10.14 所示的 6 个图中, 哪些是二部图?

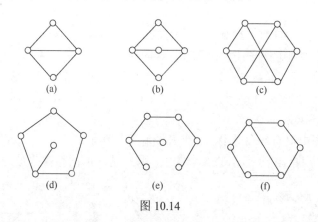

图 10.14

解　图(a)中存在长为 3 的回路, 不是二部图.

图(b)中没有奇数长度的回路, 是二部图.

图(c)中没有奇数长度的回路, 是二部图.

图(d)中存在长为 5 的回路, 不是二部图.

图(e)没有回路, 是二部图.

图(f)中没有奇数长度的回路, 是二部图.

10.3.3 二部图的匹配及其应用

定义 10.4 设 $G = \langle V_1, V_2, E \rangle$ 为二部图, $M \subseteq E$, 如果 M 中的任意两条边都不相邻, 则称 M 是 G 的一个匹配. G 中边数最多的匹配称作最大匹配. 又设 $|V_1| \leqslant |V_2|$, 如果 M 是 G 的一个匹配, 且 $|M| = |V_1|$, 则称 M 是 V_1 到 V_2 的完备匹配. 当 $|V_1| = |V_2|$ 时, 完备匹配又称作完美匹配.

例 10.13 判断图 10.15(a), (b), (c) 中的粗线所示的边集合是否是对应图的一个匹配, 是否是完备匹配?是否是完美匹配.

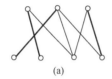 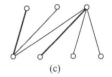

(a)　　　　　　(b)　　　　　　(c)

图 10.15

解 图(a)中 3 条粗边所示的边集合是图(a)的一个完备匹配.

图(b)中 3 条粗边所示的边集合是图(b)的一个完美匹配.

图(c)中 2 条粗边所示的边集合是图(c)的一个最大匹配.

定义 10.5 设 M 是二部图 $G = \langle V_1, V_2, E \rangle$ 的一个匹配, 称 M 中的边为匹配边, 不在 M 中的边为非匹配边. 与匹配边相关联的顶点为饱和点, 不与匹配边相关联的顶点为非饱和点. G 中由匹配边和非匹配边交替构成的路径称为交错路径, 起点和终点都是非饱和点的交错路径称为可增广的交错路径.

例如, 图 10.16(a) 中, 对由三条粗边构成匹配 M, 其饱和点为 $u_1, u_3, u_4, v_1, v_2, v_3$; 非饱和点为 u_2, v_4; M 存在可增广的交错路径 P: $u_2 v_3 u_4 v_2 u_1 v_4$, 由 P 得到一个新的匹配如图 10.16(b) 所示, 该匹配的边数比 M 多一条, 即可以通过在二部图 G 中寻找可增广的交错路径得到更大的匹配.

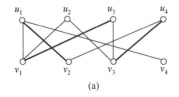 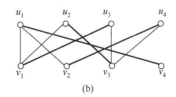

(a)　　　　　　　　　(b)

图 10.16

显然, 有如下结论:

结论 1: M 为 G 的完备匹配当且仅当 V_1 或 V_2 中的每个顶点都是饱和点.

结论 2: M 为 G 的完美匹配当且仅当 G 中的每个顶点都是饱和点.

定理 10.6（Hall 定理）　设二部图 $G = \langle V_1, V_2, E \rangle$, 其中 $|V_1| \leq |V_2|$, 则 G 中存在从 V_1 到 V_2 的完备匹配当且仅当 V_1 中任意 $k(1 \leq k \leq |V_1|)$ 个顶点至少与 V_2 中的 k 个顶点相邻（相异性条件）.

证明　(1) 必要性显然,

(2) 下面证明充分性.

设 M 为 G 的最大匹配, 若 M 不是完备的, 则存在非饱和点 $v_x \in V_1$. 于是, 存在 $e \in E_1 = E - M$ 与 v_x 关联, 且 V_2 中与 v_x 相邻的顶点都是饱和点, 否则与 M 是最大匹配相矛盾. 考虑从 v_x 出发的尽可能长的所有交错路径, 这些交错路径都不是可增广的, 因此每条路径的另一个端点一定是饱和点, 从而全在 V_1 中. 令

$$S = \{v | v \in V_1 \text{ 且 } v \text{ 在从 } v_x \text{ 出发的交错路径上}\}$$
$$T = \{v | v \in V_2 \text{ 且 } v \text{ 在从 } v_x \text{ 出发的交错路径上}\}$$

除 v_x 外, S 和 T 中的顶点都是饱和点, 且由匹配边给出两者之间的一一对应, 因而 $|S| = |T| + 1$. 这说明 V_1 中有 $|T| + 1$ 个顶点只与 V_2 中 $|T|$ 个顶点相邻, 与相异性条件矛盾.

例如图 10.15 (a), (b) 满足相异性条件, 存在完备匹配, 图 10.15 (c) 不满足相异性条件, 不存在完备匹配.

例 10.14　某课题组要从 a, b, c, d, e 这 5 人中派 3 人分别到上海、广州、香港去开会. 已知 a 只想去上海, b 只想去广州, c, d, e 表示都想去广州或香港. 问该课题组在满足个人要求的条件下, 共有几种派遣方案?

解　令 $G = \langle V_1, V_2, E \rangle$, 其中 $V_1 = \{s, g, x\}$, s, g, x 分别表示上海、广州和香港, $V_2 = \{a, b, c, d, e\}$, $E = \{(u, v) | u \in V_1, v \in V_2, v \text{ 想去 } u\}$. 如图 10.17 所示.

每个 V_1 到 V_2 的完备匹配给出一个派遣方案, 共有 9 种.

$$\{(s,a), (g,b), (x,c)\}, \quad \{(s,a), (g,b), (x,d)\}, \quad \{(s,a), (g,b), (x,e)\}$$
$$\{(s,a), (g,c), (x,d)\}, \quad \{(s,a), (g,c), (x,e)\}, \quad \{(s,a), (g,d), (x,c)\}$$
$$\{(s,a), (g,d), (x,e)\}, \quad \{(s,a), (g,e), (x,c)\}, \quad \{(s,a), (g,e), (x,d)\}$$

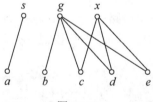

图 10.17

定理 10.7（t 条件）　设二部图 $G = \langle V_1, V_2, E \rangle$, 如果满足条件:

(1) V_1 中每个顶点至少关联 t 条边.

(2) V_2 中每个顶点至多关联 t 条边,

则 G 中存在从 V_1 到 V_2 的匹配（其中 t 为正整数）.

证明　由条件 (1) 知, V_1 中 k 个顶点至少关联 tk 条边 $(1 \leq k \leq |V_1|)$, 由条件 (2) 知, 这 tk 条边至少与 V_2 中 k 个顶点相关联, 于是 V_1 中的 k 个顶点至少与 V_2 中的 k 个顶点相邻接, 因

而满足相异性条件, 所以 G 中存在从 V_1 到 V_2 的匹配.

定理 11.4.3 中的条件通常称为 t 条件(t-condition). 判断 t 条件非常简单, 只需要计算 V_1 中顶点的最小度数和 V_2 中顶点的最大度数即可.

例 10.15 有 n 台计算机和 n 个磁盘驱动器. 每台计算机与 $m(m>0)$ 个磁盘驱动器兼容, 每个磁盘驱动器与 m 台计算机兼容. 问: 能否为每台计算机配置一台与它兼容的磁盘驱动器?

解 用 V_1 表示 n 台计算机的集合, V_2 表示 n 台磁盘驱动器的集合. 以 V_1, V_2 为互补顶点子集, 以 $E = \{(v_i, v_j)|v_i \in V_1, v_j \in V_2$ 且 v_i 与 v_j 兼容$\}$ 为边集, 构造二部图. 它显然满足 t 条件($t = m$), 所以存在完备匹配, 故能够为每台计算机配置一台与它兼容的磁盘驱动器.

例 10.16 现有三个课外小组: 物理组、化学组和生物组, 有 5 个候选学生 s_1, s_2, s_3, s_4, s_5.

(1) 已知 s_1, s_2 为物理组成员; s_1, s_3, s_4 为化学组成员; s_3, s_4, s_5 为生物组成员.

(2) 已知 s_1 为物理组成员; s_2, s_3, s_4 为化学组成员; s_2, s_3, s_4, s_5 为生物组成员.

(3) 已知 s_1 既为物理组成员, 又为化学组成员; s_2, s_3, s_4, s_5 为生物组成员.

问: 能否对以上每种情况为每个课外小组选择一名不兼职的组长?

解 用 c_1, c_2, c_3 分别表示物理组、化学组和生物组.

$V_1 = \{c_1, c_2, c_3\}$, $V_2 = \{s_1, s_2, s_3, s_4, s_5\}$. 以 V_1, V_2 为互补顶点子集, 以 $E = \{(c_i, s_j)|c_i \in V_1, s_j \in V_2$ 且 c_i 中有成员 $s_j\}$ 为边集, 分别构造如图 10.18 所示的二部图.

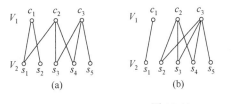

图 10.18

图 (a) 存在完备匹配, 如 $\{(c_1, s_1), (c_2, s_3), (c_3, s_5)\}$, 可以选出不兼职的组长.

图 (b) 存在完备匹配, 如 $\{(c_1, s_1), (c_2, s_2), (c_3, s_4)\}$, 可以选出不兼职的组长.

图 (c) 不存在完备匹配, 不能选出不兼职的组长.

10.4 平 面 图

10.4.1 平面图的定义及性质

在一张纸上画几何模型时常常会发现, 图中的各边可以在顶点处相交, 这样的点称为交叉点. 还会出现各边在某些非顶点处相交, 这样的边, 称为交叉边.

定义 10.6 如果能将无向图 G 画在平面上使得除顶点处外无边相交, 则称 G 是可平面图, 简称平面. 画出的无边相交的图称为 G 的平面嵌入(或平面表示). 无平面嵌入的图称为非平面图.

应当注意, 有些图从表面上看它的某些边是相交叉的, 但是不能就此肯定它不是平面图.

图的平面性研究有很多重要的实际应用, 例如, 单面印刷电路板和集成电路的布线问题, 怎样使导线不交叉, 诸如此类的问题都可以抽象为图论中平面图的判定问题.

平行边与环不影响平面性.

例 10.17　如图 10.19 所示的 6 个图都是平面图, 其中 (b), (d), (f) 分别是 (a), (c), (e) 的平面嵌入.

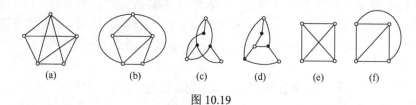

图 10.19

有些图形不论如何改画, 除去顶点外, 总有交叉边, 即不管怎样改画, 至少有一条边与其他边相交叉, 这样的图是非平面图. 例如, K_5 和 $K_{3,3}$ 都是非平面图.

定义 10.7　给定平面图 G 的平面嵌入, G 的边将平面划分成若干个区域, 每个区域都称为 G 的一个面, 其中有一个面的面积无限, 称为无限面或外部面, 其余面的面积有限, 称为有限面或内部面. 包围每个面的所有边组成的回路组称为该面的边界, 边界的长度称为该面的次数. 面 R 的次数记为 $\deg(R)$.

例 10.18　对图 10.20 所示的平面图, 指出该图的面、面的边界和面的次数.

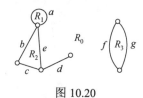

图 10.20

解　该图共有 4 个面, 分别为 R_0, R_1, R_2, R_3, 其中 R_0 为外部面, 其余为内部面.

R_1 的边界为: a,	次数为: 1
R_2 的边界为: bce,	次数为: 3
R_3 的边界为: fg,	次数为: 2
R_0 的边界为: $abcdde$, fg,	次数为: 8

定理 10.8　平面图 G 所有面的次数之和等于边数 m 的两倍, 即 $\sum\limits_{i=1}^{r} \deg(R_i) = 2m$ (其中 r 为 G 的面数).

证明　$\forall e \in E(G)$, 若 e 为面 R_i 和 $R_j (i \neq j)$ 的公共边界上的边时, 在计算 R_i 和 R_j 的次数时, e 各提供 1. 而当 e 只在某一个面的边界上出现时, 则在计算该面的次数时, e 提供 2.

于是每条边在计算总次数时, 都提供 2, 因而 $\sum\limits_{i=1}^{r} \deg(R_i) = 2m$.

欧拉在研究多面体时发现, 多面体的顶点数减去棱数加上面数等于 2. 后来发现, 连通的平面图的阶数、边数、面数之间也有同样的关系.

定理 10.9 (欧拉公式) 对于任意的连通平面图 G, 有 $n-m+r=2$ (其中 n, m, r 分别为 G 的顶点数、边数和面数).

证明 对面数 r 进行归纳证明:

(1) 当 $r=1$ 时, G 连通且无回路 (无向树), 有 $m=n-1$, 于是: $n-m+r=2$, 命题成立.

(2) 假设 $r=p(p\geqslant 1)$ 时, 命题成立, 则当 G 的面数 $r=p+1$ 时 (设此时图 G 有 n 个点, m 条边). 设 e 是 G 的某两个面的边界边之一, 令 $G'=G-e$, 显然: G' 有 n 个点, $m-1$ 条边, p 个面, 由归纳假设知 $n-(m-1)+p=2$, 即 $n-m+(p+1)=2$.

由数学归纳法知, 命题成立.

推论 10.5 设平面图 G 有 $k(k\geqslant 1)$ 个连通分支, 则 $n-m+r=k+1$ (其中 n, m, r 分别是 G 的顶点数、边数和面数).

定理 10.10 设 G 为 n 阶连通平面图, 有 m 条边, 且每个面的次数不小于 $l(l\geqslant 3)$, 则

$$m\leqslant \frac{l}{l-2}(n-2).$$

证明 设图 G 有 r 个面

由定理 10.8 可知 $2m=\sum_{i=1}^{r}\deg(R_i)\geqslant lr$, 而由欧拉公式有: $n-m+r=2$, 得到 $r=m-n+2$, 代入不等式, 经整理得到 $m\leqslant \frac{l}{l-2}(n-2)$.

推论 10.6 K_5 与 $K_{3,3}$ 都是非平面图.

证明 (1) 若 K_5 是平面图, 由于 K_5 中无环和平行边, 所以每个面的次数均 $\geqslant 3$, 由定理 10.10 可知边数 10 应满足: $10\leqslant \frac{3}{3-2}\times(5-2)=9$, 这是个矛盾, 所以 K_5 是非平面图.

(2) 若 $K_{3,3}$ 是平面图, 由于 $K_{3,3}$ 中无环和平行边, 也没有奇数长度的回路, 即 $K_{3,3}$ 中的回路的长度均 $\geqslant 4$, 由定理 10.10 可知边数 9 应满足 $9\leqslant \frac{4}{4-2}\times(6-2)=8$, 这又是矛盾的, 所以 $K_{3,3}$ 也是非平面图.

10.4.2 平面图的判定

定义 10.8 设 $e=(u, v)$ 为图 G 的一条边, 在 G 中删除 e, 增加新的顶点 w, 使 u, v 均与 w 相邻, 称为在 G 中插入 2 度顶点 w. 设 w 为 G 中一个 2 度顶点, w 与 u, v 相邻, 删除 w, 增加新边 (u, v), 称为在 G 中消去 2 度顶点 w. 若两个图 G_1 与 G_2 同构, 或通过反复插入、消去 2 度顶点后同构, 则称 G_1 与 G_2 同胚.

定理 10.11 (库拉托夫斯基定理 1) 一个图是平面图当且仅当它既不含与 K_5 同胚的子图, 也不含与 $K_{3,3}$ 同胚的子图.

定理 10.12 (库拉托夫斯基定理 2) 一个图是平面图的充分必要条件是它的任何子图都不可能收缩为 K_5 或 $K_{3,3}$.

我们将 K_5 和 $K_{3,3}$ 称为库拉托夫斯基图, 它们具有以下共同点:

(1) 它们都是正则图.

(2) 去掉一条边时它们都是平面图.

(3) $K_{3,3}$ 是边数最少的非平面简单图, K_5 是顶点数最少的非平面.

(4) 它们都是简单图, 因而它们都是最基本的非平面图.

例 10.19　证明图 10.21 所示的彼得森图是一个非平面图.

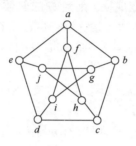

图 10.21

证明　方法 1: 设 G 为彼得森图, 令 $G' = G - \{(j, g), (c, d)\}$, 如图 10.22 (a) 所示, 在 G' 中分别删除 2 度顶点 c, d, j, g, 得到如图 10.22 (b) 所示的图, 该图是 $K_{3,3}$, 即 G 包含一个与 $K_{3,3}$ 同胚的子图, 利用定理 10.11 知彼得森图是一个非平面图.

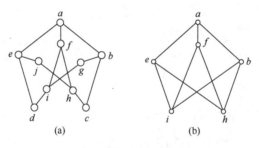

图 10.22

方法 2: 设 G 为彼得森图, 收缩边 $(a, f), (b, g), (c, h), (d, i), (e, j)$, 分别用 v_i 代替 $(i = 1, 2, 3, 4, 5)$, 得到如图 10.23 所示的图, 该图即为 K_5, 即 G 能收缩到 K_5, 利用定理 10.12 知彼得森图是一个非平面图.

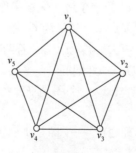

图 10.23

10.4.3 平面图的应用——着色问题

与平面图有密切相关的是图的着色问题. 问题的最初提法是: 一张地图中相邻国家涂不同的颜色, 最少需要多少种颜色? 着色问题包含点着色、 边着色、平面图的面着色等.

图的着色理论在实际中有许多应用, 又为其自身注入了活力, 如储藏问题、排考问题等. 地图着色自然对应平面图的面着色. 为了使图的面着色问题变成一个易于研究和处理的图论问题, 先讨论如下对偶图的概念.

定义 10.9 设 G 是某平面图的某个平面嵌入, 构造 G 的对偶图 G^* 如下:

(1) 在 G 的面 R_i 中放置 G^* 的顶点 v_i^*.

(2) 设 e 为 G 的任意一条边.

(i) 若 e 在 G 的面 R_i 与 R_j 的公共边界上, 作 G^* 的边 e^* 与 e 相交, 且 e^* 关联 G^* 的位于 R_i 和 R_j 中的顶点 v_i^* 与 v_j^*, 即 $e^* = (v_i^*, v_j^*)$, e^* 不与其他任何边相交.

(ii) 若 e 为 G 中的桥且在面 R_i 的边界上, 则 e^* 是以 R_i 中 G^* 的顶点 v_i^* 为端点的环, 即 $e^* = (v_i^*, v_i^*)$.

如图 10.24(a) 和 (b) 中的实线和空心点是同一个平面图的不同平面表示, (a) 和 (b) 中的虚线和实心点是对应图的对偶图.

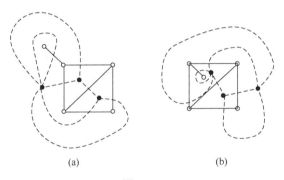

图 10.24

从定义 10.9 不难看出 G 的对偶图 G^* 有以下性质:

(1) G^* 是平面图, 而且是平面表示.

(2) G^* 是连通图.

(3) 若边 e 为 G 中的环, 则 G^* 与 e 对应的边 e^* 为桥, 若 e 为桥, 则 G^* 中与 e 对应的边 e^* 为环.

(4) 在多数情况下, G^* 为多重图 (含平行边的图).

(5) 同构的平面图的对偶图不一定是同构的.

平面图 G 与它的对偶图 G^* 的顶点数、边数和面数有如下定理给出的关系.

定理 10.13 设 G^* 是连通平面图 G 的对偶图, n^*, m^*, r^* 和 n, m, r 分别为 G^* 和 G 的顶点数、边数和面数, 则:

(1) $n^* = r$.

(2) $m^* = m$.

(3) $r^* = n$.

(4) 设 G^* 的顶点 v_i^* 位于 G 的面 R_i 中, 则 $d_{G^*}(v_i^*) = \deg(R_i)$.

证明　由 G^* 的构造可知, (1), (2) 是显然的.

(3) 由于 G 与 G^* 都连通, 根据欧拉公式: $n-m+r = 2$, $n^*-m^*+r^* = 2$, 于是 $r^* = 2+m^*-n^* = 2+m-r = n$.

(4) 设 G 的面 R_i 的边界为 C_i, 设 C_i 中有 $k_1(k_1 \geqslant 0)$ 条桥, k_2 条非桥边, 于是 C_i 的长度为 k_2+2k_1, 即 $\deg(R_i) = k_2+2k_1$, 而 k_1 条桥对应 v_i^* 处有 k_1 个环, k_2 条非桥边对应从 v_i^* 处引出 k_2 条边, 所以 $d_{G^*}(v_i^*) = k_2+2k_1 = \deg(R_i)$.

定义 10.10　对无环图 G 的每个顶点着一种颜色, 使相邻的顶点着不同的颜色, 称为对图 G 的一种点着色(简称为着色). 若能用 k 种颜色给 G 的顶点着色, 就称对 G 进行了 k 着色, 也称 G 是 k-可着色的. 若 G 是 k-可着色的, 但不是 $(k-1)$-可着色的, 就称 G 是 k 色图, 并称这样的 k 为 G 的色数, 记作 $\chi(G)=k$, 不混淆时, 色数 $\chi(G)$ 也可简记作 χ.

从定义不难看出下面结论都成立.

(1) $\chi(G) = 1$ 当且仅当 G 是零图.

(2) $\chi(K_n) = n$.

(3) n 阶圈 $C_n(n \geqslant 3)$ 的点色数 $\chi(C_n) = \begin{cases} 2, & n\text{为偶数}, \\ 3, & n\text{为奇数}. \end{cases}$

(4) n 阶轮图 $W_n(n \geqslant 4)$ 的点色数 $\chi(W_n) = \begin{cases} 4, & n\text{为偶数}, \\ 3, & n\text{为奇数}. \end{cases}$

(5) 设 G 中至少含一条边, 则 $\chi(G) = 2$ 当且仅当 G 为二部图.

(6) 对于任意的图 G(当然 G 中不含环), 均有 $\chi(G) \leqslant \Delta(G)+1$.

定义 10.11　对无环图 G 的每条边着一种颜色, 使相邻的边着不同的颜色, 称为对图 G 的一种边着色. 若能用 k 种颜色给 G 的边着色, 就称对 G 进行了 k 边着色, 也称 G 是 k-边可着色的. 若 G 是 k-边可着色的, 但不是 $(k-1)$-边可着色的, 则称 G 的边色数为 k, 记作 $\chi'(G)=k$, 不混淆时, 边色数 $\chi'(G)$ 也可简记作 χ'.

关于边色数, 有如下结论.

(1) 二部图 G 的边色数 $\chi'(G) = \Delta(G)$.

(2) 完全图 $K_n(n \geqslant 3)$ 的边色数 $\chi'(K_n) = \begin{cases} n, & n\text{为奇数}, \\ n-1, & n\text{为偶数}. \end{cases}$

(3) 轮图 $W_n(n \geqslant 4)$ 的边色数 $\chi'(W_n) = n-1$.

定义 10.12　连通无桥平面图的平面嵌入及其所有的面称为平面地图或地图, 地图的面称为 "国家". 若两个 "国家" 的边界至少有一条公共边, 则称这两个 "国家" 是相邻的.

定义 10.13　对地图 G 的每个 "国家" 涂上一种颜色, 使相邻的 "国家" 涂不同的颜色, 称为对 G 的一种面着色, 若能用 k 种颜色给 G 的面着色, 就称对 G 的面进行了 k 着色, 或称 G 是 k-面可着色的. 若 G 是 k-面可着色的, 但不是 $(k-1)$-面可着色的, 就称 G 的面色数为 k, 记作 $\chi^*(G)=k$.

研究地图的着色可以转化成对它的对偶图的点着色, 见定理 10.14.

定理 10.14 地图 G 是 k-面可着色的当且仅当它的对偶图 G^* 是 k-可着色的.

证明 必要性: 给 G 一种 k-面着色. 由于 G 连通, 由定理 10.13 可知, $n^* = r$, 即 G 的每个面中含 G^* 的一个顶点, 设 v_i^* 位于 G 的 R_i 内, 将 G^* 的顶点 v_i^* 涂 R_i 的颜色, 易知, 若 v_i^* 与 v_j^* 相邻, 则由于 R_i 与 R_j 的颜色不同, 所以 v_i^* 与 v_j^* 的颜色也不同, 因而 G^* 是 k-可着色的.

类似地可证充分性.

由定理 10.14 可知, 研究地图的着色(面着色), 等价于研究对其对偶图的点着色. 对于平面图的着色问题, 到目前为止, 人们有如下的五色定理.

定理 10.15 任何平面图都是 5-可着色的.

本定理的证明略, 该定理称为五色定理, 也称为希伍德(Heawood)定理. 由此定理可知, 任何平面图都是 $k(k \geqslant 5)$-可着色的, 但还没有证明四色猜想.

所谓四色猜想问题, 是要求证明这样的问题: 至多用 4 种颜色就能给平面或球面上的地图着色, 使相邻的 "国家" 染上不同的颜色. 这个问题提出来已经 160 余年了, 但时至今日还没有得到彻底解决.

习 题 10

1. 判断下列命题的真值.

(1) 完全图 $K_n(n \geqslant 3)$ 都是欧拉图.

(2) $n(n \geqslant 2)$ 阶有向完全图都是欧拉图.

(3) 完全二部图 $K_{r,s}(r, s$ 均为非 0 正偶数) 都是欧拉图.

2. 判断图 10.25 所示的 6 个无向图是否是欧拉图, 是否是半欧拉图?

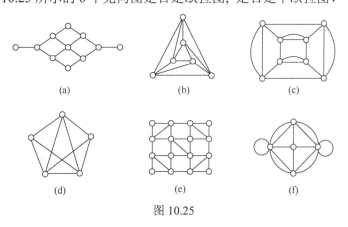

图 10.25

3. 判断图 10.26 所示的 6 个有向图是否是欧拉图, 是否是半欧拉图?

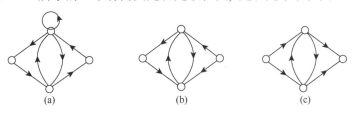

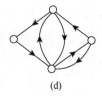 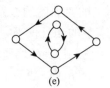 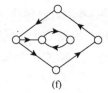

図 10.26

4. 证明: 若有向图 D 是欧拉图, 则 D 是强连通的.

5. 判断图 10.27 所示的 4 个图是否是哈密顿图, 是否是半哈密顿图?

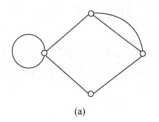 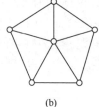 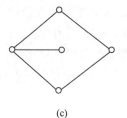 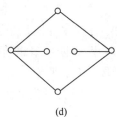

图 10.27

6. 完全图 $K_n(n \geqslant 1)$ 都是哈密顿图吗?

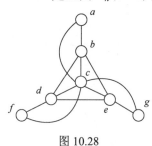

图 10.28

7. 证明图 10.28 所示的无向图不是哈密顿图.

8. 证明彼得森图既不是欧拉图, 也不是哈密顿图. 至少需要加多少条新边才能使它成为欧拉图? 至少需要加多少条边才能使它成为哈密顿图?

9. 图 10.29 表示 5 个城镇之间的公路网, 边权值表示公路的里程. 货郎每天要从某个城镇出发, 走遍这 5 个城镇去卖货, 卖完货再回到出发城镇. 问他应该如何走, 使得所走路程最短?

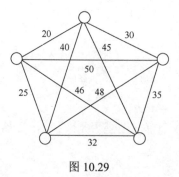

图 10.29

10. 对图 10.30 所示的两个平面图, 先给图中各边标定顺序, 然后求出图中各面的边界和次数, 并验证满足欧拉公式.

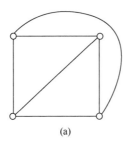 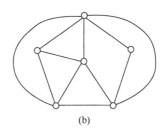

图 10.30

11. 求图 10.31 所示的平面图的各面的边界和次数, 并验证该图满足欧拉公式的推广.

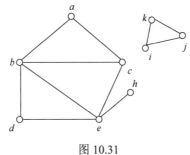

图 10.31

12. 判断图 10.32 所示的图是否为二部图, 是否为完全二部图?

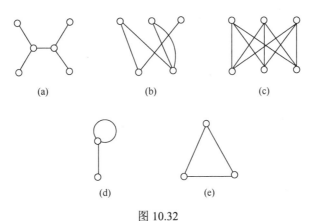

图 10.32

13. 有张、王、李、赵 4 名教师, 要分配他们教数学、物理、电工和计算机基础 4 门课程. 已知张能胜任数学和计算机基础, 王能胜任物理和电工, 李能胜任数学、物理和电工, 而赵只能胜任电工. 问: 如何安排, 才能使得每位老师都能教一门自己能胜任课程, 且每门课程都有一名教师教? 试讨论有几种安排方案.

14. 给下列各图的顶点用尽量少的颜色着色.

(1) 5 阶零图 N_5.

(2) 5 阶圈 C_5.

(3) 6 阶圈 C_6.

(4) 6 阶完全图 K_6.

(5) 6 阶轮图 W_6.

(6) 7 阶轮图 W_7.

(7) 完全二部图 $K_{3,4}$.

15. 对图 10.33 所示的图用尽可能少的颜色进行点着色.

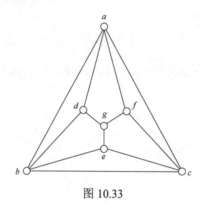

图 10.33

16. 某大学计算机专业三年级有 5 门选修课, 其中课程 1 与 2, 1 与 3, 1 与 4, 2 与 4, 2 与 5, 3 与 4, 3 与 5 均有人同时选修. 问: 如要安排这 5 门选修课的考试需要几个时间段?

17. 假设当两台无线发射设备的距离小于 200km 时不能使用相同的频率. 现有 6 台设备, 表 10.1 给出了它们之间的距离 (单位: km). 问: 这 6 台设备至少需要几个不同的频率?

表 10.1

设备	1	2	3	4	5	6
1	0	120	250	360	160	180
2		0	125	240	150	210
3			0	160	320	380
4				0	288	320
5					0	100
6						0

18. 对图 10.34 所示的平面图用尽可能少的颜色进行面着色.

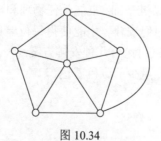

图 10.34

拓展练习 10

1. 假设一个旋转鼓轮的表面被等分为 16 个部分, 其中每个部分分别由导体或绝缘体构成, 图中阴影部分表示导体, 空白部分表示绝缘体, 导体部分给出信号 1, 绝缘体部分给出信号 0, 如图 10.35 所示. 根据鼓轮转动时所处的位置, 四个触头 A, B, C, D 将获得一定的信息. 因此, 鼓轮的位置可用二进制信号表示. 试问: 如何选取鼓轮 16 个部分的材料才能使鼓轮每转过一个部分得到一个不同的 4 位二进制信号, 即每转一周, 能得到 16 个不同的 4 位二进制数?

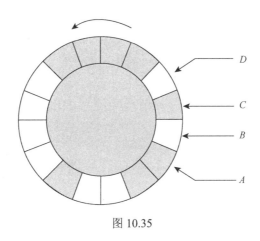

图 10.35

2. 某次国际会议 8 人参加, 已知每人至少与其余 7 人中的 4 人能用相同的语言, 问会务组能否将他们安排在同一张圆桌就座, 使得每个人都能与两边的人交谈?

3. 假设有 3 幢房子, 利用地下管道连接 3 种服务——供水、供电和供气. 问是否能连接这些服务且管子不相互交叉?

4. 有 5 个信息: *ace*, *bc*, *dab*, *db*, *be*, 如果每个信息用组成这个信息的字母中的一个字母来表示. 问这是否可能? 如果可能的话, 应该如何表示?

5. 某年级有 5 个班, 由 4 名老师 (A, B, C, D) 为他们授课, 已知星期一每位老师为每个班上课的节数如表 10.2 所示. 问本年级星期一至少要安排多少节课? 需要多少个教室?

表 10.2

教师＼班级	1 班	2 班	3 班	4 班	5 班
A	1	0	1	0	0
B	1	0	1	1	0
C	0	1	1	1	1
D	0	0	0	1	2

参 考 文 献

陈莉, 刘晓霞. 2010. 离散数学[M]. 2 版. 北京: 高等教育出版社.

董晓蕾, 曹珍富. 2008. 离散数学[M]. 北京: 机械工业出版社.

方世昌. 2002. 离散数学[M]. 2 版. 西安: 西安电子科技大学出版社.

傅彦, 顾小丰, 王庆先, 等. 2007. 离散数学及其应用[M]. 北京: 高等教育出版社.

卢开澄, 卢华明. 1996. 图论及其应用[M]. 北京: 清华大学出版社.

屈婉玲, 耿素云, 张立昂. 2011. 离散数学[M]. 北京: 高等教育出版社.

尹宝林, 何自强, 许光汉, 等. 2011. 离散数学[M]. 3 版. 北京: 高等教育出版社.

张清华, 蒲兴成, 尹邦勇, 等. 2011. 离散数学及其应用[M]. 北京: 清华大学出版社.

Kenneth H. Rosen. 2008. 离散数学及其应用[M]. 6 版. 袁崇义, 屈婉玲, 张桂芸, 等译. 陈琼, 改编. 北京: 机械工业出版社.